自然风光

云　海（陈文豪　摄）

层峦叠嶂（张丁来　摄）

山涧溪流（吴孝兵　摄）

奇　石（方宏明　摄）

牯牛降主峰（桂正文　摄）

科学考察

工作布置 （桂正文　摄）

黄山松调查 （桂正文　摄）

环境考察 （张丁来　摄）

样线标志 （吴孝兵　摄）

红外相机隐蔽拍摄的黄山短尾猴 （吴孝兵　供）

安徽牯牛降国家级自然保护区

生物多样性及其保护策略

主 编 ◎ 吴孝兵　陈文豪　吴建中

安徽师范大学出版社
ANHUI NORMAL UNIVERSITY PRESS
·芜湖·

图书在版编目(CIP)数据

安徽牯牛降国家级自然保护区生物多样性及其保护策略 / 吴孝兵,陈文豪,吴建中主编.
— 芜湖:安徽师范大学出版社,2020.12
ISBN 978-7-5676-4535-6

Ⅰ.①安… Ⅱ.①吴… ②陈… ③吴… Ⅲ.①自然保护区—生物多样性—生物资源保护—研究—安徽 Ⅳ.①S759.992.54 ②Q16

中国版本图书馆CIP数据核字(2020)第252949号

安徽牯牛降国家级自然保护区生物多样性及其保护策略

吴孝兵 陈文豪 吴建中◎主编

责任编辑:童 睿
责任校对:盛 夏
装帧设计:张德宝
责任印制:桑国磊
出版发行:安徽师范大学出版社
芜湖市北京东路1号安徽师范大学赭山校区 邮政编码:241000
网 址:http://www.ahnupress.com/
发 行 部:0553-3883578 5910327 5910310(传真)
印 刷:苏州市古得堡数码印刷有限公司
版 次:2020年12月第1版
印 次:2020年12月第1次印刷
规 格:787 mm × 1092 mm 1/16
印 张:19 插 页:10
字 数:330千字
书 号:ISBN 978-7-5676-4535-6
定 价:68.00元

植　物

秋浦羽叶报春（邵剑文　摄）

牯牛铁线莲（倪味咏　摄）

心叶帚菊（邵剑文　摄）

斑叶兰（邵剑文　摄）

堇叶紫金牛（倪味咏　摄）

香果树（洪 欣 摄）

永瓣藤（刘 坤 摄）

映山红（张丁来 摄）

榉 树（刘 坤 摄）

青钱柳（刘 坤 摄）

黄山松 （桂正文 摄）

长序榆 （倪味咏 摄）

罗汉松 （桂正文 摄）

针阔混交林 （桂正文 摄）

动　物

碧凤蝶（吴孝兵　摄）

福建绿蝮（疏义林　摄）

阳彩臂金龟（倪味咏　摄）

天目臭蛙（吴孝兵　摄）

凹耳臭蛙（吴孝兵　摄）

中国石龙子（吴孝兵　摄）

虎纹伯劳 （吴孝兵　摄）

红胁蓝尾鸲 （吴孝兵　摄）

灰眶雀鹛 （吴孝兵　摄）

环颈雉 （吴孝兵　摄）

白颈长尾雉 （吴孝兵　供）

白　鹇 （方宏明　供）

小　麂　（方宏明　供）

鬣　羚　（吴孝兵　供）

黑　麂　（吴海龙　供）

野　猪　（吴海龙　供）

编　委　会

安徽牯牛降国家级自然保护区
自然资源综合科学考察队
（排名不分先后）

安徽师范大学：

吴孝兵　教授

周守标　教授

胡好远　教授

吴海龙　教授

严云志　教授

张　方　教授

陈明林　教授

邵剑文　教授

晏　鹏　副教授

薛　辉　讲师

张　瑞　讲师

刘　坤　高级实验师

晏　龙　科研助理

安徽大学：

洪　欣　讲师

阜阳师范大学：

李永民　副教授

滁州学院：

褚立新　教授

柴新义　副教授

欧永跃　讲师

安徽牯牛降国家级自然保护区石台站：

陈文豪　高级工程师

陈方明　工程师

张丁来　工程师

方宏明　工程师

王小柱　工程师

施　皓　助理工程师

安徽牯牛降国家级自然保护区祁门站：

桂正文　高级工程师

倪味咏　高级工程师

朱德云　工程师

吴成妹　工程师

朱德亭　工程师

邢昌清　工程师

姚　丽　助理工程师

季　芳　助理工程师

前　言

安徽牯牛降国家级自然保护区地处皖南山区石台与祁门两县交界处，总面积约6 713.30 hm^2。牯牛降主峰海拔1 727.60 m，是黄山山脉向西延伸的主体，与著名的黄山莲花峰（1 864.80 m）、清凉峰（1 787.40 m）并称皖南三座高峰。保护区内地形复杂，气候优越，水系发达，水源丰富，土壤、植被垂直变化明显且类型多样，森林十分茂密，生物资源丰富，区系成分复杂而独特。正是因为这里自然条件复杂，生物资源丰富，生态系统完好，使牯牛降成为"华东地区动植物基因库"，被生态学者称为"绿色自然博物馆"。

1980年，中国科学院院士、著名生态学家侯学煜先生在皖考察牯牛降，认为这里的天然森林植被保存完好，建议在牯牛降建立自然保护区。1982年，安徽省林业厅林经〔82〕第054号《关于要求建立自然保护区的报告》报送安徽省人民政府，安徽省人民政府皖政〔1982〕93号文件批准建立牯牛降自然保护区。1988年，国务院国发〔1988〕30号文件批准建立牯牛降国家级自然保护区，使牯牛降成为安徽省第一个以森林生态系统为主的综合型的国家级自然保护区。

1983年，安徽省林业厅和安徽省科学技术委员会组织专家学者对牯牛降实施了第一次综合科学考察，其成果于1990年出版。第一次综合科学考察涵盖了地质、地貌、植被、动物资源等多个方面，成果丰硕，但此后20余年保护区没有再次组织较大规模的综合科学考察，致使保护区管理部门对区内动植物资源动态变化情况掌握不清。有鉴于此，在安徽省林业厅的组织下，2011年成立了安徽牯牛降国家级自然保护区自然资源综合科学考察队，进行了第二次综合科学考察。考察队成员主要包括安徽师范大学、阜阳师范大学、滁州学院等高校相关专业的科研工作者，以及保护区石台站、祁门站相关工作人员。整个综合科学考察过程自2011年始，历时3年余，全面综合考察了保护区自然环境、社会经济、植被、植物区系、菌类、昆虫、脊椎动物等方面。其中，对昆虫纲的蝶类资源还特别做了专项调查，其调查成果

《牯牛降蝴蝶》已于2016年5月出版。本次科学考察取得了重要成果，发现保护区种子植物145科678属1 397种（含种下分类单位）；蕨类植物32科66属158种（包括亚种和变种）；大型真菌35科82属211种；蝶类11科23亚科92属151种，其中安徽新记录种2种，分别是大波矍眼蝶和新月带蛱蝶；共记录昆虫类17目132科806种（包括蝶类），新记录的昆虫物种数为109种，其中膜翅目最多，为24种；共采集鱼类标本363尾，计13种（吻虾虎鱼鉴定至属水平），隶属4目8科13属；两栖类动物2目8科27种，占安徽省两栖动物的71.10%；爬行动物2目9科40种；鸟类15目41科181种；哺乳动物8目19科55种，包括多种国家Ⅰ、Ⅱ级重点保护野生动物。依据本次调查的结果，已发表科研论文3篇，出版专著1部。

在本次综合科学考察过程中，安徽省林业局（原省林业厅自然保护管理站）、石台县林业局和祁门县林业局给予了大力支持；牯牛降国家级自然保护区工作人员在调查过程中全力配合协助；安徽师范大学、阜阳师范大学、滁州学院等高校教师和研究生在科学考察过程中辛勤付出；安徽省林业局湿地管理处教授级高工周小春、野生动植物保护处高工吴月龙等专家对本书提出宝贵意见。谨在此对以上单位的支持和个人的辛苦付出一并表示衷心感谢！

囿于野外工作任务艰巨，以及编审者经验水平有限，书中瑕疵之处，请批评指正！

编　者

2020年10月

目　录

第一章　牯牛降保护区概况

第一节　概　况

安徽牯牛降国家级自然保护区（以下简称“牯牛降保护区”）位于安徽省西南部石台与祁门两县交界处，东经117°24′53″~117°34′20″，北纬30°00′23″ ~ 30°04′33″，总面积约6 713.30 hm^2，其主峰牯牛大岗（牯牛降）位于石台境内，距石台县城约22 km。牯牛降是黄山山脉向西延伸的主体，境内有36大峰、72小峰，36大岔、72小岔，古代称“黄山”或“西黄山”，后吴应箕改称为“横山”。《江南通志》记载：“黄山上有三十六垣，与歙之黄山三十六峰相峙，其最高者古牛岗可望匡庐。”其中“古牛岗”即今牯牛降。可见自古牯牛降便与黄山齐名，其主峰海拔1 727.60 m，与著名的黄山莲花峰（1 864.80 m）、清凉峰（1 787.40 m）并称皖南三座高峰。

牯牛降地形复杂，气候优越，水系发达，水源丰富，土壤、植被垂直变化明显且类型多样，森林十分茂密，生物资源丰富，区系成分复杂而独特。牯牛降属于亚热带湿润季风气候区，但因为地形复杂，高差较大，山地局部气候和垂直气候明显。牯牛降是安徽省降水中心之一，也是安徽省空气湿度的高值区。牯牛降水系发达，是阊江和秋浦河的最高分水岭，山岭南北部均属于长江水系，水资源极为丰富，且水质良好。

牯牛降山区成陆历史悠久，地形变化复杂，所以发现大量曾经生活在距今约7 000万至200万年前第三纪和第四纪早期的古老动植物，如杉木（*Cunninghamia lanceolata*）、红豆杉（*Taxus chinensis*）、三尖杉（*Cephalotaxus fortunei*）、银杏（*Ginkgo biloba*）等，其中银杏是著名的“活化石”。

牯牛降蕴藏大量的生物种类。据不完全统计，牯牛降保护区种子植物共有145科678属1 397种（含种下分类单位，下同），蕨类植物共有32科66属158种（包括亚种和变种）；脊椎动物31目84科316种，其中爬行类资源丰富，蛇类就有31种以上，故被称为“蛇的王国”。正是因为自然条件复杂，生物资源丰富，生态系统完好，使牯牛降成为“华东地区动植物基因库”，被生态学者称为“绿色自然博物馆”。

第二节　历史沿革

一、牯牛降保护区的建立

1980年，中国科学院院士、著名生态学家侯学煜先生在皖考察牯牛降，认为牯牛降地区的天然森林植被保存完好，全国少见，建议将牯牛降建立为自然保护区。1982年，安徽省林业厅林经〔82〕第054号《关于要求建立自然保护区的报告》报送安徽省人民政府。同年6月，安徽省人民政府皖政〔1982〕93号文件批准建立牯牛降自然保护区，属徽州行署林业局领导，在祁门、石台两县分别设立保护站，为国家事业单位，定编34人。1987年，由于行政区划变动，石台县由徽州地区（今黄山市为其主要部分）划归安庆行署管辖（1988年又划归池州地区），所以省林业厅经请示省政府并征求省财政厅、省编委意见，以林场〔87〕第39号文同意设立牯牛降保护区石台管理站和祁门管理站。两个管理站均属事业单位，副科级建制，分别由石台和祁门县林业局直属领导，执行各区域内的保护管理任务。1988年，国务院国发〔1988〕30号文件批准建立“安徽牯牛降国家级自然保护区”，使牯牛降保护区成为安徽省第一个以森林生态系统保护为主的综合型的国家级自然保护区。

二、牯牛降保护区自然资源调查

1983年6月，由省科委、省林业厅组织的各学科的科技人员五十多名，对牯牛降保护区进行了全面大规模的综合考察，基本摸清了保护区的自然条件，自然资源，动植物区系成分，森林植被类型，珍稀濒危的植物群落、生态、分布等状况，形成各学科专题报告及动植物名录等一系列珍贵资料，于1990年10月编制出版了《牯牛降科学考察集》。1998年3～7月，牯牛降保护区开展了第一次珍稀植物调查。2011年10月，牯牛降保护区与安徽师范大学签订合作协议，开展牯牛降第二次综合科学考察。2011年，在安徽省林业厅的组织下成立了牯牛降第二次自然资源综合科学考察队，考察队成员主要包括安徽师范大学、阜阳师范大学、滁州学院等高校相关专业多个学科的科研工作者，以及保护区石台站、祁门站相关工作人员。整个考察过程自2011年始，历时3年余，全面综合考察了牯牛降保护区自然环境、社会经济、植被、植物区系、菌类、昆虫、脊椎动物等方面，其中对昆虫纲的蝶类资源还特别做了专项调查，其调查成果《牯牛降蝴蝶》已于2016年5月出版。2013年6月至2014年4月，牯牛降保护区开展了第二次国家重点保护野生植物资源调查。2018年11月，牯牛降保护区发现安徽地理新分布种——堇叶紫金牛。2019年7月，牯牛降高级工程师倪味咏在牯牛降保护区发现并命名的新种——牯牛铁线莲（*Clematis guniuensis* W.Y.Ni, R.B.Wang & S.B.Zhou, sp. nov.）发表于国际著名植物分类学SCI期刊*phytokeys*，详见附录1。

三、牯牛降保护区建设

2003年9月，国家林业局批复了《安徽牯牛降国家级自然保护区总体规划（一期）》。2005年8月23日，国家林业局以林计批字〔2005〕22号文，批准了《安徽牯牛降国家级自然保护区二期建设工程可行性研究报告》。2006年4月10日，国家林业局以林护发〔2006〕58号批复了《安徽牯牛降国家级自然保护区生态旅游规划》。牯牛降保护区根据批复的规划实施并完成基础设施工程建设，逐步形成了当前的基础设施雏形，使保护管理工作有序开展，科学研究、宣传教育和生态旅游得以起步。2008年8月，由环境保护部、国土资源部、水利部、农业部、中国科学院、国家海洋局等七个单位组成的国家级自然保护区联合评估组，对牯牛降保护区开展自然保护区管理评估，评定结果为“良”。2014年8月，牯牛降保护区被评为“安徽省森林旅游示范景区”。2016年4月，牯牛降保护区地理信息系统采购及安装项目启动实施，此项目旨在通过该平台实现保护区资源及管理的信息化，实现基础地理信息、生物多样性数据库，以及文字、图片、音频、视频等科考资料系统管理。2019年12月，中国环境科学院组织中国地质博物馆、调查局，国家林业草原局等单位的专家对牯牛降开展自然保护区管理评估工作，评定结果为“优”。

第三节 自然环境与自然资源

一、地质地貌

牯牛降地区历经沧海桑田的变化。约在8.5亿年前的前震旦纪和震旦纪之间的雪峰造山运动，使牯牛降主体及南部地区隆起成陆，结束海侵历史。此时山体原为近东西走向，后经印支运动、燕山运动的不断改造，山体抬升，且向北东方向偏移。距今约2亿年前的中生代三叠纪末的印支运动时期，牯牛降主体急剧断块隆起，并有花岗闪长岩体侵入，主体北侧地带也褶皱隆起成陆，遂与牯牛降山体连成一体。此后的燕山运动、喜马拉雅山运动中，牯牛降都发生过断层抬升、岩浆侵入活动。第三纪末期至第四纪的新构造运动强烈，使山体继续间歇性抬升，气候随之不断发生冷暖变化，岩体沿节理不断发生冰缘作用，并受到冻融、流水、化学风化和重力等作用。大自然的伟力和奇巧，将牯牛降山体塑造得如此雄伟而又绮丽，使其峭壁深渊，怪石林立，成为皖南一座壮丽的大山。

牯牛降保护区位于太平复向斜向西南延伸的东南翼的边缘部，在大地构造上属于扬子凹陷与江南台隆的过渡地带。

牯牛降保护区岩浆岩的生成分印支旋回和燕山旋回两个时期，前者以城安岩体为代表，后者以牯牛降—大历山岩体为代表。城安岩体在牯牛降保护区东部的城安一带出露，岩体长轴呈东北向东延伸，在赤岭附近可见其与牯牛降—大历山岩体接触。城安岩体组成以花岗闪长岩为主，岩石呈灰白色、浅肉红色。岩体出露面积超过70 km^2，且在地表出露风化较深，并见有绢云母化、高岭土化和绿泥石化等次生变化现象。风化壳较厚，在地形上普遍构成缓坡低山丘陵景观。牯牛降—大历山岩体主要分布在保护区的中部，岩体长轴也呈东北向东延伸。岩体相带分为：中心相，由粗粒似斑状花岗岩组成；过渡相，由中粒花岗岩组成；边缘相，由细粒花岗岩组成。牯牛降—大历山岩体出露面积约80 km^2，由于岩性坚硬，其表层风化壳较薄。因断裂切割和后期的差异升降运动等影响，在地形上常构成高峰峻岭、悬崖千仞、峡谷万丈的地貌景观。牯牛降保护区的最高峰牯牛降，以及历尖、伪子帽、大历山等高峰都为此期花岗岩体所组成。

牯牛降保护区地层较为古老，经历过多期地壳运动应力作用的影响，岩层褶皱和断裂构造较为发育。褶皱构造自北向南包括汤家村向斜、城居里背斜、杨梅岙向斜和铺岭背斜。断裂构造主要有北东向、北北东向和北西向三组较为发育，其中以北北东向赤岭断层规模最大，贯穿本地区的南部至东北部，沿此断层带溪谷渊深，断壁陡立，断层三角面发育。

牯牛降地区在大地构造上属扬子凹陷与江南台隆的过渡地带，即处于下扬子台坳和江南台隆两大地质构造单位的交接处，具有较强的活动性。牯牛降的主体，经多旋回构造运动的影响，已发育成安徽省内典型的屈指可数的褶皱断块山。

牯牛降山体南北两侧因大地构造单位和地质发育历史各异，其地质构造形迹、岩性和地表组成物质迥然不同，因而南、北坡各具不同的特点，如南坡山势陡峻，多千米以上的高峰；北坡地势平缓，高峰少，最高峰仅千米左右。

牯牛降虽以山地为主，但在不同地区地貌成因不同，形态上也各有差异，根据其地貌类型，可分4大类型8个亚类型。

（1）中山（绝对高度>1 000 m）。①高起伏中山，绝对高度和相对高度都>1 000 m，主要分布主体在无塘岗一带。②低起伏中山，绝对高度>1 000 m，相对高度500～1 000 m，主要有望江尖、仙寓山、岭脚下等。

（2）低山（绝对高度500～1 000 m）。①中起伏低山，绝对高度500～1 000 m，相对高度>500 m，主要有雪花尖、小尖山等。②低起伏低山，绝对高度500～1 000 m，相对高度<500 m，主要分布在中山的外围和山间盆地的边缘。

（3）丘陵（绝对高度<500 m）。①高丘，绝对高度<500 m，相对高度>100 m，主要分布在低山与盆地之间。②低丘，绝对高度<500 m，相对高度<100 m，主要分布在山间盆地的边缘。③浅丘，绝对高度<500 m，相对高度<50 m，主要分布于盆地内部。

（4）山间盆地。绝对高度<200 m，相对高度<10 m。

牯牛降山体的剥蚀面可分为三级，说明至少已经历了三次大的夷平时期，地貌发育曾经过三次隆起—至静期的重大变化。由于每次地壳抬升各地幅度不一，以及组成物质的岩性不同，结果剥蚀作用也有差异，所以同一级剥蚀面也可发生变形或引起高度上的分异现象。

二、水文条件

牯牛降雨水充沛，水系相当发达，是阊江、秋浦河、后河等河流的最高分水岭。牯牛降山岭南北都属长江流域，山南诸小河汇入阊江，往西南流入江西，经鄱阳湖调节后汇入长江，山北诸小河汇入秋浦河后直接注入长江。

牯牛降地区大气的水汽来源于太平洋和印度洋的孟加拉湾。每年4～8月大量水汽随东南季风和西南季风进入牯牛降上空，与北方冷空气相遇，常成暴雨。牯牛降雨水丰沛，是安徽省多雨中心之一，也是安徽省径流量的高值区。根据秋浦河高坦水文站记载，1986—2008年秋浦河年均降雨量1 627 mm，最多降雨量为1999年的2 363 mm，最少降雨量为1994年的1 154.50 mm。据相关资料分析，牯牛降地区年径流量及洪水有如下特点：年、月径流量与年、月降水量密切相关，时间节律基本相应；地表水、地下水资源都很丰富，估算水资源模数为每平方千米114万m^3，地表水资源模数为每平方千米97万m^3，地下水资源为每平方千米17万m^3，而且保水性强，能保持河流终年水不断流，多年平均为0.77 m^3/s；山区集流迅速，暴涨暴落，流量变幅大。

根据多年平均蒸发量等值线图查算，牯牛降年水面蒸发量为800 mm，陆面蒸发量为700 mm，二者差值不大，说明牯牛降地区地面湿润，地表土层含水量大，保水能力强；干旱指数为0.50，同样说明这一地区的供水丰富，降水量远大于蒸发量，属典型湿润地区。牯牛降植被覆盖良好，非暴雨洪水期间，河水清澈，含沙量为零。皖南山区多年输沙模数为每平方千米100～200 t，牯牛降植被茂密，地表侵蚀极其轻微，所以其数值远远低于此数。

牯牛降保护区降水样品的pH在6.10～6.30，与安徽省其他地区降水的正常pH一致，未发现酸雨。南坡的地表水pH在6.30～6.80，平均为6.56；北坡及牯牛岗山脊各点的pH在6.10～6.30，与降水相同，平均为6.18，对照点公信河水的pH为7.2。牯牛降保护区地表水基本上属中性水、软水，天然水质良好，为C^{ca}_{I}或C^{mg}_{I}型。

牯牛降保护区金属元素Cu、Zn、Cd、Pb、Mn的含量变化很小，其他元素如Mg、Na、Ca的含量各采样点均有差异，其中易溶元素Na，以南坡的水竹湾含量较高，历溪坞次之，其他点Na含量变化较小，Ca含量均未超出标准。牯牛降保护区地表水重金属和有机氯含量均远远低于我国地表水水质卫生标准，其数值和国内外主要地区水质环境背景值相接近，表明牯牛降保护区的水质良好。

三、气候条件

在中国气候区划中，牯牛降保护区属亚热带湿润季风气候区，但因地形复杂，高差较大，山地局部气候和垂直气候明显。牯牛降保护区平均气温为9.20～16℃，一月份平均气温为-1.90～3.50℃，7月份平均气温为19.70～27.90℃；年平均降水量山麓地区为1 600 ~ 1 700 mm，山上部最大年降水量达2 700 mm；年平均相对湿度79% ~ 81%。因此，牯牛降保护区气候具有气温低、降水量大、湿度高、垂直变化显著等特点。南坡的祁门县历年平均雨日152.90 d，蒸发量1291.10 mm，相对湿度81.90%，年日照总时数1834.80 h，无霜期240 d。北坡的石台县年平均日照百分率为38%，年平均日照时数为1 669.10 h，年日照时数最多为2004年的1 899.60 h，最少为2000年的1 467.60 h，平均蒸发量1 284.30 mm。

牯牛降是安徽省降水中心之一，山麓测站多年平均年雨量达1 600 ~ 1 700 mm，多于黄山山麓，推算最大年降水量可超过2 600 mm，但在3 ~ 8月降雨量占年降雨量的76%，南坡总降雨量一般多于北坡7%左右。值得一提的是，牯牛降的日出、晚霞、烟波、云海等都是绝妙的景色，实属奇观。

四、土壤条件

牯牛降保护区地处亚热带，水热条件良好，加之山体巍峨，地势起伏，岩性多变，垂直高差大，所以成土条件复杂，发育多种类型的土壤。这些土壤形态、结构和理化性质各不相同，但又有其规律和特点。

（一）土壤基本特性

牯牛降居皖南暴雨中心区，山高坡陡，土壤母岩主要是花岗岩，风化物中含石英、长石等粗粒矿物较多，所以土质粗松，胶结力低，抗侵蚀力差。但是，牯牛降植被茂密，枯枝落叶层普遍深厚，且人为活动较少，地表破坏小，水土流失并不严重，因此土壤一般发育稳定，土体深厚，剖面层次分异较为明显，基本上呈A、B、C型。

牯牛降山麓丘陵地带或山地下部，土壤厚度多在60 ~ 100cm。一些花岗岩残积风化物质厚达2 ~ 3 m。土壤剖面上A、B、C层分异清楚，但因山地下部气温较高，地表枯枝落叶分解较快，堆积不厚，有机质分解迅速，含量相对较低，A层土色较浅。

牯牛降山地中上部，气温稍低，地面潮湿，土壤较山麓部分浅薄，但较岭脊、山峰顶部厚，坡面上有30 ~ 50 cm或更厚的土壤。地表枯枝落叶层较厚，有机质含量较高。A层特别明显，呈黑色；但B层发育较差，A层较快地向C层过渡，剖面以A-BC-C型为多。

牯牛降山顶、岭脊部分，气候凉爽，生物过程缓慢，化学风化减弱，成土时间较短，土壤浅薄，厚约20～30 cm，表现出一定幼年土壤的特点。因有机质分解缓慢，地表堆积有较厚的有机残体，A层有机物质普遍在10%以上，土色发黑。B层不很发育，C层也较浅薄，A层很快地向C层或直接向母岩过渡，所以剖面常呈A–C（D）型。

综合资料和考察结果显示，牯牛降山地土壤有以下特点：土壤质地以重壤为主，夹有较多的砂粒和石砾。有机质含量丰富，一般在4%以上，表土层有时可达10%以上，且分布较深，随海拔升高，气温下降，有机质因分解作用减弱而含量逐步增加。碳氮比值差异大，表土层一般在9～17。土壤全氮含量较高，其变化明显与土壤中有机质的含量变化一致。全磷含量平均约0.09%，属中等水平，略高于长江以南的丘陵红壤的全磷含量。受花岗母岩影响，全钾含量普遍较高，各类土壤表层含钾量在1.29%～3.26%。牯牛降土壤营养元素较为丰富，土壤pH大都在4.80～5.20，呈强酸性反应。在代换酸中，代换性铝（Al）占绝对优势，阳离子代换量和盐基饱和度属中等或略偏低水平，但所处海拔高度部位不同，情况也不完全一样。

（二）土壤垂直分布

牯牛降水热丰富，植被繁茂，生物生长量大，因此既有利于土壤矿物质分解、盐基淋失、脱硅富铝化的进行，又有利于有机质和营养物质的大量积累。二者彼此对立又互相联系，成为牯牛降保护区土壤发育的基本过程。同时，牯牛降山区降雨量大，湿度高，云雾多，土壤发育过程中黄化作用明显，所以富铝化、腐殖质化和黄化是牯牛降地区的主要成土过程。

由于山体巍峨高峻，从山麓到山顶，不同高度的气候条件和植被类型情况不同，土壤发育分异明显，形成不同的土壤类型，构成了牯牛降山地土壤的垂直带谱。

1.黄红壤

黄红壤为红壤的一个亚类，是牯牛降山地土壤垂直带谱中的基带土壤，分布在海拔700 m以下的山下部或山麓地带。在植被垂直带谱中为常绿阔叶林带，其中有次生的常绿、落叶阔叶混交林和马尾松，以及杉木人工林、少数人工垦殖的茶园和农田。母岩有花岗岩、石英砂岩、千枚岩、砂页岩等。土壤受水化作用和腐殖质侵染，剖面多呈浅黄红或浅黄棕色，中壤至轻黏土，有机质含量在4%以上。其土壤化学性质有如下特点：

（1）森林植被下土层较厚，有机质含量约为4%；茶园、旱地呈一定侵蚀土壤特征，土层浅，层次发育差，有机质含量降低为2%。

（2）碳氮比表土多在10～14，底土多在6～12。

（3）pH为4.40～5.10，部分红色砂岩上发育的土壤pH>6。

（4）代换酸和水解酸含量较高。

（5）表土阳离子代换量在10毫克当量/100克土左右，个别达到18毫克当量/100克土。

（6）全氮含量中等偏高，旱地偏低；全磷含量中等；全钾含量较高。

2.山地黄壤

山地黄壤分布在海拔700～1100 m的山地中部，植被垂直带谱属山地常绿、落叶混交阔叶林带，人类活动干扰较少，自然植被发育较好，生物生产量较大。此区域气温较山麓低，雨水多，流水切割强烈，谷深坡陡，地表郁闭，日照短，云雾多，湿度大。母岩以花岗岩、石英砂岩为主。土壤发育过程中水化作用较为明显，有机质积累较多。土壤表层暗褐色，下部土体多呈黄褐或黄棕色，机械组成以重壤为主，至重黏土。其土壤化学性质有如下特点：

（1）有机质含量较高，在5%～12%，分布较深，地面下40 cm处有机质含量可达2%左右。

（2）表土碳氮比14～17，底土碳氮比8～14。

（3）表土pH为4.80～5.20，底土pH为5～5.40。

（4）代换酸（主要由代换性铝引起）和水解酸较高。

（5）阳离子代换量，表土12～20毫克当量/100克土，底土8～12毫克当量/100克土；表土盐基饱和度40%～52%。

（6）土壤全氮含量较高，表土0.20%～0.43%；全磷含量中等，表土0.07%～0.11%；全钾含量较高，表土1.5%～1.8%。

3.山地黄棕壤

山地黄棕壤分布在海拔1 100 m以上的山地，植被垂直带谱为落叶阔叶林带。崖头、岭脊和山顶，风力强劲，气温较低，常分布黄山松林。母质主要为花岗岩和石英砂岩坡积和残积物。土层较薄，石砂多，以中壤为主。其土壤化学性质有如下特点：

（1）有机质含量较高，在5%～8%。

（2）表土碳氮比12～17。

（3）表土pH为4.80～5.30，底土pH为5.10～5.60。

（4）代换酸和水解酸含量较高。

（5）阳离子代换量，表土10～28毫克当量/100克土，底土在3～12毫克当量/100克土；表土盐基饱和度30%～46%。

（6）全氮含量较高，表土0.18%～0.49%；全磷含量中等，表土0.06%～0.10%；全钾含量较高，表土1.19%～3.36%

4.山地草甸土

山地草甸土主要分布在海拔1 650 m以上山顶或近山顶的平缓处。此区域夏季气候温凉，多云雾；冬季寒风干冷，多积雪。植被主要分布为草甸、灌丛或疏生矮小的黄山松林。一般土层浅薄，土质疏松，机械组成为轻壤至中壤，砂粒含量很高，石砾也多，显示幼年土壤特点。其土壤化学基本性质如下：

（1）有机质主要来自草本植物，含量高，分布广。

（2）表土碳氮比约16。

（3）pH为4.70～5.20。

（4）代换酸和水解酸含量较高。

（5）阳离子代换量表土17～21毫克当量/100克土，高于其他森林土壤；表土盐基饱和度中等，为37%～55%。

（6）全氮含量高，表土达0.45%～0.51%；全磷含量属中等水平；全钾含量较高，为2.20%～3.40%。

（三）土壤元素的自然背景值

土壤背景值也称土壤本底值，是指在未受污染的情况下，土壤的基本化学组成或元素的含量。现在土壤的背景值实际上只是一个相对的概念，通常指未受污染或少污染状况下土壤组成要素的基本化学成分。牯牛降地区人为影响较轻，环境污染较少，土壤基本保持自然土壤的性状，所以可作为考察和研究土壤背景值的理想地域。

根据不同的成土母质和土壤类型的分布情况，共布设15个土壤剖面采样点，总计采样50个，测定了土壤中锌、镍、铅、钴、镉、铬、铜、汞等八种重金属元素浓度的概率分布。通过测定、检验和统计，牯牛降土壤中八种元素含量与国内外已有部分资料比较，除部分元素外，基本都在资料报道的自然背景值范围内。将牯牛降土壤中八种重金属元素的自然背景值，与吉林长白山国家级自然保护区和贵州梵净山国家级自然保护区相比较，可看出牯牛降保护区绝大部分元素的自然背景值较高。

由分析和比较可知，牯牛降保护区成土母质是土壤中元素含量多少的决定因素，土壤类型是影响元素含量及其在剖面上垂直变化的重要因素。

五、自然资源

牯牛降保护区自然条件优越，物种丰富，生态系统完整，人为影响很小，为野生动植物生存和繁衍提供了天然栖息环境，是华东地区生物多样性的自然集中地和保存地，被誉为“华东地区动植物基因库”“绿色自然博物馆”。

据调查，牯牛降保护区种子植物共有145科678属1 397种（含种下分类单位），蕨类植物共有32科66属158种（包括亚种和变种），其中包括第一批国家重点保护野生植物名录中I类2种：银杏、南方红豆杉（*Taxus mairei*）。对牯牛降保护区大型真菌的种类组成及生态分布进行初步调查分析，共采集标本386份，鉴定获得大型真菌211种，隶属2门6纲10目35科82属，且尚有部分大型真菌种类未确定其具体种类。

前期资料中，记录牯牛降保护区昆虫有15目104科610种；本次调查初步鉴定昆虫164种（不包括蝶类），分属昆虫纲12目67科，新纪录的物种数为109种。蝶类资源调查共记录蝶类标本4 211号，经过鉴定本次调查蝶类涉及11科23亚科92属151种。记载安徽新记录种2种，分别是大波翅眼蝶（*Ypthima tappana*）和新月带蛱蝶（*Athyma selenophora*）；列入《国家保护的有重要生态、科学、社会价值的陆生野生动物名录》（以下简称“三有”保护动物）的有5种，分别是金裳凤蝶（*Troides aeacus*）、宽尾凤蝶（*Agehana elwesi*）、冰清绢蝶（*Parnassius glacialis*）、箭环蝶（*Stichophthalma howqua*）、枯叶蛱蝶（*Kallima inachus*）。

鱼类资源多样性调查，共采集鱼类标本363尾，共计13种（吻虾虎鱼鉴定至属水平），隶属4目7科13属，其中鲤形目鱼类种类最多，占全部物种数的61.54%。

根据实地调查和文献记录，牯牛降保护区共有两栖类动物2目8科27种，代表种类有无斑肥螈（*Pachytriton labiatus*）、黄山角蟾（*Megophrys huangshanensis*）、虎纹蛙（*Hoplobatiachus chinensis*）等。爬行动物2目9科40种，代表性种类有平胸龟（*Platysternon mega*）、蓝尾石龙子（*Eumeces elegans*）、蝘蜓（*Lygosomaindicum*）等。

牯牛降保护区已知分布有鸟类181种，隶属15目41科，占全国鸟类物种数的

13.20%，占安徽省鸟类种数的49.60%。

牯牛降保护区哺乳动物资源十分丰富，调查统计哺乳动物8目19科55种，占安徽省哺乳动物种数的57.30%，种类最多的为食肉目。

第四节　社会经济

一、调查方法

牯牛降保护区社会经济状况的调查采用了实地走访和文献查阅相结合的方法。

1.实地走访

通过实地走访、考察牯牛降保护区各乡镇，重点调查保护区周边社区现有的主要经济活动与保护区的关系。调查的内容包括：各乡镇的面积、林业用地面积、其他用地面积，各乡镇的人口、年龄结构、工作状况、劳动力状况，各乡镇产业结构、农业及畜牧业生产情况，各乡镇主要经济来源、社会福利、居民收支、消费水平、住房及主要消费品拥有量等。

2.文献查阅

因部分资料通过实地考察难度较大，故采取资料收集、文献查阅的方法。此方法与实地走访调查的结果相结合，经过后期的整合分析得出结论和建议。这些文献资料来源于地方的统计年报，以及一些相关书籍和论文等。

二、社区概况

1.社区人口

牯牛降保护区位于石台、祁门两县交界处，其中石台县有6镇2乡，总人口约10.87万人，男女比例基本维持在1∶1，其中18岁以下的青少年有1.87万人，占总人口的17.20%；祁门县有10镇8乡，总人口18.67万，其中农业人口14.80万。

2.社区经济

牯牛降保护区是以森林生态系统为主的山地自然综合体，其核心区基本处于偏僻的山区腹地，而低海拔地带是周边的集体山场，是牯牛降完整生态系统不可分割的组成部分。这些集体山场资源是周边社区居民赖以生存的基础，是他们生产和生活的重要命脉之一。

牯牛降保护区的土地资源利用主要以农业用地为主，经济活动以种植业、养殖业和服务业为主，兼有少量的外出务工，少有民营企业。产业结构是典型的以农业生产为主，辅以服务业，工业在生产总值中所占比重较小。在农业收入中，主要有茶叶、粮食、林产等，其中茶叶收入占农业总收入的60%以上。

3.公共服务

牯牛降保护区地处偏远山区，其周边农业基础设施普遍较差，抗洪抗灾能力不强。牯牛降保护区居民文化教育水平尚可，实行九年制义务教育，教育设施设备基本齐全；医疗卫生条件较好，每个乡镇都有卫生院和专门医护人员。因牯牛降保护区重视发展旅游业，所以周边的道路交通等基础设施较好。

4.土地利用

牯牛降保护区周围有5个乡（镇），土地总面积约46 487 hm^2，其中林业用地约40 254 hm^2，约占土地总面积的86.59%；耕地面积约1 589 hm^2，约占土地总面积的3.42%，人均耕地面积约0.05 hm^2。在林业用地中，有林地约24 353 hm^2，约占林业用地的60.50%，灌木林地、疏林地、新造幼林地共计约8 360 hm^2，约占林业用地的20.77%。

三、社区发展与生物保护

生物多样性保护与社区发展的核心是将二者有机地结合起来。与社区居民生活和经济活动密切相关的森林等资源，是社区发展的基础。从自身的生存和发展角度来看，社区居民都认为保护森林资源很重要。在牯牛降保护区需求评估的调查中，几乎所有受调查者都认为，有了森林就能提供建材和薪材，进而提供菌类、药材等非木材类林产品。由于历史和传统的原因，牯牛降保护区周边社区居民一直依赖森林生存发展，对生物多样性有较强的依赖性，因此给保护区生物多样的保护带来一定的压力。

人类为了自身的生存和发展，对生物多样性的保护应给予越来越高的重视，但是对于保护区周边社区居民来说，他们更重视直接的经济效益，如果不能从中得到一定的收益，则对生物多样性保护就不会表现出太大的兴趣和需要。在调查中，关于森林植被减少会对生活产生哪些具体的影响时，社区居民在意更多的是薪材和非木材类林产品的减少会影响自己的生活和经济来源，而由此带来的生物多样性减少及气候变化、水土流失、水资源减少等生态问题却很少关注。

生物多样性是人类赖以生存的物质基础，人类从生物多样性野生驯化的组分中直接获取所需的全部食品、许多药物和工业原料。同时，生物多样性通过其生态功能体现对人类发展的间接价值，主要表现在为生态系统的演替与生物进化提供所需要的丰富物种与遗传资源，并通过能量固定、调节气候、稳定水文、保护土壤、吸收和分解污染物、储存营养元素、促进元素循环、维持进化过程等来维持生态平衡。因此，生物多样性的生态价值大大超过其消费和生产性的直接价值。正是由于生物多样性的这种双重价值，决定了自然资源既是社区生物多样性保护的重要组成部分，又是社区社会经济发展的基础物质源泉，如果措施不当有可能使保护和发展在资源的利益取向上对立起来，即社区发展造成生物多样性和环境的破坏，保护生物多样性必然约束社区发展。

牯牛降保护区建立后，有效地保护了特殊生境和生物多样性，同时也给社区群众的生产生活带来了一些影响。其中，最直接的影响是限制了社区群众对森林资源的使用，他们不能再随意进入保护区从事一些与生活和经济来源有关的活动，如砍伐木材，放牧，砍伐薪材，采集药材、菌类等。生物多样性保护给当地社区带来的发展制约是十分明显的，特别是在短期内，社区居民承担着生物多样性保护造成的诸多不利影响，如资源使用和环境限制等。

四、社区发展存在的问题

根据我国《自然保护区条例》第十八条规定，自然保护区分为核心区、缓冲区和实验区。核心区，禁止任何单位和个人进入；缓冲区，只允许进入从事科学研究和观测活动；实验区，可以进入从事科学实验、教学实习、参观考察、旅游以及驯化、繁殖珍稀、濒危野生动植物等活动。《自然保护区条例》第二十六条又规定，禁止在自然保护区内进行砍伐、放牧、狩猎、捕捞、采药、开垦、烧荒、开矿、采石、挖沙等活动。这些规定意味着，保护区的建立切断了当地社区居民的重要经济来源，对当地经济发展产生严重制约，在短期内当地社区居民必须要承担保护区的保护造成的诸多不利影响。

传统的自然保护模式严格限制了对资源的开发，从而导致资源保护与社区经济发展的矛盾。这些矛盾在牯牛降保护区社区发展中的主要表现有：

1.保护区周边社区居民保护意识有待加强

牯牛降保护区建立以来，森林植被和环境得到了明显改善，珍稀动植物种群和数量有明显增加，但其稳定性和抗逆性较弱。由于周边社区地理位置偏僻，社会经济发展较滞后，社区居民生活所用燃料主要依靠农作物秸秆或灌木，因此盗伐林木的现象仍然存在。同时，由于保护区珍稀野生动物和经济价值较高的药材种类繁多，一些不法分子偷猎和乱采滥挖现象仍然屡禁不止，对保护管理形成了一定的压力和威胁。

2.保护区与社区经济发展的矛盾

自然资源保护与周边社区之间存在着保护与发展的矛盾，即自然资源保护和资源利用的矛盾。我国一直比较重视对自然保护区的强制性保护，这种自上而下强制性的资源管理方式在一定程度上制约了自然保护区边缘社区居民对资源的利用，使社区居民失去了管理和使用资源的权利，从而失去或减少了发展的机会，使原本较为落后的山区经济发展受到了较为明显的影响。

3.保护区资金投入不足且来源单一

自然资源和环境保护为造福全社会的公益事业，其效益为社会共享。目前，牯牛降保护区运行经费主要来源为部分行政事业拨款和森林生态补偿资金，仅能维持简单的运行管理和保护，难以适应保护区建设事业的发展和生态文明建设的需求。

4.保护区科研工作力量不足

牯牛降保护区缺乏多学科的专业技术人才，尤其是野生动物研究和自然保护管理方面训练有素的专业人才。现有人员大多缺乏生物学、动物学、生态学、自然保护区管理及法规方面的系统知识，加之监控设备不足、资金短缺等现象，使保护区的科研工作难以开展。

五、社区发展的策略与建议

由于牯牛降保护区蕴含着丰富的资源，合理地开发利用这些资源，不但可以解决社区居民的生活生产困难，而且可以为社区居民带来一定的经济收入，促进经济社会发展。

1.重视社区发展的需求

对牯牛降保护区周边社区居民来说，耕地是生产和经济来源的主要需求，能源则是与他们生活最为密切的需求。本次调查发现，由于受当地特殊的自然环境和传统的生产生活习惯影响，社区居民对薪柴的依赖十分强。随着人口增加和经济发展，这种趋势仍在加剧，如不能扭转的话，无柴烧的社区居民势必侵蚀周围的生物多样性资源。为了保证资源的可持续利用，政府应通过资金和技术扶持，发展农村替代能源，降低薪材消耗对生物多样性保护的压力。

2.重视非木材类林产品的可持续利用

非木材类林产品是山地社区居民赖以生存和发展重要的自然资源。非木材类林产品不仅为当地社区居民提供了绝大部分的生活必需品，也是家庭经济收入的主要来源。因此，非木材类林产品的可持续利用和管理，对社区经济的可持续发展和生物多样性的保护起到积极的作用。

3.推广社区共管模式

以前，在生物多样性保护中采取的主要措施是运用政策和法律的手段，通过保护机构强制性保护。采用强制性保护，国家虽然投入大量的资金，仍然很难协调解决保护与发展的矛盾。近几年，在我国自然保护区管理中引入的社区共管模式，很好地解决了当地社区居民参与生物多样性保护的问题。

所谓社区共管，是指以社区居民为主体，地方政府为主导，所有利益相关者推选出代表组成委员会，按照达成的协议，对社区内自然资源的保护和利用，共同开发利用，共同实施管理，共同进行保护的管理模式。通过社区共管，各利益相关者的职责、权利、贡献和收益都得到了充分的体现，从而改善保护区同周边社区的关系，缓解保护与发展的矛盾冲突。

4.用参与式的方法发展社区经济

社区经济发展是社区发展的重要组成部分，牯牛降保护区周边社区的经济活动主要依赖自然资源，所以应采取多种形式帮助社区发展经济和合理使用自然资源，使社区单纯从生物多样性的破坏者和生物多样性保护的受害者变成生物多样性保护的共同受益者。但是，帮助社区发展经济项目，不能再做以前“输血”式的扶贫，而应该是利用参与式的方法，通过培训和提供信息服务，由当地社区居民根据自身的特点，提出适合自身发展的项目，为自身发展选择替代产业，这样才能保证项目的可持续性，真正减轻社区经济发展对自然资源和生物多样性保护的压力。

第二章　植　被

牯牛降保护区位于我国北亚热带森林生态系统向暖温带森林生态系统的过渡地区，自然植被保存较好。由于水热条件充裕，其植物种类丰富，植被类型多样。牯牛降保护区植被以森林植被为主，常绿阔叶林、常绿落叶阔叶混交林、落叶阔叶林和针叶林占了绝大多数面积，草丛和灌丛不甚发达，主要在溪边、林缘零星分布，在山顶和山坳呈斑块状分布。

牯牛降保护区的森林植被总体而言在结构上较为复杂，多数群落型建群树种较多，乔木树种成分多样。大多数群落因更新层和演替层较为完备，多为有序演替，但随着演替的进行，一些群落外貌会发生变化，如青冈栎林等常绿阔叶林的落叶树种成分越来越多而逐渐演变为常绿落叶阔叶混交林，草丛和沼泽等生态系统随着树种的侵入而逐渐演替为森林群落。

第一节　植被特征

植被的分布是自然界各种因素综合影响的结果。从大范围来看，气候条件是主导性的因素，尤其是水热条件，不仅影响群落的组成、结构和外貌，而且随着水热条件的变化，植被的分布以及群落的特征也相应发生改变。但是，在小区域内，岩石特征、土壤的理化性质和人类活动对植被分布同样起较大影响。

一、植被垂直分布特征

牯牛降保护区因地质地貌复杂，气候变幻不定，因而植物资源丰富，植被类型繁多，其分布规律主要表现为垂直地带性。这些类型植被在一定气候、基质、生物等因素综合作用下，经过长期发展而形成了不同的结构特征，是牯牛降保护区自然生态系统最重要的组成部分。由于海拔相差悬殊，水热条件随着高度变化有较大差别，造成植被的差别也很大，由低海拔向高海拔依次为常绿阔叶林带，常绿落叶阔叶混交林带，落叶阔叶林带，山地灌丛、草丛带，如表2-1所示。

表2-1　牯牛降保护区植被垂直分布特征

植被类型带		海拔	主要组成树种
常绿阔叶林带		700 m以下	甜槠、青冈栎、绵槠、米槠、苦槠、小叶青冈等
常绿落叶阔叶混交林带	暖温性针叶林 常绿落叶阔叶混交林	300～800 m	常绿：青冈栎、绵槠、薯豆等 落叶：拟赤杨、枫香、茅栗、化香、南酸枣等 针叶：马尾松等 竹类：毛竹等
	温性针叶林 常绿落叶阔叶混交林	800～1 000 m	常绿：青冈栎、褐叶青冈、小叶青冈； 落叶：拟赤杨、茅栗、青钱柳、南酸枣等 针叶：黄山松
落叶阔叶林带		1 000～1 400 m	落叶：茅栗、化香、短柄枹、南酸枣、枫香、亮叶水青冈等 针叶：黄山松等 竹类：华箬竹等
山地灌丛、草丛带		1 400～1 700 m	落叶：南方六道木、三桠乌药、水马桑、拟绿叶胡枝子等 针叶：黄山松 竹类：玉山竹等

1.常绿阔叶林带

常绿阔叶林带位于海拔700 m以下，为垂直带谱的基带，就其森林植被的水平分布而言，反映了水平气候地带的特征。常绿阔叶林带属我国东部湿润森林区，在亚热带常绿阔叶林带的中亚热带常绿阔叶林亚带的北缘地段，其森林植被类型是中亚热带的地带性顶极植被群落，也就是安徽省南部山区森林植被演替过程中的高级阶段（顶极）的森林植被类型。本带典型的常绿阔叶林主要由壳斗科（Fagaceae）、樟科（Lauraceae）、山茶科（Theaceae）、杜英科（Elaeocarpaceae）及冬青科（Aquifoliaceae）一些常绿乔木和灌木组成，其群落的优势种或建群种有甜槠（*Castanopsis eyrei*）、小叶青冈（*Cyclobalanopsis myrsinifolia*）、栲树（*Castanopsis fargesii*）、米槠（*Castanopsis carlesii*）、青冈栎（*Cyclobalanopsis glauca*）等。

2.常绿落叶阔叶混交林带

常绿落叶阔叶混交林带位于海拔700~1 000 m，为常绿阔叶林带与落叶阔叶林带的过渡地段。牯牛降保护区常绿落叶阔叶混交林带森林群落保存较完整，且处于相对稳定状态，林相外貌整齐，层次分明，种类组成较复杂，优势种或建群种不明显，林下常绿灌木较少，层外植物也较贫乏。它明显地反映了亚热带山地森林自然演替和林分结构的特点。本带常见的森林群落有：褐叶青冈（*Cyclobalanopsis stewardiana*）、青冈栎、茅栗（*Castanea seguinii*），小叶青冈、鹅掌楸（*Liriodendron chinense*）、青钱柳（*Cyclocarya paliurus*）、薯豆（*Elaeocarpus japonicas*）、拟赤杨（*Alniphyllum fortune*），以及交让木（*Daphniphyllum macropodum*）、香果树（*Emmenopterys henryi*）等，局部的沟谷坡地还见有小面积绵槠、紫楠与其他落叶阔叶树种混交的类型，此外山脊、陡坡多见黄山松林分布，沟谷、坡地有杉木、毛竹人工林。

3.落叶阔叶林带

落叶阔叶林带位于山体中上部海拔1 000~1 400 m地段，主要群落有短柄枹、茅栗、化香（*Platycarya strobilacea*）、山槐、枫香（*Liquidambar formosana*），以及亮叶水青冈（*Fagus lucida*）及南酸枣（*Choerospondias axillaris*）等。群落内建群种及伴生种多是华东地区中山上部及华中、西南山地的区系种类，如灯台树（*Bothrocaryum controversum*）、枫香、雷公鹅耳枥（*Carpinus viminea*）、毛果漆、槭树（*Dipteronia sinensis*）等。本带局部沟谷、坡地见有高大的亮叶水青冈分布，其林下华箬竹密集生长，周围苗木、幼树稀少，严重影响天然更新，此外山脊、悬崖陡坡多见黄山松疏林分布。该群落类型在我省其他地方尚属罕见。

4.山地灌丛、草丛带

山地灌丛、草丛带位于海拔1 400~1 700 m的山体顶部，由于生态环境条件严酷，气温低寒以及土层瘠薄，腐殖质分解缓慢等，抑制了林木正常生长，使一些乔木树种往往呈低矮的亚乔木状，灌木种类也呈丛生状。在局部的迎风坡或山顶黄山松疏林下，常见的山地灌丛群落有南方六道木、三桠乌药（*Lindera obtusiloba*）、绿叶胡枝子、水马桑（*Coriaria nepalensis*）、圆锥绣球（*Hydrangea paniculata*）、白檀群落以及玉山竹等。山地灌丛常见的伴生种有安徽小檗（*Berberis anhweiensis*）、具柄冬青（*Ilex pedunculosa*）、长叶冻绿（*Rhamnus crenata*）、映山红、湖北海棠（*Malus hupehensis*）、三花莓等。

牯牛降峰顶及其迎风坡常见的山地草丛群落有沼原草、野古草群落、芒、萱草群落等，常见的共建种或伴生种除沼原草、野古草、芒、萱草外，尚有杏叶沙参、地榆、风毛菊、一枝黄花等。这些原生性的山地灌丛、草丛，其群落类型的结构、种类组成等均较简单，显示了与立地条件相适应的特点。同时，由于人为干预与活动较少，群落处于相对稳定的状态。

本带土层较深厚的山坡谷地，天然的黄山松林生长茂密，构成茫茫的林海，蔚然壮观。牯牛降顶部除黄山松林，山地灌丛群落，山地草丛群落以及小面积的玉山竹群落外，散生有黄山栎、水榆花楸、黄山杜鹃、黄山花楸等乔木、亚乔木树种。

二、植被地带性过渡特征

植被的地理分布规律取决于温度和湿度条件。牯牛降保护区地处北亚热带向暖温带过渡区，既适宜某些北方成分的生长，又适宜某些南方成分的繁衍，植被处于北亚热带常绿阔叶林向暖温带落叶阔叶林过渡地带。

根据吴征镒对中国种子植物区系的划分，牯牛降保护区的种子植物中温带性质的（含北温带分布、东亚和北美间断分布、旧世界温带分布、温度亚洲分布、地中海和西亚至中亚分布，以及东亚分布6种类型）有359属，热带性质的（含泛热带分布、热带亚洲和热带美洲间断分布、旧世界热带分布、热带亚洲至热带大洋洲分布、热带亚洲至热带非洲分布，以及热带亚洲分布6种类型）有234属，温带成分与热带成分之比为1.534。福建天宝岩、江西井冈山、浙江凤阳山、湖北九宫山、河南宝天曼、河南太行山等自然保护区的这一比值依次为0.370、0.732、1.126、1.274、1.912、3.940。由此可知，在经度相近的情况下，随着纬度的增高（向北）温带成分渐多。

第二节　植被类型

牯牛降保护区的植被群落在经过漫长的历史演变，与外界环境条件相互作用后形成了与生境条件相应的植被类型，其植物种类丰富，群落类型多样，结构相对稳定，是我国保存较为完好的北亚热带向暖温带过渡区植被类型的典型代表。

一、植被分类

根据实地调查和参考有关资料，依据植被型组—植被型—群系的分类系统，将牯牛降保护区植被的主要类型划分为5个植被型组，10个植被型，34个群系，如表2-2所示。

表2-2　牯牛降保护区植被类型

植被型组	植被型	群系	名称
针叶林	Ⅰ针叶林		
		1	黄山松林(*Pinus taiwanensis* Comm.)
		2	马尾松林(*Pinus massoniana* Comm.)
		3	杉木林(*Cunninghamia lanceolata* Comm.)
	Ⅱ针叶阔叶混交林		
		4	马尾松与枫香混交林(*Pinus massoniana* + *Liquidambar formosana* Comm.)
		5	杉木与枫香混交林(*Cunninghamia lanceolala* + *Lıquidambar formosana* Comm.)
阔叶林	Ⅲ常绿阔叶林		
		6	甜槠林(*Castanopsis eyrei* Comm)
		7	青冈栎、甜槠林(*Cyclobalanopsis glauca* + *Castanopsis eyrei* Comm)
		8	米槠、甜槠林(*Castanopsis carlessii* + *Castanopsis eyrei* Comm.)
		9	栲树林(*Castanopsis fargesii*)
		10	苦槠林(*Castanopsis sclerophylla* Comm.)
		11	青冈栎林(*Cyclobalanopsis glauca* Comm.)
		12	绵槠林(*Lithocarpus henryi* Comm.)
		13	青栲林(*Cyclobalanopsis myrsinnaefolia* Comm.)
		14	细叶青冈林(*Cyclobalanopsis gracilis* Comm.)
	Ⅳ常绿落叶阔叶混交林		
		15	细叶青冈、檫木林(*Cyclobalanopsis gracilis* + *Sassafras tzumu* Comm.)
		16	细叶青冈、鹅掌楸、青钱柳林(*Cyclobalanopsis gracilis* + *Liriodendron chinese* + *Cyclocarya paliurus* Comm.)
		17	褐叶青冈、短柄枹、茅栗林(*Cyclobalanopsis stewardiana* + *Quercus glandulifera* var. *brevipetiolata* + *Castanea seguinii* Comm.)
		18	交让木、香果树、青钱柳林(*Daphniphyllum macropodum* + *Emmenopterys henryi* + *Cyclocarya paliurus* Comm.)
		19	薯豆、拟赤杨林(*Elaeocarpus japonicas* + *Alniphyllum fortune* Comm.)
	Ⅴ落叶阔叶林		
		20	枫香林(*Liquidanbar formosana* Comm.)

续 表

植被型组	植被型	群系	名称
		21	南酸枣林(*Choerospondias axillaris* Comm.)
		22	短柄枹林(*Quercus glandulifera* var. *brevipetiolata* Comm.)
		23	茅栗林(*Castanea seguinii* Comm)
		24	茅栗、化香林(*Castanea seguinii* + *Platycarya strobilacea* Comm.)
		25	亮叶水青冈林(*Fagus lucida* Comm.)
	Ⅵ竹林		
		26	毛竹林(*Phyllostachys pubescens* Comm.)
		27	刚竹林(*Phyllostachys viridis* Comm.)
灌丛	Ⅶ常绿阔叶灌丛		
		28	三叶赤楠灌丛(*Syzygium grijsii* Comm.)
		29	绿叶胡枝子灌丛(*Lespedeza buergeri* Comm.)
	Ⅷ落叶阔叶灌丛		
		30	南方六道木、三桠乌药灌丛(*Abelia dielsii* + *lindera obtusilosa* Comm.)
		31	玉山竹丛(*Yushania confusa* Comm.)
草丛	Ⅸ山地草丛		
		32	沼原草、野古草群落(*Molinia hui* + *Arundinella hirta* Comm.)
		33	芒草群落(*Miscanthus sinensis* Comm.)
沼泽	Ⅹ沼泽		
		34	暖地泥炭藓沼泽(*Sphagnum junhunianum* Comm.)

二、针叶林

(一)针叶林

针叶林是以针叶树种为建群种的森林群落的总称。针叶林是寒温带的地带性植被，是我国分布最广的一种植被型组，在牯牛降保护区有黄山松林、马尾松林等。

1.黄山松林

黄山松林是我国亚热带中山地区的代表性群落之一，适应温暖湿润的山地气候，耐寒抗风，能在贫瘠土壤中生长，但只在土壤较深、排水良好的山地黄壤或黄棕壤上才能长成高大乔木。

黄山松向下可分布到海拔800 m左右，虽然黄山松对土壤要求不高，但在缓坡土层深厚处树形高大挺拔，可形成茂盛的森林，而在山顶、岭脊土层瘠薄，岩石大片裸露，风力强劲之处，低矮、稀疏，呈黄山松疏林。

在高大茂盛的黄山松林内，很少有其他杂树，几乎是黄山松纯林。在牯牛降北坡有大面积的黄山松林，高10~18 m，甚至有更高的，其盖度达80%~90%，偶尔有少量落叶阔叶树掺杂其中，如茅栗、短柄枹、雷公鹅耳枥、四照花（*Dendrobenthamia japonica*）等。往山下部或靠近沟谷与落叶阔叶林接壤处，阔叶树种的数量将增多，甚至在林内可以出现常绿阔叶树，如豺皮樟、青冈栎、褐叶青冈等。

黄山松林下灌木的生长存在很大差异，一般茂密的黄山松林下灌木稀疏，常见的种类有胡枝子、交让木、映山红、满山红、中国绣球、湖北山楂、白檀、野鸦椿、绿叶甘橿、山橿等，接近上部的黄山松林下可能出现三桠乌药、豆梨、湖北海棠、水榆花楸等。茂盛的黄山松林下，草本层不发达，草本植物有淡竹叶、败酱、紫花前胡、萱草、牛蒡、鹿蹄草、珍珠菜、鼠曲草等。

牯牛降山顶黄山松林样地统计，如表2-3所示。

表2-3　黄山松林样方统计分析

地点：牯牛降山顶　　　　海拔：1 700 m　　　　取样面积：20 m×20 m

乔木层主要植物	株数	平均高度/m	平均胸径/cm	相对密度	相对高度	相对优势度	重要值
黄山松	41	7.20	17.70	48.81%	18.10%	85.21%	50.71%
水马桑	16	3	5.80	19.05%	7.39%	4.35%	10.26%
三桠乌药	9	3.80	5.80	10.71%	9.44%	2.11%	7.42%
水榆花楸	6	4.80	10	7.14%	11.87%	4.77%	7.93%
白檀	4	3.90	6.90	4.76%	9.68%	1.39%	5.28%
中华石楠	3	4.20	5.70	3.57%	10.41%	0.70%	4.89%
刚毛荚蒾	2	3	4.50	2.38%	7.50%	0.13%	3.34%
苦枥木	2	4.30	5.50	2.38%	10.62%	0.41%	4.47%
湖北海棠	1	6	12	1.19%	14.99%	0.92%	5.70%
灌木层主要植物	绿叶胡枝子、白檀、山莓、三花悬钩子、具柄冬青、钝叶蔷薇、荚蒾、三桠乌药、下江忍冬						
草本层主要植物	紫萼、芒、野古草、堇菜属、苔草属、三脉紫菀						

2. 马尾松林

马尾松适宜生长在温暖气候，因此马尾松林是我国亚热带东部地区最具代表性的常绿针叶林之一。马尾松林在牯牛降保护区海拔800 m以下的低丘地带分布较多，多出现在海拔600～700 m的岭脊或向阳坡地，但连片的大面积马尾松林也不多。

马尾松喜酸性土壤，其群落多分布在黄红壤上，土层瘠薄地区也能很好生长，是一种喜阳耐瘠的先锋乔木。大部分马尾松林往往是次生林，常与阔叶树种相伴生，形成针阔混交林。在马尾松群落中，马尾松占绝对优势，主要伴生植物有枫香、短柄枹、茅栗、化香、香槐、栓皮栎、山合欢（*Albizia kalkora*）、黄檀、野漆树、拟赤杨、南酸枣等。灌木层一般比较发达，种类较多，主要有连蕊茶、格药柃、米饭树、盐肤木、楤木（*Aralia chinensis*）、绿叶胡枝子、山胡椒、山橿、野山楂、卫矛、野珠兰、野蔷薇、宜昌荚蒾等；草本层主要有芒萁、蕨、淡竹叶、土麦冬、蛇莓、荩草、狗脊蕨（*Woodwardia japonica*）、堇菜属、奇蒿等；藤本植物主要有菝葜、土茯苓、木通、木防己、海金沙、华中五味子、鸡矢藤、大血藤等。

3.杉木林

牯牛降保护区的杉木林主要是人工栽培的，常常形成纯林，茂密整齐，总盖度较大，有时伴生有少量的马尾松、枫香、青冈栎、绵槠等，林下灌木层植物种类较少，有檵木、乌药、山胡椒、山橿、尖连蕊茶等，草本层有狗脊蕨、苔草属、荩草、酢浆草等。

（二）针叶阔叶混交林

针叶阔叶混交林在牯牛降保护区主要分布在马尾松和黄山松针叶林与阔叶林交界的过渡区，是马尾松或黄山松向阔叶林侵入，以及阔叶树种向针叶林侵入的结果。针叶阔叶混交林中针叶树种在低海拔为马尾松、杉木等，高海拔为黄山松；阔叶树种主要是落叶种类，如枫香、茅栗、栓皮栎、化香等。

1.马尾松与枫香混交林

在牯牛降保护区的低海拔地区，普遍存在马尾松与枫香等针叶阔叶树混生的混交林，上层林木高大，除马尾松、枫香外还有山槐、拟赤杨等。乔木层第二亚层中，主要有野鸦椿、泡花树等，以及一些常绿阔叶树，如绵槠、青冈栎等。灌木层主要有映山红、格药柃、马银花、连蕊茶等。

2.杉木与枫香混交林

杉木与枫香混交林主要建群树种为杉木与枫香，其他伴生树种还有青冈栎、甜槠、小果白辛树、黄檀等。

三、阔叶林

(一)常绿阔叶林

常绿阔叶林是安徽南部地区中亚热带典型的地带性植被类型。牯牛降保护区的常绿阔叶林，是目前安徽省范围内所能见到的保存较为完好的常绿阔叶林之一。牯牛降保护区的常绿阔叶林，主要分布在海拔700～800 m，广泛分布在溪谷两侧的坡地上，但也有许多常绿阔叶树种分布可达海拔1 000 m。牯牛降保护区常绿阔叶林的建群种主要是壳斗科的种，如甜槠、米槠、苦槠、青冈栎、青栲、细叶青冈、绵槠等。除此之外，樟科的豺皮樟、红楠、紫楠等以及山茶科的厚皮香、杨桐等也是常见的常绿阔叶伴生树种。

1.甜槠林

甜槠被认为是中亚热带的典型常绿阔叶树种，以甜槠为建群种形成的甜槠林，也被认为是中亚热带具有代表性的地带性乔木群落。该群落在牯牛降保护区分布较为广泛，南北坡各地均见有纯林，或以其为建群种，或共建种的群落类型，尤其是以南坡观音堂大演坑（如表2-4所示）、历溪坞，北坡金竹洞、奇峰、祁门叉等海拔600～700 m处较集中分布。

表2-4　甜槠林样方统计分析

地点：牯牛降南坡观音堂　　海拔：440 m　　面积：20 m×20 m

乔木层主要植物	株数	平均高度/m	平均胸径/cm	相对密度	相对高度	相对优势度	重要值
甜槠	36	9.80	20.30	59.02%	12.99%	75.52%	49.18%
毛花连蕊茶	5	4.70	5.60	8.20%	6.24%	1.38%	5.27%
薯豆	5	8.50	23	8.20%	11.18%	12.03%	10.47%
格药柃	3	4.50	4.70	4.92%	5.94%	0.27%	3.71%
红楠	3	8.30	20	4.92%	11.01%	5.03%	6.99%
赤楠	2	4.20	4.50	3.28%	5.48%	0.24%	3.00%
马银花	2	4.30	7.50	3.28%	5.68%	0.51%	3.16%
檫木	2	10.50	20.50	3.28%	13.87%	3.64%	6.93%
香桂	1	4.90	5	1.64%	6.47%	0.19%	2.77%

续 表

乔木层主要植物	株数	平均高度/m	平均胸径/cm	相对密度	相对高度	相对优势度	重要值
冬青	1	6	8	1.64%	7.93%	0.24%	3.27%
野漆树	1	10	16	1.64%	13.21%	0.95%	5.27%
灌木层主要植物	赤楠、格药柃、厚皮香、矩形叶鼠刺、毛花连蕊茶、杨梅叶蚊母、香桂、浙江新木姜子						
草本层主要植物	里白、狗脊蕨、堇菜属						

牯牛降保护区的甜槠林，盖度较大，达80% ~ 90%，伴生的常绿阔叶树种常有薯豆、青冈栎、栲树、红楠、青栲、米槠等。灌木层盖度不大，只有10% ~ 20%，种类主要有格药柃、毛花连蕊茶、厚皮香、矩形叶鼠刺、马银花、老鼠矢、赤楠、杨梅叶蚊母、香桂、浙江新木姜子等。草本层盖度比较小，种类也不多，有苔草属、里白、兔儿风、蕨、狗脊蕨等。

2.青冈栎、甜槠林

在牯牛降保护区低海拔的沟谷两侧常分布有较大面积的常绿阔叶林，如青冈栎、甜槠、紫楠、华东楠、红楠、绵槠等，优势种为青冈栎、甜槠，林下灌木有马银花、格药柃、尖连蕊茶、老鼠矢等。

3.米槠、甜槠林

米槠、甜槠林是以米槠为建群种或优势种的群落类型，较集中分布于南坡观音堂大演坑，以及小演坑一带海拔300 ~ 500 m的山坡，常与甜槠、青冈栎、厚皮香等组成常绿阔叶混交林。

4.栲树林

栲树林在牯牛降北坡双河口和金竹洞海拔550 m以下的山麓、坡地及沟谷两侧集中成片分布，局部地段有栲树、薯豆、甜槠为共建种的常绿阔叶混交林。此外，南坡历溪坞也见有小面积栲树、甜槠林分布。栲树林林相整齐，林分结构层次明显，树种组成比较复杂。牯牛降北坡双河口栲树林样地统计，如表2-5所示。

5.苦槠林

苦槠林群落主要分布于牯牛降局部低海拔地段，主要树种为苦槠，常伴生有青冈栎、红楠、华东楠、绵槠、甜槠、秀丽锥等常绿树种，如南坡历溪龙宫岭至桶坑，有一片以苦槠和秀丽锥为优势树种的常绿阔叶林群落。

表2-5　栲树林样方统计分析

地点：牯牛降北坡双河口　　　海拔：450 m　　　面积：20 m×20 m

乔木层主要植物	株数	平均高度/m	平均胸径/cm	相对密度	相对高度	相对优势度	重要值
栲树	27	13	11.50	14.54%	69.23%	59.75%	47.84%
南酸枣	4	18.50	22.30	20.67%	10.26%	32.17%	21.03%
木莲	3	13	10.30	14.52%	7.69%	4.88%	9.03%
大叶冬青	1	2	5	2.23%	2.56%	0.32%	1.71%
小叶白辛树	1	8	5	8.94%	2.56%	0.32%	3.94%
紫楠	1	9	6	10.05%	2.56%	0.46%	4.36%
拟赤杨	1	13	8	14.52%	2.56%	0.82%	5.97%
糙叶树	1	13	10	14.52%	2.56%	1.28%	6.12%
灌木层主要植物	冬青、杜茎山、红楠、栲树、阔叶十大功劳、毛花连蕊茶、青冈栎、中国绣球、天竺桂、越桔属						
草本层主要植物	虾脊兰、青叶苎麻、楼梯草、淡竹叶、七叶一枝花、香茶菜、苔草属						

6.青冈栎林

青冈栎在亚热带范围内适应较广，从南亚热带一直分布到北亚热带的北缘，酸性基岩地区和石炭岩地区均可生长。在常绿阔叶林的建群树种中，青冈栎是少有的几种耐寒树种之一，所以垂直分布比较高，在皖南地区一般向上可分布到海拔1 000 m以上。因此，在牯牛降保护区的山中下部青冈栎的分布十分普遍，数量也较多，常常成为常绿阔叶林或常绿、落叶阔叶混交林的建群树种或主要伴生树种。

青冈栎林乔木层常见的伴生树种有红楠、紫楠、华东楠、豺皮樟、枫香、拟赤杨、绵槠、甜槠、多花泡花树等。林下灌木层较发达，主要有乌饭树、马银花、格药柃、卫矛、茶、粗糠柴、毛花连蕊茶、雀梅藤、紫金牛等常见的灌木，以及乔木层树种的幼树苗。

青冈林下的草本层不发达，盖度很小，多数种类也都相近，主要为狗脊蕨、阔叶山麦冬、油点草、三脉紫菀等。层外植物常有络石、菝葜、南蛇藤、广东蛇葡萄等。

牯牛降南坡双河口青冈栎林样地统计，如表2-6所示。

表2-6　青冈栎林样方统计分析

地点：牯牛降南坡双河口　　海拔：500 m　　面积：20 m×20 m

乔木层植物名称	株数	平均高度/m	平均胸径/cm	相对密度	相对高度	相对优势度	重要值
青冈栎	35	6.60	10.20	29.17%	4.71%	20.05%	17.98%
红楠	22	5.20	5.30	18.33%	3.76%	5.99%	9.36%
马银花	14	4.60	6.00	11.67%	3.30%	4.03%	6.33%
格药柃	7	4.50	4.40	5.83%	3.20%	0.97%	3.34%
黄檀	5	7.10	7.70	4.17%	5.09%	2.30%	3.85%
拟赤杨	5	11.80	22.60	4.17%	8.46%	17.55%	10.06%
枫香	5	13.20	28.10	4.17%	9.46%	34.50%	16.04%
长叶石栎	3	5.50	5.60	2.50%	3.94%	0.64%	2.36%
福建假卫矛	3	4.80	7.30	2.50%	3.42%	1.14%	2.35%
细叶青冈	3	5.80	8	2.50%	4.18%	1.73%	2.80%
老鼠矢	2	4.40	4.70	1.67%	3.15%	0.29%	1.70%
豹皮樟	2	4.50	4.80	1.67%	3.22%	0.33%	1.74%
五角枫	2	8.30	8	1.67%	5.91%	0.88%	2.82%
乌饭树	2	5.80	9	1.67%	4.16%	2.98%	2.94%
化香	2	10.50	19.50	1.67%	7.52%	4.95%	4.71%
薄叶楠	1	3.70	4.50	0.83%	2.65%	0.06%	1.18%
尾叶山矾	1	4.20	4.70	0.83%	3.01%	0.10%	1.32%
大叶冬青	1	4.20	5	0.83%	3.01%	0.16%	1.34%
刺果越橘	1	5	4.50	0.83%	3.58%	0.06%	1.49%
杉木	1	4.50	5	0.83%	3.22%	0.16%	1.41%
毛花连蕊茶	1	4.90	5	0.83%	3.51%	0.16%	1.50%
檵木	1	5	5	0.83%	3.58%	0.16%	1.53%
米饭花	1	5.50	11	0.83%	3.94%	0.79%	1.85%
尾叶山矾	1	4.20	4.70	0.83%	3.01%	0.10%	1.32%
灌木层主要植物	卫矛、茶、粗糠柴、毛花连蕊茶、雀梅藤、紫金牛、长叶石栎、青冈栎、红楠						
草本层主要植物	狗脊蕨、鳞毛蕨属、阔叶山麦冬、杏香兔儿风、油点草						

7.绵槠林

绵槠广泛分布于安徽亚热带地区的山地和丘陵地带，在长江以南的皖南山区向上可达海拔1 000 m左右。在牯牛降南坡双河口、北坡奇峰海拔500 ~ 600 m一带有成片分布的小面积绵槠林。绵槠林林相常因所处的生境不同而有差异，其种类组成也较复杂，但常有青冈栎、红楠、甜槠、细叶青冈、华东楠等常绿阔叶树种，伴生的落叶阔叶树种有枫香、拟赤杨、野茉莉等。

灌木层有青冈栎、红楠、茶、大青、六月雪、轮叶赤楠、山梅花、野珠兰、紫金牛、格药柃、檵木等。草本层的草本植物一般不多，有鳞毛蕨属、耳蕨属、毛腹水草、荩草、蛇莓、细辛、棕叶狗尾草、苔草属等，但数量都很少。

牯牛降南坡双河口绵槠林样地统计，如表2-7所示。

表2-7　绵槠林样方统计分析

地点：牯牛降南坡双河口　　　　海拔：420 m　　　　面积：20 m×20 m

乔木层植物名称	株数	平均高度/m	平均胸径/cm	相对密度	相对高度	相对优势度	重要值
绵槠	14	9.80	20.90	43.92%	7.24%	20%	23.72%
油茶	13	3.70	4.30	1.76%	2.69%	22.86%	9.10%
檵木	6	4.70	7	1.71%	3.46%	8.57%	4.58%
青冈栎	6	5.90	8	2.35%	4.35%	8.57%	5.09%
毛花连蕊茶	3	3.50	4.50	0.31%	2.55%	4.29%	2.38%
细叶青冈	3	5.80	5.30	0.56%	4.29%	4.29%	3.04%
红楠	3	5.80	11	2.57%	4.29%	4.29%	3.72%
化香	3	10.30	22.70	8.12%	7.60%	4.29%	6.67%
山胡椒	2	3.40	4.50	0.26%	2.50%	2.86%	1.87%
豹皮樟	2	4	7	1.32%	2.94%	2.86%	2.37%
黄檀	2	6.30	12.50	1.67%	4.60%	2.86%	3.04%
拐枣	2	7.80	11.50	1.39%	5.70%	2.86%	3.32%
崖花海桐	1	3.50	4	0.08%	2.57%	1.43%	1.36%
红脉钓樟	1	4	5	0.43%	2.94%	1.43%	1.60%
三尖杉	1	6	12	0.89%	4.41%	1.43%	2.24%
野漆树	1	7.50	15	1.18%	5.52%	1.43%	2.71%
山樱花	1	9	21	2.32%	6.62%	1.43%	3.45%
紫弹朴	1	12	18	1.70%	8.82%	1.43%	3.99%

续　表

乔木层植物名称	株数	平均高度/m	平均胸径/cm	相对密度	相对高度	相对优势度	重要值
拟赤杨	1	9	29	12.67%	6.62%	1.43%	6.91%
枫香	1	14	38	14.78%	10.30%	1.43%	8.84%
灌木层主要植物	青冈栎、红楠、茶、大青、六月雪、轮叶赤楠、山梅花、野珠兰、紫金牛、格药柃、檵木						
草本层主要植物	多花黄精、鳞毛蕨属、耳蕨属、毛腹水草、蛇莓、细辛、棕叶狗尾草						

8.青栲林

牯牛降保护区的南坡和北坡有时可以见到小片的青栲林，一般分布于海拔600 m以下，如在历溪的双河口分布有一片面积不大的青栲林，主要伴生乔木树种有青冈、红楠、拟赤杨等。

9.细叶青冈林

细叶青冈在牯牛降主要分布于海拔600～900 m的区域，在常绿阔树林带的上部可聚生而形成细叶青冈林。牯牛降北坡祁门叉及金竹洞海拔500～900 m一带有成片细叶青冈林分布，南坡大演坑、历溪坞也见小面积分布，并常与甜槠、青冈、冬青等组成常绿阔叶混交林。群落第一层还有少量缺萼枫香（*Liquidambar acalycina*）、青钱柳等落叶树种生长其间。

细叶青冈林林相整齐，郁郁葱葱，总盖度达95%以上，乔木层主要树种有细叶青冈、枫香、石楠、绵槠、甜槠等，落叶阔叶树主要有漆树、南酸枣、青钱柳等。灌木层不很发达，层次分化也不明显，一般高0.70～1m，最高的可达2 m左右，盖度约10%，主要种类有尖连蕊茶、格药柃、五加、树参、紫金牛、马银花、老鼠矢等，以及乔木层树种的更新苗木。草本层主要有苔草属、淡竹叶、阔叶山麦冬、兔儿伞、三脉紫菀等，层外藤本植物有络石、牛姆瓜、菝葜、牛尾菜等。

牯牛降北坡祁门叉细叶青冈林样地统计，如表2-8所示。

表2-8　细叶青冈林样方统计分析

地点：牯牛降北坡祁门叉　　海拔：770 m　　面积：20 m×20 m

乔木层主要植物	株数	平均高度/m	平均胸径/cm	相对密度	相对高度	相对优势度	重要值
细叶青冈	12	14	22.20	60.48%	12.26%	50.00%	40.91%
交让木	3	4.70	18.30	9.58%	4.09%	12.50%	8.72%

续表

乔木层主要植物	株数	平均高度/m	平均胸径/cm	相对密度	相对高度	相对优势度	重要值
石楠	2	5	7.50	1.06%	4.38%	8.33%	4.59%
绵槠	2	9.50	20	7.51%	8.32%	8.33%	8.05%
漆树	1	7	10	0.94%	6.13%	4.17%	3.75%
冬青	1	7	18	3.04%	6.13%	4.17%	4.45%
南枳椇	1	9	21	4.14%	7.88%	4.17%	5.40%
南酸枣	1	24	16	2.40%	21.02%	4.17%	9.20%
枫香	1	34	34	10.85%	29.78%	4.17%	14.93%
灌木层主要植物	格药柃、交让木、五加、树参、青冈栎、天竺桂、连蕊茶、紫金牛						
草本层主要植物	淡竹叶、苔草属、虾脊兰、络石、浙皖粗筒苣、小果菝葜						

（二）常绿落叶阔叶混交林

牯牛降垂直地带性的常绿落叶阔叶林，主要分布于海拔800~1 200 m，多数在谷地之中，常见的常绿树种如细叶青冈、褐叶青冈、交让木、青冈栎、薯豆等，落叶树种主要有茅栗、枫香、檫木、短柄枹、鹅掌楸、青钱柳、拟赤杨、化香等。调查发现的常绿落叶阔叶混交林有细叶青冈、檫木、枫香林，细叶青冈、鹅掌楸、青钱柳林，褐叶青冈、茅栗、短柄枹林，交让木、香果树、青钱柳林，薯豆、拟赤杨林等。

（三）落叶阔叶林

在牯牛降保护区落叶阔叶林主要分布于山地海拔1 000 ~ 1 400 m的地带。具有代表性的类型，且较为稳定的落叶阔叶林是山地垂直带谱中，处于常绿落叶阔叶混交林带之上的落叶阔叶林带。低海拔地带也可见到落叶阔叶林，但多具有次生性质。山地落叶阔叶林常见的建群树种有短柄枹、茅栗、化香、枫香、亮叶水青冈等。

1.枫香林

枫香林是安徽南部低山丘陵地区常见的次生性落叶阔叶林，在牯牛降低海拔500 ~ 600 m地区是一种较普遍的群落类型。枫香林中常见有山槐、黄檀、白栎、拟赤杨、泡花树、小叶白辛树、野茉莉、青钱柳等落叶阔叶树种。林下的灌木层树种主要有盐肤木、映山红、算盘子、格药柃、尖连蕊茶等。

2.南酸枣林

南酸枣在牯牛降地区700~800 m温暖潮湿的谷地或谷坡常有散生，但不成群。在牯牛降保护区的观音堂附近谷地，海拔400 ~ 500 m的山坡中下部，发现一片南酸枣林，主要伴生树种有青冈栎、豺皮樟、黄檀、槭属等。

3.短柄枹林

短柄枹、茅栗林在牯牛降保护区分布于海拔1 000 ~ 1 400 m的山脊和山坡。该群系外形整齐，树干高大，林冠宽广，立木生长良好，林冠层高14 m左右，平均盖度80% ~ 90%。短柄枹、茅栗林的乔木层有时分为二个亚层，第一亚层以短柄枹、茅栗、枫香为主，第二亚层以短柄袍、茅栗为主，常见的伴生树种有山槐、黄檀、化香等，另外有些青冈栎、绵槠等常绿阔叶树，以及蜡瓣花、檫木、椴属或槭属的一些种。灌木层种类主要有六月雪、绿叶胡枝子、算盘子、长叶冻绿、悬钩子属等。草本层主要有珍珠菜、苔草、兔儿伞等。

4.茅栗林

茅栗林多见于牯牛降保护区北坡海拔1 000 ~ 1 400 m的山顶、山脊等分水岭部位，可形成纯林，伴生种主要为短柄枹、锐齿槲栎、华东椴、槭属、灯台树、小叶白辛树等。

5.茅栗、化香林

茅栗、化香林的分布与短柄枹、茅栗林的分布有相似之处，多见于海拔900 ~ 1 000 m，以及1 400 m以下的山顶、山脊等分水岭部位。该群系可在局部区域形成纯林，乔木层第一层平均高度约11 m，胸径15 ~ 45 cm，伴生种主要为短柄枹、华东椴、四照花、灯台树、小叶白辛树、水榆花楸等，林下主要有胡枝子、红果钓樟、山莓、六月雪、山橿、华紫珠、棣棠花等灌木。

6.亮叶水青冈林

在牯牛降南坡海拔1 300 m以上的一条山岭（白牛石至牯牛降顶峰的途中）的东侧，陡坡谷地之间有一片高大的亮叶水青冈林。亮叶水青冈林相高大苍郁，盖度在85%以上。乔木第一亚层高约25 ~ 30 m，主要是亮叶水青冈，伴生有紫弹朴、暖木等；乔木第二亚层主要树种有青冈栎、亮叶水青冈、小叶青冈、鸡爪槭、四照花、交让木、香椿等。

林下灌木层主要有乔木层的幼树苗，以及绿叶甘橿、四川山矾、中国绣球、水马桑、腊莲绣球、荚蒾属、黄山溲疏、青荚叶、毛叶石楠、长叶冻绿、阔叶十大功劳等。草本层种类组成主要有一枝黄花、鼠曲草、萱草、紫花堇菜、三脉紫菀、蕨、大吴风草、珍珠菜、南山堇菜、禾叶土麦冬等。

（四）竹林

竹林在亚热带地区有广泛分布。牯牛降保护区主要有毛竹林、刚竹林，以及水竹、斑苦竹、阔叶箬竹等小片竹丛。海拔1 000 m以上的中山上部常出现成片的华箬竹丛，海拔1 500 m以上出现玉山竹丛。

毛竹林的外貌、结构和组成都较简单，一般都成为单一的纯林，偶尔掺杂几棵杉木、枫香等树种，群落总盖度80%～95%，高度齐整。林下灌木稀少，主要有尖连蕊茶、格药柃、野珠兰和少量青冈栎、绵槠、化香等乔木的幼树苗。

四、灌　丛

牯牛降保护区自低海拔地区一直到海拔1 700 m的中心山地带均有灌丛分布。究其成因是在海拔较高山顶的山脊和坡地，生境条件恶劣，风速大、立地干燥、土质差、日照强等自然因素的影响，因此这类灌丛主要分布于牯牛降保护区北坡山顶的局部区域。

牯牛降保护区由于森林分布广泛，灌丛较少，多为次生灌丛，大多由于人为的原因，对原有的针叶林和阔叶林进行过度的砍伐，植被逆行演替，由高大的乔木林变为次生灌丛。在局部地区的溪沟水边或河谷岸边，形成狭长的水杨梅、三叶赤楠灌丛，但在许多情况下，这样的灌丛往往也处在疏密不等的林木或乔木群落之中成为灌木层。

在牯牛降保护区的山地上部，落叶阔叶林带之上往往出现一些灌丛群落，主要有绿叶胡枝子灌丛，南方六道木、三桠乌药灌丛，玉山竹灌丛。

（一）常绿阔叶灌丛

1.三叶赤楠灌丛

三叶赤楠是中亚热带低海拔地区的较典型的常绿灌丛。在牯牛降保护区南坡见于海拔200～500 m，北坡较少。三叶赤楠灌丛一般都沿溪边或山坡下部林缘湿润地带呈带状分布，其群落总盖度在60%～70%。三叶赤楠群落主要伴生种有尖连蕊茶、石斑木、野鸦椿、卫矛、苦茶槭、棣棠花、粗糠柴、黄瑞木、矩形叶鼠刺等。

2.绿叶胡枝子灌丛

在牯牛降保护区海拔1 400 m以上的局部地区经常出现一片片的绿叶胡枝子灌丛。在主峰北坡海拔1 450 m处，有一片面积较大的绿叶胡枝子灌丛，灌丛高1.50～2 m，十分茂密，群落总盖度在95%以上。绿叶胡枝子灌丛主要伴生种有南方六道木、圆锥绣球、三椏乌药、白檀、安徽小檗、水榆花楸等，另外还散生少量黄山松、黄山栎、五角枫、湖北海棠等。

（二）落叶阔叶灌丛

1.南方六道木、三椏乌药灌丛

南方六道木、三椏乌药灌丛分布在牯牛降保护区1 300 m以上至主峰顶部山顶，是山地上部较为典型的灌木群落。南方六道木、三椏乌药灌丛一般高1.50～2 m，群落内少数植株可高3～5 m，组成种类除南方六道木、三椏乌药外，主要有黄山栎、安徽小檗、华山矾、圆锥绣球、豪猪刺、水榆花楸、云锦杜鹃、湖北海棠、长叶冻绿、绿叶胡枝子等。灌丛中草本植物主要有大油芒、地榆、白花前胡、毛华菊、鼠曲草、藜芦、紫花前胡、杏叶沙参、败酱、紫萼、牛蒡、一枝黄花等。

2.玉山竹灌丛

玉山竹灌丛在牯牛降保护区主要分布在海拔1 500 m以上的地段，靠近山顶或岭脊的平缓坡地或凹地中，占有一定面积，十分茂密。玉山竹丛一般高约1.50～1.80 m，群落盖度大，达90%～100%，几乎全部为玉山竹单一种类组成的单优群落。竹丛中灌木和草本较少，主要有顶花板凳果、地榆、萱草、珍珠菜、鼠曲草等。

五、草　丛

牯牛降保护区草丛是在亚热带和暖温带地带性生境条件下分布的，具有明显建群种和群落外貌。该群落在牯牛降保护区多分布于林缘或林窗中，成块状或条状分布，主要为局部区域遭到破坏后逆行演替的结果，具有明显的次生性、本地带性和相对稳定性。

山地草丛在牯牛降保护区出现的地方不多，主要分布于海拔1 200 m以上的近山顶或岭脊的上部坡地。在山脊处人为形成的防火带区域已经演替为草丛，优势草本植物主要有野古草、芒等，其他草本植物种类有地榆、毛华菊、萱草、紫萼等。在牯牛降主峰的西北侧，分布有较大面积的沼原草、野古草群落和芒群落，群落中其他草本植物主要有大油芒、地榆、毛华菊、鼠曲草、藜芦、紫花前胡、败酱、紫萼、一枝黄花等。此外，群落中也稀疏分布有黄山松、南方六道木、安徽小檗、圆锥绣球、长叶冻绿等1 ~ 3 m高的乔灌木。

六、沼　泽

在牯牛降保护区海拔150 ~ 300 m的林缘或林间有几小块炭藓沼泽，如合山至金竹洞之间的路边低洼积水处有几小片沼泽，沼泽中主要藓类为暖地泥炭藓。

七、人工植被

牯牛降保护区人工植被多为一些经济材用林，主要有马尾松林、杉木林，还有少量的毛竹林、柳杉林以及人工茶园。马尾松林、杉木林在区内分布面积较大。人工植被的基本特征是纯度高，林下灌木、草本植物较少，尤其在人工杉木林下灌木和草本植物极少，人为活动痕迹较大。因受到人为保护，不到一定年限很少被砍伐，所以该类型植被长势良好。

第三章　植物区系与植物资源多样性

20世纪80年代初至今，有关部门为牯牛降保护区的建设组织了多次考察活动，其中规模较大的一次是1983年8月由安徽省林业厅和安徽省科学技术委员会组织的牯牛降自然资源综合考察（第一次综合科学考察），对区内动植物资源进行了调查，有力支撑了保护区的工作。2011年5月至2013年10月，牯牛降保护区自然资源综合科学考察队采用样线和样方调查的方法对牯牛降保护区的植物资源及植被进行了全面调查和标本采集（第二次综合科学考察），参考《中国高等植物》《中国植物志》《安徽植物志》和《中国石松类和蕨类植物》对采集的标本和拍摄的照片进行整理、鉴定和归类，其中蕨类植物按秦仁昌系统、裸子植物按郑万钧系统、被子植物按恩格勒系统，整理并修订了名录。

牯牛降保护区科学考察队采用样方法对牯牛降保护区典型植物群落及重点保护野生植物群落进行调查，在代表性区域设置样地，每个样地面积为20 m×20 m，以10 m×10 m的小样方为单元进行植被调查。牯牛降保护区科学考察队对样方内乔木层植物进行每木检尺（胸径大于1 cm），再在每个小样方内选取1个5 m×5 m的灌木层样方和2个1 m×1 m的草本层样方进行灌木和草本植物植物种类、盖度、高度等指标调查。各样方用GPS定位，记录其经度、纬度和海拔高度，确定其微地貌类型、地表组成及土地利用状况等生境特点。同时，在取样调查的基础上，确定群落类型、植物组成及各组分的优势度。

牯牛降保护区科学考察队在考察研究中共设置了13条主要的调查路线，如图3-1、图3-2所示。这13条调查路线，分别是：石台大演乡—椅子圈—金竹洞（双河口样带），石台县奇峰村—主峰顶，石台大演乡—主峰顶（垂直样带），石台祁门叉东方坑、燕窝崖样带，石台祁门叉—小园香榧群落监测样地，石台大演乡—白石村样带，石台东库—西库—正库—子库样带，祁门历溪谷—大水排—主峰样带，祁门观音堂样带，祁门大小桶坑—大厉山样带，祁门三十六湾样带，祁门降上村—石屋样带，祁门历溪村—麻石屋样带。

图3-1　牯牛降保护区祁门保护站调查路线及样地设置

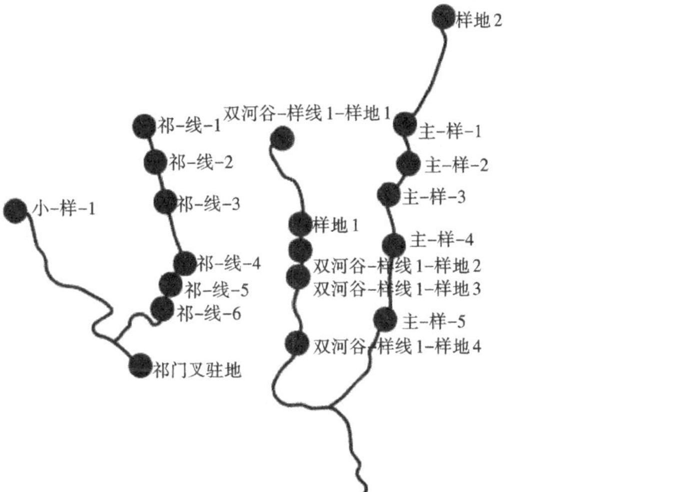

图3-2　牯牛降保护区石台保护站调查路线及样地设置

第一节　植物区系

一、蕨类植物

根据采集和研究资料整理，已知牯牛降保护区共有蕨类植物32科66属158种（包括亚种和变种），详见附录2。

（一）科属种组成

1.大小科分析

牯牛降保护区共有蕨类植物32科，其中含10种以上的大科有蹄盖蕨科（Athyrisaceae）（16/9，种数/属数，下同）、金星蕨科（Thelypteridaceae）（12/6）、鳞毛蕨科（Dryopteridaceae）（32/6）、水龙骨科（Polypodiaceae）（27/9），共计4科30属87种，分别占牯牛降保护区蕨类植物科、属、种总数的12.50%、45.46%、55.06%，是区系的基本组成成分，为优势种；含2~9种的科有膜蕨科（Hymenophyllaceae）、卷柏科（Selaginellaceae）、石杉科（Huperziaceae）、中国蕨科（Sinopteridaceae）、阴地蕨科（Botrychiaceae）、裸子蕨科（Hemionitidaceae）等14科，共计22属57种，分别占牯牛降保护区蕨类植物科、属、种总数的43.75%、33.33%、36.08%；剩下14科各占1属1种，分别占牯牛降自然保护区蕨类植物科、属、种总数的43.75%、21.21%、8.86%，如表3-1所示。

表3-1　牯牛降保护区蕨类植物大小科分析

种　数	科　名
≥10种（4科，含30属87种）	蹄盖蕨科、金星蕨科、鳞毛蕨科、水龙骨科
2~9种（14科，含22属57种）	膜蕨科、卷柏科、石杉科、中国蕨科、阴地蕨科、裸子蕨科、岩蕨科、碗蕨科、凤尾蕨科、木贼科、铁角蕨科、剑蕨科、石松科、里白科
1种（14科，含14属14种）	瓶尔小草科、紫萁科、瘤足蕨科、海金沙科、鳞始蕨科、蕨科、睫毛蕨科、肿足蕨科、球子蕨科、乌毛蕨科、蘋科、槐叶蘋科、满江红科

2.大小属分析

牯牛降保护区共有蕨类植物66属，其中含5种及5种以上的优势属有鳞毛蕨属（*Dryopteris*）（14种）、瓦韦属（*Lepisorus*）（9种）、卷柏属（*Selajinella*）（8种）、耳蕨属（*Polystichum*）（7种）、铁角蕨属（*Asplenium*）（7种）、石韦属（*Pyrrosia*）（7种）、凤尾蕨属（*Pteris*）（5种）、蹄盖蕨属（*Athyrium*）（5种）等，共计9属67种，分别占牯牛降保护区蕨类植物属、种总数的13.64%和42.41%；含2～4种的属有贯众属（*Cyrtomium*）（4种）、金星蕨属（*Parathelypteris*）（4种）、岩蕨属（*Woodsia*）（3种）、石杉属（*Huperzia*）（3种）、阴地蕨属（3种）、凤丫蕨属（*Coniogramme*）（3种）、针毛蕨属（*Macrothelypteris*）（3种）等22属，共计56种，分别占牯牛降保护区蕨类植物属、种总数的33.33%和35.44%；其余35属各含1种，分别占牯牛降保护区蕨类植物属、种总数的53.03%和22.15%，如表3-2所示。

表3-2　牯牛降保护区蕨类植物大小属的分析

种　数	属　名
≥5种（9属67种）	卷柏属、凤尾蕨属、蹄盖蕨属、铁角蕨属、鳞毛蕨属、耳蕨属、复叶耳蕨属、瓦韦属、石韦属
2～4种（22属56种）	石杉属、石松属、木贼属、阴地蕨属、里白属、假脉蕨属、膜蕨属、蕗蕨属、碗蕨属、凤丫蕨属、介蕨属、假蹄盖蕨属、蛾眉蕨属、针毛蕨属、金星蕨属、凸轴蕨属、岩蕨属、贯众属、线蕨属、骨牌蕨属、水龙骨属、剑蕨属、
1种（35属35种）	马尾杉属、瓶尔小草属、紫萁属、瘤足蕨属、芒萁属、海金沙属、团扇蕨属、鳞盖蕨属、乌蕨属、蕨属、金粉蕨属、碎米蕨属、粉背蕨属、铁线蕨属、睫毛蕨属、菜蕨属、双盖蕨属、羽结蕨属、短肠蕨属、冷蕨属、肿足蕨属、毛蕨属、卵果蕨属、假毛蕨属、荚果蕨属、狗脊蕨属、毛枝蕨属、鞭叶蕨属、鳞果星蕨属、星蕨属、假瘤蕨属、盾蕨属、蘋属、槐叶蘋属、满江红属

3.种的生态类型分析

牯牛降保护区共有蕨类植物158种，有些是医药、食品、工艺品的原料，有些是热带、亚热带地区水土保持的优良植物，有些是优良的园艺观赏植物及良好的切花材料。

蕨类植物的生长与生态环境密切相关，其分布随着生态环境的变化而发生变化。蕨类植物大多生于温暖、阴湿的林下或溪边石缝中，成为森林植被草本层的重要组成部分，不仅对森林的生长发育有着极大的影响，而且可以作为反映土壤、气候等环境条件的指示植物。根据牯牛降保护区蕨类植物与生境的关系，将牯牛降保护区的158种蕨类植物划分为陆生、附生、石生、藤本、水生5个类型。

（1）陆生蕨类植物：指生长在陆地土壤上的蕨类植物，也称土生蕨类植物，常生长于山野间、林缘和林下。根据它们生活环境的不同，又将其分为生活在向阳裸地的阳性蕨类植物，生活在林下或林缘的阴性蕨类植物，生活在沟谷溪边的耐阴湿生蕨类植物。阳性蕨类植物：大多生活在向阳的裸露地带，牯牛降保护区有蕨（*Pteridium aquilinum*）、芒萁（*Dicranopteris pedata*）等。阴性蕨类植物：多数生活在林下、林缘，喜欢湿润、偏酸性或中性的土壤，牯牛降保护区有井口边草（*Pteris multifida*）、东方荚果蕨（*Matteuccia orientalis*）、贯众（*Cyrtomium fortunei*）、三叉耳蕨（*Polystichum tripteron*）等。耐阴湿生蕨类植物：牯牛降保护区有凤丫蕨（*Coniogramme japonica*）、普通凤丫蕨（*Coniogramme internedia*）、延羽卵果蕨（*Phegopteris decursive-pinnata*）等。

（2）附生蕨类植物：指附生于树干或枝条上的蕨类植物，其根状茎攀附于树干表面，但并不伤害所附着的树木，其所需的养料主要来源于枯枝落叶及雨水冲刷带来的有机物。牯牛降保护区有庐山石韦（*Pyrrosia heareri*）、有柄石韦（*Pyrrosia petiolosa*）、宝华山瓦韦（*Lepisorus paohuashanensis*）等附生蕨类植物。

（3）石生蕨类植物：指生长在岩石上或岩石缝隙中的蕨类植物。牯牛降保护区的石生蕨类植物大多生活在沟边、溪边和密林下等阴湿的岩石上，如抱石莲（*Lepidogrammitis drymoglossoides*）、褐柄剑蕨（*Lxogramme duclouxii*）、匙叶剑蕨（*Lxogramme grammitoides*）、中华剑蕨（*Lxogramme chinensis*）等。

（4）藤本蕨类植物：藤本蕨类植物生活在土壤中，具有很长的根状茎，茎或叶轴攀附于树木上，牯牛降保护区有海金沙（*Lygodium japonicum*）、石松（*Lycopdium japonicum*）。

（5）水生蕨类植物：指生活在水域环境中的蕨类植物，牯牛降保护区共有3种，分别是蘋（*Marsilea quadrifolia*）、槐叶蘋（*Salvinia natans*）和满江红（*Azolla imbricata*）。

（二）分布区类型分析

1.科的分布区类型

牯牛降保护区蕨类植物32科，占安徽蕨类植物科总数的78%，占全国蕨类植物科总数的51.60%。

牯牛降保护区蕨类植物既有一些较原始的科，也有较进化的科，在系统发育上有着较为连续的关系。其中，世界分布的科有石杉科、石松科（Lycopodiaceae）、卷柏科、木贼科（Equisetaceae）、瓶儿小草科（Ophioglossaceae）、紫萁科（Osmundaceae）、蕨科（Pteridaceae）、铁线蕨科（Adiantaceae）、蹄盖蕨科、铁角蕨科（Aspleniaceae）、鳞毛蕨科、水龙骨科、蘋科（Matsileaceae）、槐叶蘋科（Salviniacae）、满江红科（Azollaceae），共计15个，占科总数的46.88%；泛热带分布的科有里白科（Gleicheniaceae）、海金沙科（Lygodiaceae）、膜蕨科（Hymenophyllaceae）、碗蕨科（Dennstaedtiaceae）、鳞始蕨科（Lindsaeaceae）、凤尾蕨科（Pteridaceae）、中国蕨科（Sinopteridaceae）、乌毛蕨科（Blechnaceae）、裸子蕨科（Hemionitidaceae）、剑蕨科（Lxogrammaceae）、金星蕨科，共计11个，占科总数的34.38%；热带亚洲和热带美洲间断分布的为瘤足蕨科（Plagiogyriaceae）；北温带分布的科有球子蕨科（Onocleaceae）、岩蕨科（Woodsiaceae）和阴地蕨科；温带亚洲分布的科有睫毛蕨科（Pleurosoriopsidaceae）；中国特有分布1科1属。

2.属的分布区类型

牯牛降保护区蕨类植物共有66属，占安徽蕨类植物总属数的75%，占全国蕨类植物总属数29.60%。

牯牛降保护区66属中，世界分布的属有蕨属（*Pteridium*）、石松属（*Lycopodium*）、石杉属、蹄盖蕨属、卷柏属、耳蕨属、铁线蕨属、马尾杉属（*Phlegmariurus*）、膜蕨属（*Hymenophyllum*）、蘋属（*Marsilea*）、槐叶蘋属（*Salvinia*）、满江红属（*Azolla*），共计12个，占属总数的18.18%。

热带分布属共计32个，占牯牛降保护区蕨类植物属总数的48.48%。其中，泛热带分布的属有里白属、凤尾蕨属（*Pteris*）、假脉蕨属（*Crepidomanes*）、粉背蕨属（*Aleuritopteris*）、短肠蕨属（*Allantodia*）、毛蕨属（*Cyclosorus*）、碗蕨属（*Dennstaedtia*）、蕗蕨（*Mecodium*）铁角蕨属、金星蕨属等，共计13个，占19.70%；热带亚洲分布的有假瘤蕨属（*Phymatopsis*）、假蹄盖蕨属（*Athyriopsis*）、水龙骨属（*Polypodiodes*）、石韦属、针毛蕨属、碎米蕨属（*Cheilosoria*）、石杉属、星蕨属（*Microsorum*）等，共计10个，占15.15%；热带亚洲至热带大洋洲分布，共计1个；热带亚洲至热带非洲分布的有金粉蕨属（*Onychium*）、盾蕨属（*Neolepisorus*）、凤丫蕨属，共计3个，占4.54%；热带亚洲和热带美洲间断分布的有瘤足蕨属（*Plagiogyria*）、双盖蕨属（*Diplazium*），共计2个，占3.03%；旧世界热带分布的有芒萁属（*Dicranopteris*）、团扇蕨属（*Gonocormus*）、鳞盖蕨属。

温带分布属共计22个，占属总数的33.34%。其中，北温带分布的有木贼属（*Hippochaete*）、阴地蕨属（*Sceptridium*）、瓶尔小草属（*Ophioglossum*）、紫萁属、羽节蕨属（*Gymnocarpium*）、卵果蕨属（*Phegopteris*）、岩蕨属（*Woodsia*）、鳞毛蕨属等，共计10个，占15.15%；旧世界温带分布的有冷蕨属（*Cystopteris*）；温带亚洲分布的有睫毛蕨属（*Pleurosoriopsis*）、介蕨属（*Dryoathyrium*）、复叶耳蕨属（*Arachniodes*）、鳞果星蕨属（*Lepidomicrosorium*）、贯众属（*Cyrtomium*），共计5个，占7.57%；东亚与北美洲间断分布的有蛾眉蕨属（*Lunathyrium*）；东亚分布的有凸轴蕨属、毛枝蕨属（*Leptorumohra*）、鞭叶蕨属（*Cyrtomidictyum*）、瓦韦属，总计4个，占6.06%；中国特有分布的有骨牌蕨属（*Lepidogrammitis*）。

牯牛降保护区蕨类植物科和属分布区域的统计，如表3-3所示。

表3-3　牯牛降保护区蕨类植物科和属分布区类型统计

分布区类型	科数	占总科数	属数	占总属数	
1.世界分布	15	46.88%	12	18.18%	—
2.泛热带分布	11	34.38%	13	19.70%	热带地理成分
3.热带亚洲和热带美洲间断分布	1	3.12%	2	3.03%	
4.旧世界热带分布	—	—	3	4.54%	
5.热带亚洲至热带大洋洲分布	—	—	1	1.52%	
6.热带亚洲至热带非洲分布	—	—	3	4.54%	
7.热带亚洲分布	—	—	10	15.15%	
8.北温带分布	3	9.38%	10	15.15%	温带地理成分
9.东亚和北美洲间断	—	—	1	1.52%	
10.旧世界温带分布	—	—	1	1.52%	
11.温带亚洲分布	1	3.12%	5	7.57%	
12.地中海区、西亚至中亚分布	—	—	—	—	
13.中亚分布	—	—	—	—	
14.东亚分布	—	—	4	6.06%	
15.中国特有分布	1	3.12%	1	1.52%	
合计	32	100%	66	100%	

（三）结　论

（1）牯牛降保护区共有蕨类植物32科66属158种（包括亚种和变种），蕨类植物较为丰富。

（2）本区系以鳞毛蕨科、蹄盖蕨科、金星蕨科的种类最多，为本区的优势科，其次是卷柏科、铁角蕨科。鳞毛蕨属、瓦韦属、卷柏属、耳蕨属、铁角蕨、石韦属、凤尾蕨属、蹄盖蕨属为本区的优势属，这与华东地区蕨类植物区系具有很大的相似性。

（3）从本区系优势科、属和属、种的地理分布类型来看，区系具有明显的亚热带特性，同时兼有少量的温带成分，起源古老，但特有现象不明显，尚未发现本地特有种。

二、种子植物

2012年至2013年由安徽师范大学、牯牛降保护区联合组织了牯牛降保护区动植物自然资源综合考察。在考察和资料积累的基础上，参考《中国植物志》《安徽省植物志》等，整理并修订了《牯牛降保护区种子植物名录》，详见附录3，进而对牯牛降保护区种子植物区系作了初步分析，并对植被类型进行了系统分析，旨在为牯牛降保护区植物和植被资源的保护和合理利用提供必要的基础资料。

牯牛降保护区植物区系成分分析以《中国种子植物属的分布区类型》和《世界种子植物科的分布区类型系统》为依据，参照潘云芬等和金孝锋等的植物区系研究方法进行分析。在进行科属种的区系分析时，种下分类群均视作种级看待。

（一）种子植物区系多样性

1.种子植物区系的基本组成

经调查和资料统计，牯牛降保护区种子植物共有145科678属1 397种（含种下分类单位），其中裸子植物6科9属13种，被子植物139科669属1 384种。在被子植物中，双子叶植物118科535属1 146种，单子叶植物21科134属238种。

2.科的大小分析

在牯牛降保护区145科种子植物中，各科含属数差异悬殊，如表3-4所示。含10属及10属以上的科有13个，占总科数的8.97%，属数315，占总属数的46.46%，在植物区系的组成中占重要位置，如禾本科（Poaceae）59属、菊科（Compositae）49属、豆科（Leguminosae）33属、蔷薇科（Rosaceae）28属、唇形科（Labiatae）24属、百合科（Liliaceae）21属、伞形科（Umbelliferae）19属、茜草科（Rubiaceae）18属、兰科（Orchidaceae）18属、玄参科（Scrophulariaceae）13属、虎耳草科（Saxifragaceae）12属、大戟科（Euphorbiaceae）11属、毛茛科（Ranunculaceae）。含5～9属的科有30个，占总科数的20.69%，属数184，占总属数的27.14%。含4属及4属以下的科有102个，占总科数的70.34%，属数179个，占总属数的26.40%，在植物区系组成中占次要地位。

表3-4　牯牛降保护区种子植物科内属组成

科内含属数	科数	占总科数	属数	占总属数
≥10	13	8.97 %	315	46.46 %
5～9	30	20.69 %	184	27.14 %
2～4	47	32.41 %	124	18.29 %
1	55	37.93 %	55	8.11 %
合计	145	100%	678	100%

在牯牛降保护区145科种子植物中，含30种以上的大科有6个，即菊科49属107种、禾本科59属94种、蔷薇科28属79种、豆科33属67种、唇形科24属48种、百合科21属37种。这6个大科共有432种，占总种数的30.92%，所占比例非常高。含10～29种的较大科有36个，共有616种，占总种数的44.09%。以上42科仅占总科数的28.97%，但含种数高达1048种，占总种数的75.02%，在牯牛降植物区系中起主导作用。含2～9种的小型科共有77科，占总科数的53.10%；单种科共有26科，占总科数的17.93%。小型科和单种科共有103科，占总科数的71.03%，但含种数仅为349种，只占总种数的24.98%，如表3-5、表3-6所示。因此，牯牛降保护区种子植物中科的优势现象比较明显。

表3-5　牯牛降保护区种子植物科内种组成

科内含种数	科数	占总科数	种数	占总种数
≥30	6	4.14 %	432	30.92 %
10～29	36	24.83 %	616	44.09 %
2～9	77	53.10 %	323	23.12 %
1	26	17.93 %	26	1.86 %
合计	145	100%	1 397	100%

表3-6　牯牛降保护区种子植物含10种及10种以上科统计

科名	属数	种数	科名	属数	种数
菊科 Compositae	49	107	景天科 Crassulaceae	4	16
禾本科 Gramineae	59	94	榆科 Ulmaceae	7	15
蔷薇科 Rosaceae	28	79	石竹科 Caryophyllaceae	9	15
豆科 Leguminosae	33	67	五加科 Araliaceae	5	15
唇形科 Labiatae	24	48	马鞭草科 Verbenaceae	6	15
百合科 Liliaceae	21	37	槭树科 Aceraceae	1	14
壳斗科 Fagaceae	6	27	杜鹃花科 Ericaceae	5	14
伞形科 Umbelliferae	19	27	木兰科 Magnoliaceae	7	13
茜草科 Rubiaceae	18	27	十字花科 Cruciferae	7	13
大戟科 Euphorbiaceae	11	26	冬青科 Aquifoliaceae	1	13
莎草科 Cyperaceae	6	26	鼠李科 Rhamnaceae	6	13
荨麻科 Urticaceae	9	25	报春花科 Primulaceae	3	13
蓼科 Polygonaceae	4	24	木犀科 Oleaceae	6	13
毛茛科 Ranunculaceae	10	24	茄科 Solanaceae	7	13
玄参科 Scrophulariaceae	13	23	桑科 Moraceae	5	12
樟科 Lauraceae	7	22	葡萄科 Vitaceae	5	12
兰科 Orchidaceae	18	21	天南星科 Araceae	5	11
虎耳草科 Saxifragaceae	12	20	芸香科 Rutaceae	6	10
忍冬科 Caprifoliaceae	6	19	堇菜科 Violaceae	1	10
山茶科 Theaceae	8	18	柳叶菜科 Onagraceae	3	10
卫矛科 Celastraceae	5	17	萝藦科 Asclepiadaceae	5	10

3.属的大小分析

在牯牛降保护区678属种子植物中（如表3-7所示），含10种及10种以上的属有10个，占总属数的1.47%，共有138种，占总种数的9.88%，分别为蒿属（*Artemisia*）22种、蓼属（*Polygonum*）18种、悬钩子属（*Rubus*）15种、槭属（*Acer*）14种、冬青属（*Ilex*）13种，景天属（*Sedum*）12种、胡枝子属（*Lespedeza*）12种、珍珠菜属（*Lysimachia*）11种、苔草属（*Carex*）11种、堇菜属10种。含6～9种的属有27属。含6种以上属共37属，占总属数的5.46%，如表3-8所示。含2～5种的属有237属，单种属404属。寡种属（2～5种）和单种属共641个，含1 075种，占总属数的94.54%和总种数的76.95%。

表3-7　牯牛降保护区种子植物属内种组成

属内种数	属数	占总属数	种数	占总种数
≥10	10	1.47 %	138	9.88 %
6～9	27	3.98 %	184	13.17 %
2～5	237	34.96 %	671	48.03 %
1	404	59.59 %	404	28.92 %
合计	678	100%	1397	100%

表3-8　牯牛降保护区种子植物6种及6种以上属统计

属内种数	属名	种数	属名	种数
≥10种（10属）	蒿属	22	景天属	12
	蓼属	18	胡枝子属	12
	悬钩子属	15	珍珠菜属	11
	槭属	14	苔草属	11
	冬青属	13	堇菜属	10
6～9种（27属）	铁线莲属	9	锥属	6
	栎属	8	苎麻属	6
	山胡椒属	8	繁缕属	6
	柃木属	8	金丝桃属	6
	卫矛属	8	委陵菜属	6
	紫菀属	8	野豌豆属	6
	莎草属	8	大戟属	6
	猕猴桃属	7	南蛇藤属	6
	蔷薇属	7	八角枫属	6
	五加属	7	越橘属	6
	荚蒾属	7	鹅绒藤属	6
	忍冬属	7	紫珠属	6
	菝葜属	7	茄属	6
	薯蓣属	7		

（二）植物区系地理成分的统计分析

1.科的地理成分统计与分析

参考吴征镒教授《世界种子植物科的分布区类型系统》的划分，将牯牛降保护区种子植物145科划分为11种分布区类型，归并为世界分布科、热带分布科和温带分布科，如表3-9所示。

表3-9 牯牛降保护区种子植物科、属的分布区类型

分布区类型	科数	占总科数	属数	占总属数	备注
1. 世界分布	50	34.48%	73	10.77%	世界分布科
2. 泛热带分布	45	31.03%	107	15.78%	热带分布科
3. 热带亚洲和热带南美间断	9	6.21%	11	1.62%	
4. 旧世界热带分布	3	2.07%	34	5.01%	
5. 热带亚洲至热带大洋洲分布	4	2.76%	19	2.80%	
6. 热带亚洲至热带非洲分布	1	0.69%	14	2.07%	
7. 热带亚洲分布	2	1.38%	44	6.49%	
8. 北温带分布	22	15.17%	131	19.32%	温带分布科
9. 东亚和北美间断分布	5	3.45%	63	9.29%	
10. 旧世界温带分布	—	—	51	7.52%	
11. 温带亚洲分布	—	—	10	1.48%	
12. 地中海区、西亚至中亚分布	—	—	3	0.44%	
13. 中亚分布	—	—	—	—	
14. 东亚分布	3	2.07%	100	14.75%	
15. 中国特有分布	1	0.69%	18	2.65%	—
合计	145	100%	678	100%	

（1）世界分布科。世界分布科共计50个，占本区系总科数的34.48%。世界分布的科多为草本，分布在森林群落的草本层，如菊科、禾本科、唇形科、伞形科、莎草科等，共约800种。由此可见，世界分布科在本区系占主导地位，也显示了本区植物的隐域性。

（2）热带分布科。热带分布科共有64个，占该总科数的44.14%，其中绝大多数是泛热带分布科，共有45个，常见的有荨麻科（Urtiaceae）、樟科、大戟科、山茶科、芸香科（Rutaceae）、卫矛科（Celastraceae）、葡萄科（Vitaceae）、椴树科（Tiliaceae）等。这些科的一些种是亚热带森林植被的优势种或建群种，如樟科和山茶科。

（3）温带分布科。温带分布科共有31个，占该区系总科数的21.38%，其中主要是北温带分布科，共有22个，常见的包括松科（Pinaceae）、柏科（Cupressaceae）、胡桃科（Juglandaceae）、杨柳科（Salicaceae）、桦木科（Betulaceae）、壳斗科、槭树科（Aceraceae）等。这些科的一些种是亚热带针叶林及常绿或落叶阔叶林森林植被的优势种或建群种，在牯牛降保护区的乔木或灌木群落植被中扮有重要的角色。

从科级水平看，热带成分的科数占优势，表明本区系与热带植物区系的亲缘关系，这与吴征镒的中国亚热带地区植物区系有着很大热带亲缘的观点相一致。

2.属的地理成分统计与分析

根据《中国植物志》和《中国种子植物属的分布区类型》关于中国种子植物属的分布区类型划分，将牯牛降保护区种子植物划分为14种分布区类型。

（1）世界分布：世界分布属是指几乎遍布世界各大洲而没有特殊分布中心的属，或虽有1个或数个分布中心而包含世界分布种的属。本类型在牯牛降保护区共有73个属，占总属数的10.77%，常见的有悬钩子属（*Rubus*）、珍珠菜属（*Lysimachia*）、苔草属（*Carex*）、堇菜属（*Viola*）、铁线莲属（*Clematis*）、莎草属（*Cyperus*）、繁缕属（*Stellaria*）、毛茛属（*Ranunculus*）、大戟属（*Euphorbia*）、卫矛属（*Euonymus*）、蒿属（*Artemisia*）等。

（2）泛热带分布：泛热带分布类型包括普遍分布于东、西两个半球热带和在全世界热带范围内有1个或数个分布中心，但在其他地区也有一些种类分布的热带属。在牯牛降保护区属于本类型的有107属，占总属数的15.78%，常见的有冬青属（*Ilex*）、稗属（*Echinochloa*）、菝葜属（*Smilax*）、南蛇藤属（*Celastrus*）、苎麻属（*Boehmeria*）、冷水花属（*Pilea*）、合欢属（*Albizia*）等。

（3）热带亚洲和热带美洲间断分布：这一分布类型包括间断分布于美洲和亚洲温暖地区的热带属，在旧世界（东半球）从亚洲可能延伸到澳大利亚东北部或西南太平洋岛屿。本类型在牯牛降保护区有11属，包括木姜子属（*Litsea*）、柃木属（*Eurya*）、樟属（*Cinnamomum*）、无患子属（*Sapindus*）、泡花树属（*Meliosma*）、树参属（*Dendropanax*）等。

（4）旧世界热带分布：旧世界热带是指亚洲、非洲和大洋洲热带地区及其邻近岛屿，也称古热带，以与美洲新大陆热带相区别。本类型在牯牛降保护区有34属，常见的有楼梯草属（*Elatostema*）、野桐属（*Mallotus*）、荩草属（*Arthraxon*）、八角枫属（*Alangium*）、楝属（*Melia*）等。

（5）热带亚洲至热带大洋洲分布：热带亚洲至热带大洋洲分布是旧世界热带分布区的东翼，其西端有时可达马达加斯加，但一般不到非洲大陆。本类型在牯牛降保护区有19属，常见的有柘树属（*Cudrania*）、臭椿属（*Ailanthus*）、香椿属（*Toona*）、通泉草属（*Mazus*）、兰属（*Cymbidium*）等。

（6）热带亚洲至热带非洲分布：这一分布类型是旧世界热带分布区类型的西翼，即从热带非洲至印度—马来西亚，特别是其西马（西马来西亚），有的属也分布到斐济等南太平洋岛屿，但不到澳大利亚大陆。本类型在牯牛降保护区有14属，常见的有芒属（*Miscanthus*）、香茶菜属（*Rabdosia*）等。

（7）热带亚洲分布：热带亚洲（印度—马来西亚）是旧世界热带的中心部分。这一类型分布区的范围包括印度、斯里兰卡、缅甸、泰国、中南半岛、印度尼西亚、加里曼丹、菲律宾及新几内亚等，东面可达斐济等南太平洋岛屿，但不到澳大利亚大陆。其中，分布区的北部边缘往往到达我国西南、华南区及台湾，甚至更北地区。本类型在牯牛降保护区有44属，常见的有青冈属（*Cyclobalanopsis*）、构树属（*Broussonetia*）、山茶属（*Camellia*）、楠属（*Phoebe*）、木荷属（*Schima*）、蛇莓属（*Duchesnea*）、鸡矢藤属（*Paederia*）、苦荬菜属（*Ixeris*）等。

（8）北温带分布：北温带分布区类型一般是指那些广泛分布欧洲、亚洲和北美洲温带地区的属。由于地理和历史的原因，有些属沿山脉向南延伸到热带山区，甚至远达南半球温带，但其原始类型或分布中心仍在北温带。在牯牛降保护区属于本类型的有131属，常见的如蓼属（*Polygonum*）、杨属（*Populus*）、柳属（*Salix*）、胡桃属（*Juglans*）、水芹属（*Oenanthe*）、桤木属（*Alnus*）、鹅耳枥属（*Carpinus*）、榆属（*Ulmus*）、栎属（*Quercus*）、栗属（*Castanea*）、桑属（*Morus*）等。

（9）东亚和北美间断分布：这一分布区类型是指间断分布于东亚和北美洲温带及亚热带地区的属。在牯牛降保护区属于本类型的有63属，如鹅掌楸属（*Liriodendron*）、木兰属（*Magnolia*）、山胡椒属（*Lindera*）、五味子属（*Schisandra*）、八角属（*Illicium*）、紫茎属（*Stewartia*）、金缕梅属（*Hamamelis*）等。

（10）旧世界温带分布：这一分布区类型一般是指广泛分布于欧洲、亚洲中纬度到高纬度的温带和寒温带，或最多有个别延伸到亚洲至非洲热带山地及澳大利亚的属。本类型在牯牛降保护区有51属，如榉属（*Zelkova*）、石竹属（*Dianthus*）、附地菜属（*Trigonotis*）、菊属（*Dendranthema*）等。

（11）温带亚洲分布：这一分布区类型是指主要局限于亚洲温带地区的属。它们的分布区范围一般包括从中亚（或俄罗斯南部）至东西伯利亚和亚洲东北部，南部局限至喜马拉雅山区。我国西南、华北至东北，以及朝鲜和日本北部，也有一些属的分布到达亚热带，个别属的种到达亚洲热带，甚至到达新几内亚。本类型在牯牛降保护区有10属，如杭子梢属（*Campylotropis*）、白娟梅属（*Exochorda*）、马兰属（*Kalimeris*）等。

（12）地中海区、西亚至中亚分布：这一分布区类型是指分布于现代地中海周围，经过西亚或西南亚至中亚和我国新疆、青藏高原及蒙古高原一带的属。本类型在牯牛降保护区较贫乏，仅3属，分别是豌豆属（*Pisum*）、黄连木属（*Pistacia*）和芫荽属（*Coriandrum*）。

（13）东亚分布：这一分布区类型指的是从喜马拉雅山东部一直分布到日本的一些属。本类型在牯牛降保护区共有100属，如猕猴桃属（*Actinidia*）、化香树属（*Platycarya*）、刺榆属（*Hemiptelea*）、木通属（*Akebia*）、蜡瓣花属（*Corylopsis*）、石蒜属（*Lycoris*）、紫苏属（*Perilla*）等。

（14）中国特有分布：本类型在牯牛降保护区共有18属，包括青钱柳属（*Cyclocarya*）、蝟实属（*Kolkwitzia*）、水团花属（*Adina*）、牛鼻栓属（*Fortunearia*）、永瓣藤属（*Monimopetalum*）、白穗花属（*Speirantha*）、虾须草属（*Sheareria*）等。

由此可知，在牯牛降保护区种子植物中，有15个分布类型中的14个，仅缺中亚分布型（13型），说明牯牛降植物区系类型较为复杂、多样。属数最多的是北温带分布，共131属，占总属数的19.32%；其次是泛热带分布，共107属，占总属数15.78%。牯牛降种子植物中，热带分布属（2～7型）共有229属，具有温带性质的温带分布属（8～14型）共有358属，温带类型多于热带类型，说明了牯牛降植物具有亚热带和暖温带双重性质。

3.与其他保护区植物区系的比较

为了进一步认识牯牛降保护区的植物区系特征，以及与其他地区植物区系的联系，选择了周边不同纬度的5个保护区作为对照，包括安徽天马国家级自然保护区（以下简称“天马保护区”）、福建天宝岩国家级自然保护区（以下简称“天宝岩保护区”）、浙江凤阳山国家级自然保护区（以下简称“凤阳山保护区”）、湖北九宫山国家级自然保护区（以下简称“九宫山保护区”）和河南宝天曼国家级自然保护区（以下简称“宝天曼保护区”）。

牯牛降保护区种子植物有145科678属1 397种，就属的分布区类型而言，其中世界分布属73属，热带分布类型229属，温带分布类型358属，中国特有分布18属，R/T（热带属数/温带属数，扣除世界分布属；下同）值为0.64。天马保护区种子植物有155科655属1 676种，就属的分布区类型而言，其中世界分布属66属，热带分布类型199属，温带分布类型371属，中国特有分布19属，R/T值为0.54。天宝岩保护区种子植物有148科617属1 343种，就属的分布区类型而言，其中世界分布属58属，热带分布类型311属，温带分布类型228属，中国特有分布20属，R/T值为2.70。凤阳山保护区种子植物有164科666属1 333种，就属的分布区类型而言，其中世界分布属55属，热带分布类型278属，温带分布类型313属，中国特有分布20属，R/T值为1.89。九宫山保护区种子植物有174科783属1 809种，就属的分布区类型而言，其中世界分布属68属，热带分布类型302属，温带分布类型384属，中国特有分布29属，R/T值为1.42。宝天曼保护区种子植物有150科783属2 147种，就属的分布区类型而言，其中世界分布属76属，热带分布类型226属，温带分布类型451属，中国特有分布30属，R/T值为0.50，如表3-10所示。

表3-10　牯牛降保护区与其他5个保护区种子植物区系对照

分布区类型	牯牛降保护区属数	天马保护区属数	天宝岩保护区属数	凤阳山保护区属数	九宫山保护区属数	宝天曼保护区属数
1.世界分布	73	66	58	55	68	76
2.泛热带分布	107	101	138	124	142	111
3.热带亚洲和热带美洲间断分布	11	8	18	9	25	15
4.旧世界热带分布	34	28	39	38	38	28
5.热带亚洲至热带大洋洲分布	19	21	27	24	21	24
6.热带亚洲至热带非洲分布	14	13	24	24	25	24
7.热带亚洲分布	44	28	65	59	51	24
8.北温带分布	131	139	86	109	136	184
9.东亚和北美洲间断	63	62	42	57	58	64
10.旧世界温带分布	51	57	24	33	67	76
11.温带亚洲分布	10	13	5	5	9	16
12.地中海区、西亚至中亚分布	3	1	3	1	12	16
13.中亚分布	—	1	—	1	2	3
14.东亚分布	100	98	68	107	100	92
15.中国特有分布	18	19	20	20	29	30
合计	678	655	617	666	783	783
R/T值	0.64	0.54	2.70	1.89	1.42	0.50

通过比较可知，在区系分析上，天宝岩保护区的种子植物区系其热带性质较其他5个保护区强，牯牛降保护区表现出明显的亚热带向温带过度的性质，其R/T值为0.64，仅比天马保护区和宝天曼自然保护区稍大一点。

(三)植物区系特征

1.植物种类较为丰富，区系起源古老，分布区类型多样

牯牛降保护区种子植物共有145科678属1 397种，其中裸子植物6科9属13种，被子植物139科669属1 384种。在被子植物中双子叶植物118科535属1 146种，单子叶植物21科134属238种。与1983年进行的第一次牯牛降植物资源调查统计的种子植物1 106种相比，本次调查发现的种子植物种类有较大增加，包括一些安徽新记录种，如叠鞘兰（*Chamaegastrodia shikokiana*）、多花盂兰（*Lecanorchis multiflora*）、笔罗子（*Meliosma rigida*）、白花苦灯笼（*Tarenna mollissima*）、浙江岩荠（*Cochlearia warburgii*）等。

古植物学资料显示，牯牛降保护区的种子植物起源古老，在第三纪或第三纪以前就分布于本地区，如杉木属和榧属（*Torreya*）等，被子植物的胡桃属、桤木属（Alnus）等。现代植物区系研究也表明，本地区含有许多古老和原始的科属，如木兰科、樟科、毛茛科和木通科等。古老孑遗种被子植物如香果树、青钱柳、永瓣藤（*Monimopetalum chinense*）等。古老性还表现在含有许多的单种科、单种属和少种属，其中单种科2个，即大血藤科（Sargentodoxaceae）、透骨草科（Phrymaceae）。此外，还有许多白垩纪或第三纪以前分化建立起来的科，如壳斗科、五味子科（Schisandraceae）、冬青科、卫矛科（Cetaslraceae）等。

从牯牛降保护区种子植物分布区类型看，在科级水平上有11个分布区类型，在属级水平上有14个分布区类型，说明该区系分布类型多样，区系地理成分比较复杂，与世界其他植物区系有着广泛的联系。

2.具有典型的亚热带区系向暖温带区系过渡的特点

牯牛降山地是黄山山脉向西延伸的主体，在中国植被区划上属于亚热带常绿阔叶林东部亚地带，地带性植被为常绿阔叶林。

牯牛降保护区种子植物从科的分布区类型看，热带成分的科占44.14%，远多于温带分布的科，而从属的分布区类型看，温带分布的属数（358）远比热带分布的属数（229）多。虽然牯牛降地处亚热带北缘，但热带成分也占相当大的比例，说明其地处亚热带向暖温带过渡区域，表现出从亚热带到温带过渡的区系特点，其植

被类型也表现出从亚热带常绿阔叶林向暖温带落叶阔叶林过渡性。

3.珍稀濒危植物多，保护价值高

据统计，牯牛降保护区内分布的国家重点保护野生植物及珍稀濒危保护野生植物有南方红豆杉、鹅掌楸（*Liriodendron chinense*）、香榧（*Torreya grandis*）、香果树、长序榆（*Ulmus elongata*）、青钱柳等25种。由此可见，牯牛降地区在物种多样性保护方面具有很高的价值。

第二节 珍稀濒危保护植物

牯牛降保护区位于我国北亚热带森林生态系统向暖温带森林生态系统的过渡地区，蕴涵着丰富的植物物种资源，其中有众多珍稀濒危保护野生植物。根据多次野外调查、标本的采集，以及在研究资料的基础上，对牯牛降保护区的濒危保护野生植物做了进一步统计分析，旨在更好地保护珍稀濒危野生植物资源提供参考和指导。

牯牛降保护区的珍稀濒危保护野生植物是依据1999年国务院批准的国家林业局、农业部第4号令颁布的《国家重点保护野生植物名录（第一批）》来统计保护区现有分布的国家Ⅰ、Ⅱ级重点保护野生植物，以及1984年国务院环境保护委员会公布的《中国珍稀濒危植物名录（第一批）》和国家林业局保护司2010年公布的《中国珍稀濒危植物名录》来统计保护区的珍稀濒危植物。

一、珍稀濒危保护植物种类

牯牛降保护区珍稀濒危保护野生植物十分丰富，经调查统计，共有各类珍稀濒危保护野生植物25种，隶属19科，其中国家重点保护野生植物13种，珍稀濒危野生植物20种。

（一）国家重点保护野生植物

牯牛降保护区分布有国家重点保护野生植物13种，其中Ⅰ级重点保护野生植物2种，分别是银杏和南方红豆杉；Ⅱ级重点保护野生植物有香榧（*Torreya grandis*）、榉树（*Zelkova schneideriana*）、长序榆（*Ulmus elongata*）、鹅掌楸、天竺桂（*Cinnamomum japonicum*）、野大豆（*Glycine soja*）、香果树等11种，如表3-11所示。

表3-11 牯牛降保护区国家重点保护野生植物名录

序号	种名	拉丁学名	保护级别
1	银杏	*Ginkgo biloba*	Ⅰ
2	南方红豆杉	*Taxus chinensis*	Ⅰ
3	华东黄杉	*Pseudotsuga gaussenii*	Ⅱ
4	香榧	*Torreya grandis*	Ⅱ
5	榉树	*Zelkova schneideriana*	Ⅱ
6	长序榆	*Ulmus elongata*	Ⅱ
7	金荞麦	*Fagopyrum dibotrys*	Ⅱ
8	鹅掌楸	*Liriodendron chinense*	Ⅱ
9	天竺桂	*Cinnamomum japonicum*	Ⅱ
10	香樟	*Cinnamomum camphora*	Ⅱ
11	野大豆	*Glycine soja*	Ⅱ
12	永瓣藤	*Monimopetalum chinense*	Ⅱ
13	香果树	*Emmenopterys henryi*	Ⅱ

（二）珍稀濒危野生植物

牯牛降保护区珍稀濒危保护野生植物资源比较丰富。根据此次实地调查和参考有关文献资料统计显示，牯牛降保护区有珍稀濒危野生植物20种，其中二级保护植物有鹅掌楸、香果树、永瓣藤3种，三级保护植物有青钱柳、青檀（*Pteroceltis tatarinowii*）、天目木兰（*Magnolia amoena*）、天女花（*Magnolia sieboldii*）、天竺桂、天目木姜子（*Litsea auriculata*）、八角莲（*Dysosma versipellis*）、紫茎（*Stewartia sinensis*）、黄山花楸（*Sorbus amabilis*）、银鹊树（*Tapiscia sinensis*）等。根据国家林业局保护司2010年公布的《中国珍稀濒危植物名录》统计显示，有银杏、长序榆、金刚大（*Croomia japonica*）等20种，如表3-12所示。

表3-12 牯牛降保护区珍稀濒危保护野生植物名录

序号	种名	拉丁学名	珍稀濒危植物	
			1984	2010
1	银杏	*Ginkgo biloba*		*
2	华东黄杉	*Pseudotsuga gaussenii*	2	***
3	青钱柳	*Cyclocarya paliurus*	3	—
4	长序榆	*Ulmus elongata*	3	*

续 表

序号	种名	拉丁学名	珍稀濒危植物	
			1984	2010
5	青檀	*Pteroceltis tatarinowii*	3	*
6	鹅掌楸	*Liriodendron chinense*	2	**
7	天目木兰	*Magnolia amoena*	3	***
8	天女花	*Magnolia sieboldii*	3	***
9	天竺桂	*Cinnamomum japonicum*	3	***
10	天目木姜子	*Litsea auriculata*	3	***
11	短萼黄连	*Coptis chinensis*	3	***
12	八角莲	*Dysosma versipellis*	3	***
13	紫茎	*Stewartia sinensis*	3	***
14	黄山花楸	*Sorbus amabilis*	3	***
15	野大豆	*Glycine soja*	3	***
16	银鹊树	*Tapiscia sinensis*	3	**
17	永瓣藤	*Monimopetalum chinense*	2	**
18	香果树	*Emmenopterys henryi*	2	**
19	蝟实	*Kolkwitzia amabilis*	3	**
20	金刚大	*Croomia japonica*	3	**

注：表中“1984”为《中国珍稀濒危植物名录（第一批）》（1984），其中“1”“2”和“3”表示为国家一、二和三级保护。2010为《中国珍稀濒危植物名录》（国家林业局保护司，2010），“*”“**”“***”分别对应名录中的珍稀濒危级别。

二、珍稀濒危保护植物分布现状

（一）国家重点保护野生植物

1.银　杏

银杏属银杏科银杏属单科属落叶乔木，为国家Ⅰ级重点保护野生植物。银杏胸径可达4 m，幼树树皮近平滑，浅灰色，大树皮灰褐色，不规则纵裂，粗糙，有长枝与生长缓慢的距状短枝。叶互生，在长枝上辐射状散生，有细长的叶柄，扇形，两面淡绿色，无毛；在长枝上散生，在短枝上簇生；其叶脉形式为“二歧状分叉叶脉”，在长枝上常2裂，基部宽楔形。球花雌雄异株，单性，生于短枝顶端的鳞片状叶的腋内，呈簇生状；4月开花，10月成熟，种子具长梗，下垂，常为椭圆形、长倒卵形、卵圆形或近圆球形。种皮肉质，被白粉，外种皮肉质，熟时黄色或橙黄色。银杏树的果实俗称白果，因此银杏又名白果树。银杏树生长较慢，寿命极长，自然条件下从栽种到结银杏果要二十多年，四十年后才能大量结果，因此被称为“公孙树”，有“公种而孙得食”的含义，是树中的老寿星，具有观赏、经济、药用等价值。银杏在牯牛降保护区的东库、河叉坞等区域有零星分布，数量稀少，主要伴生树种有苦槠、青冈栎、枫香等。

2. 南方红豆杉

南方红豆杉为常绿乔木，野生种群数量十分稀少，为国家Ⅰ级重点保护野生植物，属优良珍贵树种。南方红豆杉高可达30 m，胸径达60～100 cm，树皮灰褐色、红褐色或暗褐色，裂成条片脱落。材质坚硬，刀斧难入，有“千枞万杉，当不得红榧一枝桠”之称。边材黄白色，心材赤红，质坚硬，纹理致密，形象美观，不翘不裂，耐腐力强。种子含油量较高，是驱蛔、消积食的珍稀药材。南方红豆杉分布于长江流域以南各省份，以及河南和陕西，由于属于珍贵药材，被人为砍伐，其野生种群数量越来越少。南方红豆杉在牯牛降保护区呈星散分布，种群数量极其稀少，若不加以保护，有消失的危险。

3. 华东黄杉

华东黄杉隶属松科，产自我国东部中亚热带地区，由于长期采伐利用，加以种子可孕率极低，更新能力很弱，林木日益减少，被列为国家Ⅱ级重点保护野生植物。华东黄杉是常绿乔木，高达40 m，胸径可达1 m；小枝淡黄灰色，主枝通常无毛，侧枝密生褐色毛。叶辐射伸展或不规则二列，线形，长2~3 cm，宽约2 mm，先端凹缺，下面绿色，中脉凹陷，边带绿色。雄球花单生叶腋，雌球花单生侧枝顶端。球果下垂，卵圆形或圆锥状卵圆形，微被有白粉，长3.5~5.5 cm，直径2~3 cm，成熟时淡黄褐色；种鳞肾形或肾状菱形，基部两侧无凹缺，鳞背露出部分无毛；苞鳞长而外露，露出部分向后反伸，中裂窄三角形，渐尖，长4~5 mm，侧裂三角状，先端尖或钝，长2~3 mm；种子三角状卵圆形，微扁，长约8~10 mm，上面密生褐色毛，下面有褐色斑纹，种翅与种子近等长。华东黄杉主要分布于安徽、浙江、福建（建宁）、江西（德兴）等地。华东黄杉在牯牛降保护区的双河口等地有少量分布，主要伴生树种有香果树、拟赤杨等。

4. 香　榧

香榧隶属红豆杉科榧属的一种常绿乔木，野生种群数量十分稀少，为国家Ⅱ级重点保护植物。香榧高可达25 m，树干端直，树冠卵形。香榧为中国原产树种，主要分布于江苏南部、浙江、福建、江西、安徽、湖南、贵州等地，以浙江诸暨、磐安分布最多，由于生境破坏、人为砍伐，其野生种群数量越来越少。

香榧林在牯牛降保护区零星分布于历溪村大水排等地的沟谷坡地区域的落叶阔叶林内，在祁门叉小园、祁门桶坑等处有自然居群，野生居群很少有大树。香榧树周围幼树和幼苗极少，该物种在保护区已经极度退化，一些大树仅仅见于人工移植，需采取迁地保护或人工繁殖的手段来保存其种质资源和扩大种群数量。

5.鹅掌楸

鹅掌楸隶属木兰科鹅掌楸属，第四纪冰川后，仅在我国的南方和美国的东南部有分布（同属的两个种），为孑遗植物，被列为国家Ⅱ级重点保护野生植物。鹅掌楸为落叶乔木，最高可达40 m，胸径1 m以上，属十分古老的树种，对于研究东亚植物区系和北美植物区系的关系，探讨北半球地质和气候的变迁，具有十分重要的意义。

鹅掌楸在牯牛降保护区主要分布于海拔800 m以上的沟谷或坡地，在两河交口处、三十六湾等地有零星分布；历溪村大水排沟谷，1 100 ~ 1 300 m区域有一小片鹅掌楸群落（东经117°27′，北纬N30°02′）。该群落面积约2 000 m^2，约30株鹅掌楸，大树平均树高和胸径分别约为18 m和45 cm，其中最大一株鹅掌楸高约25 m，胸径约90 cm。鹅掌楸群落内小树、幼树和幼苗很少，种群已经极度退化，数量呈现减少趋势，主要伴生种类有枫香、小果白辛树、香榧、香果树、交让木、格药柃、伞形绣球等。

6.永瓣藤

永瓣藤为我国特有的卫矛科单属种植物，被列为国家Ⅱ级重点保护野生植物。永瓣藤属半常绿木质藤本植物，呈片断化分布于安徽南部、江西北部、湖北东北部狭窄的地理范围内，加上人为活动的干扰和环境退化，其分布面积和资源量进一步缩小。

永瓣藤在牯牛降保护区主要分布于300 ~ 500 m附近常绿阔叶林带，尤其是祁门南坡观音堂、高枧村等地，常分布于低海拔的山脚及山坡沟谷处的一些甜槠林、杂木林和次生灌丛中，距离人口密集区较近，其种群会遭受一定程度的人为干扰。

7.榉　树

榉树隶属榆科榉属，国家Ⅱ级重点保护野生植物。榉树为乔木，高可达30 m，胸径达100 cm。树皮灰白色或褐灰色，呈不规则的片状剥落，当年生枝紫褐色或棕褐色，疏被短柔毛，后渐脱落。榉树在我国分布广泛，生长较慢，材质优良，是珍贵的硬叶阔叶树种。

榉树在牯牛降保护区主要分布于祁门叉、观音堂等处，在祁门叉古道边有大树零星分布，其余常分布于山坡的一些树林以及次生灌木林中，距离人口密集区较近，由于木材坚硬，易被人为砍伐。

8.长序榆

长序榆属第三纪植物，属于国家Ⅱ级重点保护野生植物。长序榆为落叶乔木，高可达25～30 m，胸径80 cm，树干端直，树皮淡褐灰色，裂成不规则鳞状块片。小枝栗褐色，无毛，冬芽长卵圆形。长序榆适合生长在温暖湿润的东南季风气候和较肥沃的山地黄壤，中国共有榆属植物20个种和4个变种，其丰富了中国榆属植物资源，而且对探讨北美和东亚植物区系的关系具有科学意义。

长序榆在牯牛降保护区多生于疏林或林中开阔地，为喜光树种，常与多种植物混生。由于其材质优良，木材纹理直，有光泽，花纹美丽，耐磨损，力学强度高，是优良的建筑、车辆、枕木、家具、农具等用材，易被人为砍伐。在祁门历溪村麻石坞溪沟旁有两棵大树，胸径约70 cm，树高约10 m，种子萌发良好，但旁边为茶园地，幼苗常被当做杂草除掉，亟待保护。

9.野大豆

野大豆隶属豆科大豆属一年生草本植物，国家第一批Ⅱ级重点保护野生植物，列入《中国珍稀濒危保护植物名录》二级保护植物。野大豆为一年生缠绕性草本，主根细长，可达20 cm以上，侧根稀疏，蔓茎纤细，略带四棱形，密披浅黄色，紧贴长硬毛。叶互生，3小叶，总叶柄长2～5.5 cm，被浅黄色硬毛。野大豆在我国大部分地区均有分布，其全株为家畜喜食的饲料，可栽作牧草、绿肥和水土保持植物，种子及根、茎、叶均可入药。野大豆在牯牛降保护区分布于弃耕茶叶地、林缘灌丛中。

（二）珍稀濒危植物

1.青钱柳

青钱柳隶属胡桃科青钱柳属，第四纪冰川期幸存下来的珍稀树种，仅存于中国，被列入《中国珍稀濒危保护植物名录》二级保护植物。青钱柳为乔木，高达10～30 m，树皮灰色，枝条黑褐色，具灰黄色皮孔。芽密被锈褐色盾状着生的腺体。我国湖南、湖北、广东、广西、云南、贵州、四川、福建、浙江、安徽、江苏等地均有发现，多零星分布。青钱柳芽叶炮制成的青钱柳茶具有降糖、降脂、降压、提高免疫力等诸多功效。

青钱柳在牯牛降保护区主要分布于海拔500～900 m的常绿、落叶阔叶混交林中，如大演坑、祁门叉、金竹洞、小园、历溪谷两侧，常生长在山地湿润的森林中。但是，青钱柳很多居群距离人口密集区较近，如祁门叉、小园有两三个居群生长在茶园地边上，幼苗常被除草时误除，易受到人为干扰。

2.青　檀

青檀为中国特有的单种属，被列入《中国珍稀濒危保护植物名录》三级保护渐危种，零星或成片分布于中国19个省份。青檀属落叶乔木，高可达20 m，胸径可达1m。青檀树皮灰色或深灰色，幼时光滑，老时裂成不规则长片状剥落，剥落后露出灰绿色的内皮，树干常凹凸不圆；小枝黄绿色，干时变栗褐色，疏被短柔毛，后渐脱落，皮孔明显；冬芽卵圆形，红褐色，被毛。由于茎皮、枝皮纤维为制造驰名国内外的书画宣纸的优质原料，常被大量砍伐，致使分布区逐渐缩小，林相残破，有些地区残留极少，已不易找到。青檀在牯牛降保护区常绿落叶混交林中偶见，居民点附近山场也有人工种植逃逸野生的居群，种群更新良好，但是树皮常被采伐。

3.天目木兰

天目木兰为中国特有种，被列入《中国珍稀濒危保护植物名录》三级保护渐危种。天目木兰属落叶乔木，高可达8～15 m。冬芽被浅黄色长柔毛；阔倒披针状长圆形或长圆形，全缘；花单生枝顶呈杯状，花被片9，淡粉红色至粉红色，花丝紫红色，芳香；聚合果圆柱形，蓇葖表面密布瘤状点。天目木兰为分布于浙江、安徽、江西、江苏，生于海拔200～1 000 m低山丘陵的常绿和落叶阔混交林内。

天目木兰在牯牛降保护区主要分布于石台祁门叉、祁门观音堂附近常绿落叶混交林中零星分布，常生于以紫楠、青钱柳、交让木与榧树为优势种的常绿、落叶针阔叶混交林内。天目木兰性耐寒而不耐干热，生长中等。长期以来由于森林砍伐、火灾以及群众采摘花蕾入药、践踏林地等，使得天目木兰的生境受到严重破坏，加上其生长缓慢，结实率小，种子发芽率低，自然更新能力弱，林下几无实生苗，使天目木兰植株量越来越少。除了来自人类的直接干扰破坏和类群的进化历史以及生态环境因子的影响外，天目木兰生存环境狭窄的斑块状小居群分布增强了遗传漂变和自交衰退的影响。

4.天目木姜子

天目木姜子为濒危种，被列入《中国珍稀濒危保护植物名录》三级保护。天目木姜子属落叶乔木，高达25 m，胸径75 cm，树皮灰色或灰白色，小鳞片状剥落，内皮深褐色。小枝紫褐色，无毛。天目木姜子零星分布于浙江、安徽、河南及江西等地区海拔800～1 100 m的山坡谷地落叶阔叶林或针阔混交林内；喜土层深厚、肥沃、有侧方遮阴环境；4月开花，9月果熟。木材带黄色，重而致密，可供家具等用；果实和根皮，民间用来治寸白虫；叶外敷治伤筋。

天目木姜子在牯牛降保护区主要分布于祁门叉、小园，双河口、桶坑中，常在樟科常绿阔叶林中零星分布，小片居群在祁门叉和桶坑可见，生于海拔800～1 100 m的山坡谷地落叶阔叶林或针阔混交林内。由于过度砍伐林木，生境遭到破坏，植株日渐稀少，而且更新能力较弱，须及时保护。

5.八角莲

八角莲隶属小檗科鬼臼属植物，被列入《中国珍稀濒危保护植物名录》三级保护。八角莲植株高40～150 cm，花期为春末，花苞由两个叶柄交叉处生出，常常是数朵簇生，花苞下垂开出紫红色花朵，其特殊盾形掌状的叶片是认识它的标记。八角莲分布于海拔1 000～2 500 m，常见于阴湿的阔叶林间，是民间常用的中草药，入药能散风祛痰、消毒解肿、杀虫，有其特殊的解毒功效，可治蛇咬伤。

八角莲在牯牛降保护区主要分布于双河口、祁门叉、历溪谷、三十六湾、大水排，观音堂等林下，常见于山坡林下、灌丛中、溪旁阴湿处，由于其药用价值较高，易受到人为干扰。

6.紫　茎

紫茎属渐危种，中国特有的残遗植物，天然更新力差，被列入《中国珍稀濒危保护植物名录》三级保护。紫茎为落叶灌木或小乔木，高6～15 m；树皮红褐色或黄褐色，平滑，呈片状剥落；嫩枝初时有柔毛，后变无毛，小枝红褐色或灰褐色；芽鳞通常成卵形，外被绒毛。紫茎分布于河南、安徽、浙江、江西、湖北、湖南、广西、贵州、四川及云南部分地区海拔600～1 900 m常绿阔叶林或常绿、落叶阔叶混交林林中或林缘。为中生性喜光的深根性树种，要求凉润气候。花期6至7月，果期9至10月。紫茎在牯牛降保护区主要多生于海拔600～1 900 m的常绿阔叶林或常绿、落叶阔混交林中或林缘，生长缓慢。

7.黄山花楸

黄山花楸主产黄山，垂直分布于海拔650~1 540 m，浙江也有分布，因其模式标本采自黄山而命名，被列入《中国珍稀濒危保护植物名录》三级保护。黄山花楸为落叶乔木，高达10 m；小枝粗壮，具皮孔，幼时具褐色柔毛，逐渐脱落至老时无毛。黄山花楸树姿优美，枝叶婆娑，果实艳丽，是园林观赏的珍品。黄山花楸在牯牛降保护区主要分布于牯牛大岗向阳山坡上，常生于常绿落叶阔叶混交林中，构成乔木层中下层的成分，多见于观音堂、祁门叉、大水排等林边或林冠空隙阳光较充足的地方。

8.银鹊树

银鹊树为中国特有的古老树种，对研究中国亚热带植物区系起源——油科的系统发育，有一定的科学价值，被列入《中国珍稀濒危保护植物名录》二级保护植物。银鹊树为落叶乔木，高可达28 m，胸径可达1 m；树皮淡灰褐色，浅纵裂；小枝暗褐色，有皮孔，无毛。银鹊树零散分布于中国长江流域，生于海拔400～1 800 m的山坡与溪谷旁。

银鹊树在牯牛降保护区主要分布于海拔700 m以下常绿阔叶林的阳坡上，或生于常绿阔叶—落叶阔叶混叶交林的光线充足的林缘或者林窗，与樟科、山茶科、安息香科、山茱萸科等一些树种混生。银鹊树为湿性树种，喜生于山谷、山坡与溪旁湿润肥沃的环境，由于结实相隔期间长，天然更新能力弱，以及自然林木累遭砍伐，植株日益减少。

9.香果树

香果树特产中国，为古老孑遗植物，中国特有单种属珍稀树种，被列入《中国珍稀濒危保护植物名录》二级保护植物。香果树为落叶大乔木，高达30 m，胸径达1m；树皮灰褐色。香果树起源于距今约1亿年的中生代白垩纪，最初发现于湖北西部的宜昌地区海拔670～1 340 m的森林中。

香果树在牯牛降保护区主要分布于双河口、祁门叉三河道交汇处、观音堂等河流溪谷边，主要位于500～800 m的常绿落叶混交林，常和交让木、青钱柳、茅栗伴生，种群更新良好，极具观赏价值。

三、珍稀濒危保护植物保护

（一）种群分布特点及保护现状

1.分布范围比较狭窄，数量较少，呈现零星分布

在牯牛降保护区多数珍稀濒危保护植物的生境片段化比较严重，呈零星分布或被分隔成若干小种群，种群数量十分稀少。珍稀濒危保护植物在区内呈现出不同的分布式样，多数保护植物属于散生零星分布，包括榉树、天女花、天目木兰、紫茎、天竺桂等，其中香果树、永瓣藤等为斑块分布，长序榆、南方红豆杉等为点状分布。

2.种群更新困难，繁殖能力弱

牯牛降保护区许多珍稀濒危保护植物受自身遗传基因的影响，都有不同程度的脆弱性和局限性，一般表现为生殖繁衍和更新能力弱、种群发展缓慢、对生态环境要求严格，只适应于一定范围和特定的生态环境。例如，鹅掌楸、天女花、天目木兰等保护植物，虽然能结实，但种子自然散布能力较弱，自然萌发率极低，使得实生苗和幼树十分稀少，种群衰退迹象明显。

3.存在一定程度的人为采挖现象，保护力度不够

牯牛降保护区的建立对于自然生境和野生珍稀濒危保护植物的就地保护发挥了重要的作用，区内自然资源得到了一定程度的保护，乱砍滥伐现象明显减少，一些珍稀濒危植物的种群有所增加。然而，由于保护区内社区居民人口数量较多、集体林面积较大以及管理和惩罚力度不够，同时许多野生植物为珍贵的药材和名贵的花卉，可获取较高的经济利益，导致无节制采收，严重破坏了野生生物资源。牯牛降保护区拥有很丰富的八角莲等珍贵的药用植物资源，虽然保护区建立后，人为采挖珍贵的药用植物的现象减少了很多，但是还有一些社区居民在经济利益的驱使下继续非法采挖。

（二）保护措施及建议对策

牯牛降保护区植被保存比较完整，野生植物资源比较丰富，具有极高的保护价值。但是，随着旅游资源的开发，一些珍稀濒危植物不可避免地会受到人类活动的影响。为减少人类活动对植物资源，特别是对珍稀濒危保护植物生存环境的不利影响和破坏，应采取一定的保护措施。

1.加强保护的宣传力度，提高居民的保护意识

牯牛降保护区管理部门可采取定期举办培训班的方式，对社区群众进行生态保护方面的重点培训，并利用宣传工具，如电视、宣传车、标语、标牌等进行宣传保护野生植物的意义，使他们意识到保护生态环境及野生动植物的重要性，形成主动保护的意识。可通过聘请部分经验丰富的社区居民作为护林员，使其成为保护第一线的骨干力量，逐步提高社区居民的整体环境保护意识。牯牛降保护区管理部门应该对区内已经开展的旅游活动充分发挥监督和管理的职能，制定相应的管理办法和规章制度，规范保护区旅游活动的开展，加强对游客的教育，禁止游客随意进入核心区和缓冲区，减轻对珍稀濒危保护植物的影响。

2.深入进行濒危保护植物的科学研究，积极开展人工繁育和异地保护

牯牛降保护区应主动采取一些保护措施对种群数量稀少，退化趋势比较严重，繁育呈现不正常状态的珍稀濒危保护植物进行科学保护，设立针对保护物种的专项经费，用于保护物种的科研工作与繁育工作。例如，长序榆可通过选择适当地点建立小型植物园和繁育基地，与高校以及科研院所合作，大力开展繁殖和异地保护研究。

3.开展对珍稀濒危保护植物的生态监测，掌握野生种群变化动态

牯牛降保护区应该建立珍稀濒危保护植物的生态环境监测站，重点监测地带性植被动态和群落演替，以及珍稀濒危保护植物种群动态和生境变化、生物多样性动态。对珍稀濒危保护植物分布较多的群落，应该设置长期监测样地，对样地进行准确的卫星定位，详细调查并记录样地内珍稀濒危保护植物的数量、株高和胸径等基础数据，以及群落物种组成和结构等资料。对调查的数据资料进行科学的统计分析，从而有效地掌握保护区内珍稀濒危保护植物的野生种群动态变化，为保护区珍稀濒危野生保护植物的有效保护提供科学依据。

4.减少外来入侵植物对珍稀濒危保护植物的破坏

牯牛降保护区需进一步加强对外来入侵植物的防治。随着区内旅游业的发展和游客的增多、新修道路及人为活动的增加，保护区道路两旁出现的外来入侵植物种类不断增多，种群数量和分布面积不断扩大，对区内自然生态系统的影响日益严重，必须引起高度重视。例如，牯牛降保护区的鬼针草（*Bidens pilosa*）、一年蓬等外来入侵植物要及时清除，以免对当地植物群落产生影响。

第三节　资源植物

在自然界中一切直接或间接对人类有利用价值的物资通称为资源。植物与人类的生存和发展息息相关。世界上只有绿色植物通过光合作用释放大量氧气，并建造植物体和形成本种所特有的产品及其成分，这是人类和其他生物赖以生存的基础。

一、资源植物分类

植物资源是目前社会经济技术条件下人类可以利用与可能利用的植物，包括陆地、湖泊、海洋中的一般植物和一些珍稀濒危植物。植物资源既是人类所需食物的主要来源，还能为人类提供多种纤维素和药品，在人类生活、工业、农业和医药上具有广泛的用途。经过多次调查研究，已知牯牛降保护区有蕨类植物158种（含种下单位），野生或野生状态的种子植物资源相当丰富。

根据1996年出版的《中国经济植物志》和朱太平2004年对我国植物资源的分类，牯牛降保护区植物资源可分为材用植物、药用植物、观赏植物、食用植物、纤维植物、牧草和饲料植物、淀粉植物、蜜源植物、芳香植物、油脂植物、鞣料植物、天然色素植物、杀虫和灭菌植物，共13大类。

二、牯牛降保护区的资源植物

1.材用植物资源

牯牛降保护区的乔木植物资源比较丰富，是牯牛降保护区森林植被的建群种和优势种，也是重要的材用树种。乔木植物资源在牯牛降保护区分布较广、数量较多、蓄积量较大的种类有马尾松、黄山松、杉木、甜槠、苦槠、茅栗、短柄枹、槲栎、化香、枫香、青冈栎等。

2.药用植物资源

牯牛降保护区药用植物种类较多，不少种类为珍贵的药材，且品质好、储量丰富，具有较大的开发潜力。常见及珍贵的药用植物种类有黄精（*Polygonatum sibiricum*）、玉竹（*Polygonatum odoratum*）、何首乌（*Polygonum multiflorum*）、射干（*Belamcanda chinensis*）、桔梗（*Platycodon grandiflorus*）、华重楼（*Paris polyphylla* ）、八角莲、牡

丹草（*Gymnospermium microrrhynchum*）、丹参（*Salvia miltiorrhiza*）、华中五味子（*Schisandra sphaenanthera*）、断血流（*Clinopodium umbrosum*）等。

在进行药用植物开发利用时，必须注意药用植物要适时、适量采集，加强对野生药用植物生境的保护，重视对珍贵、稀少种类的人工栽培，合理、高效地开发和利用。

3.观赏植物资源

随着人们生活水平的不断提高，对观赏植物的需求越来越迫切，其经济效益也日益增大，应该成为牯牛降保护区植物资源开发利用的重点。牯牛降保护区观赏植物可分为观花类、观叶类、观树类、观果类等。观赏价值较大的种有百合（*Lilium brownii*）、紫萼（*Hosta ventricosa*）、萱草（*Hemerocallis fulva*）、建兰（*Cymbidium ensifolium*）舌唇兰属（*Platanthera*）、大花威灵仙（*Clematis courtosii*）、映山红、中国石蒜（*Lycoris chinensis*）、石蒜（*Lycoris radiata*）、四照花（*Dendrobenthamia japonica*）、商陆（*Phytolacca acinosa*）、南天竹（*Nandina domestica*）、野生紫苏（*Perilla frutescens*）、小叶黄杨（*Buxus sinica*）、黄山杜鹃、云锦杜鹃（*Rhododendron fortunei*）、山木通（*Clematis finetiana*）、白英（*Solanum lyratum*）、二色五味子（*Schisandra bicolor*）等。

4.食用植物资源

牯牛降保护区野生食用植物分布广、种类多、产量大，无化肥和农药污染，其中相当一部分风味好，营养丰富，有益健康。

牯牛降保护区果类植物以其营养价值高、风味适口、色泽美观和具有药效而为人们所青睐。牯牛降保护区野生果类植物比较丰富，主要分布于蔷薇科（Rosaceae）、猕猴桃科（Actinidiaceae）、柿树科（Ebenaceae）、芸香科（Rutaceae）、壳斗科、胡桃科（Juglandaceae）、胡颓子科（Elaeagnaceae）和葡萄科（Vitaceae）。分布较广、数量较多的种类有茅栗、猕猴桃属（*Actinidia*）、湖北山楂（*Crataegus hupehensis*）、金樱子（*Rosa laevigata*）、野山楂（*Crataegus cuneata*）、悬钩子属（*Rubus*）、柿属（*Diospyros*）、胡颓子属（*Elaeagnus*）等。

牯牛降保护区野生蔬菜类植物主要有紫萁（*Osmunda japonican*）、蕨（*Pteridium aquilinum*）、鸭儿芹（*Cryptotaenia japonica*）、华中碎米荠（*Cardamine urbaniana*）、败酱（*Patrinia scabiosaefolia*）、马兰（*Kalimeris indica*）、萱草（*Hemerocallis fulva*）、鱼腥草（*Houttuynia cordata*）等。

牯牛降保护区代茶饮料类植物主要有绞股蓝（*Gynostemma pentaphyllum*）、大叶冬青（*Ilex latifolia*）等。

5.纤维植物资源

牯牛降保护区纤维植物种类较多，是纺织、造纸、化工、包装用品、建材的重要原料，其中较重要的有青檀、结香（*Edgeworthia chrysantha*）、构树（*Broussonetia papyrifera*）、葛藤（*Pueraria lobata*）、椴属（*Tilia*）、榆属（*Ulmus*）、朴属（*Celtis*）、苎麻（*Boehmeria nivea*）、青叶苎麻（*Boehmeria nivea*）等。

6.牧草和饲料植物资源

牯牛降保护区的草本植物中半数以上可用于放牧，饲养鱼、蚕和家禽家畜，主要集中在豆科、禾本科、莎草科、菊科和十字花科等。它们是牯牛降保护区草本植物群落的主要组成部分，常见的种有假俭草（*Eremochloa ophiuroides*）、结缕草（*Zoysia japonica*）、荩草（*Arthraxon hispidus*）、芒（*Miscanthus sinensis*）、五节芒（*Miscanthus floridulus*）、鸭跖草（*Commelina communis*）、马唐属（*Digitaria*）、苋属（*Amaranthus*）、早熟禾属（*Poa*）、鹅冠草属（*Roegneria*）、蒿属（*Artemisia*）等。

7.淀粉植物资源

淀粉是人类生活和工业生产的重要物资，可直接食用或作为工业原料加工制成多种工业产品。各种植物含淀粉的部位均有不同，主要分布在果实、种子及块根、鳞茎或根中。牯牛降保护区淀粉植物中较重要的种有麻栎属（*Quercus*）、薯蓣属（*Dioscorea*）、栝楼（*Trichosanthes kirilowii*）、木通属（*Akebia*）、何首乌、荞麦叶大百合（*Cardiocrinum cathayanum*）等。

8.蜜源植物资源

蜜源植物可分别称为蜜源、粉源植物，是蜜蜂的主要食物来源，是发展养蜂生产的物质基础，属可更新自然财富，具有极大的开发潜力。牯牛降保护区蜜源植物中较重要的有蔷薇属（*Rosa*）、悬钩子属（*Rubus*）、绣线菊属（*Spiraea*）、胡枝子属、乌桕（*Sapium sebiferum*）、樱属（*Cerasus*）、柃木属（*Eurya*）、茅栗属、椴属、石楠属（*Photinia*）等。

9.芳香植物资源

芳香植物是可从植物组织中提取精油、挥发油，或用作辛香料、香料的树脂分泌物，可为化妆品工业、化学工业和食品工业提供原料。牯牛降保护区芳香植物主要集中于樟科、芸香科、唇形科、伞形科、菊科和蔷薇科，较重要的有薄荷（*Men-*

tha haplocalyx)、石荠苧（*Mosla scabra*）、白苏（*Perilla frutescens*）、菊属（*Dendranthema*）、蒿属（*Artemisia*）、兰属（*Cymbidium*）、香薷属（*Elsholtzia*）等。

10.油脂植物资源

油脂是植物的储藏物质，植物的果实、种子、孢子、根、茎、叶等器官中都含有一定量的油脂，其中以种子中的含量最高。油脂既是人们食物的重要组成成分，又是重要的工业原料。牯牛降保护区油脂植物中含油量超过30%的油脂植物有油桐（*Vernicia fordii*）、乌桕、山乌桕（*Sapium discolor*）、盐肤木（*Rhus chinensis*）、紫花香薷（*Elsholtzia argyi*）、油茶（*Camellia oleifera*）、薄荷（*Mentha haplocalyx*）等。

11.鞣料植物资源

鞣料植物是指含单宁的植物。在植物界，含单宁的植物种类很多，但只有含单宁的植物在7%以上，且纯度（鞣质含量与可溶物的百分比）超过50%的才有开发价值。

牯牛降保护区提取栲胶的鞣料植物多集中在松科、杉科、壳斗科、蔷薇科等植物中，常见的种类有马尾松、黄山松、杉木、苦槠、茅栗、小果蔷薇（*Rosa cymosa*）等。

12.天然色素植物资源

色素是食品中重要的添加剂，也是医药、印染等行业的重要染料物质，但长期以来合成色素的使用一直占主导地位。天然色素作为食品添加剂，具有安全性高、色泽自然鲜艳的特点，而且部分天然色素对人体的多种疾病还具有治疗、预防等药理作用和保健功能。

牯牛降保护区天然色素植物有茄科的龙葵（*Solanum nigrum*）、枸杞（*Lycium chinense*），茜草科的栀子（*Gardenia jasminoides*），商陆科的商陆（*Phytolacca acinosa*）等。

13.杀虫和灭菌植物资源

利用野生植物制造的农药、灭鼠剂等具有取材容易、成本低、无残效、污染小等优点。牯牛降保护区此类资源以菊科的种类和数量最多，如天名精（*Carpesium abrotanoides*）、千里光属（*Senecio*）、苍耳、蒿属（*Artemisia*）和野菊（*Dendranthema indium*），其他科的杀虫植物也不少，如曼陀罗（*Datura stramonium*）、土荆介（*Chenopodium ambrosioides*）、泽漆（*Euphorbia humifusa*）等。

第四节　常绿阔叶林植物物种多样性研究

物种多样性是生物多样性3个研究层次（遗传多样性、物种多样性和生态系统多样性）中最重要的一个环节，既是遗传多样性分化的源泉，又是生态系统多样性形成的基础。物种多样性不仅可以反映群落或生境中物种的丰富度、变化程度或均匀度，反映不同自然地理条件与群落的相互关系，也可用于自然保护区的建设、资源的评价、森林资源的经营、合理开发利用等方面，还可以用物种多样性来定量表征群落和生态系统的特征，包括直接和间接地体现群落和生态系统的结构类型、组织水平、发展阶段、稳定程度、生境差异等。因此，对物种多样性的研究可以更好地认识群落的组成、变化和发展。

牯牛降保护区具有高度的生物多样性以及完好的具有代表性的中亚热带森林生态系统而备受瞩目。区内天然植被保存完好，具有一定的天然原始性，其中常绿阔叶林是牯牛降保护区最主要的植被类型之一，如甜槠林、绵槠林、苦槠林等，在安徽省内其他地区虽能见到，但群落面积，结构完整性，发育程度都无法与牯牛降保护区相比。有关牯牛降保护区植物资源和植被的研究虽有零星报道，但关于不同群落类型常绿阔叶林的物种多样性特征及其差异尚缺少系统研究，本节运用不同的多样性测定指标定量测定牯牛降保护区几种典型的常绿阔叶林物种多样性，以便为牯牛降保护区常绿阔叶林植被综合管理、生物多样性保护与持续经营提供科学依据。

一、研究方法

1.样地设置与调查方法

7月至8月是植物最佳生长季节，在牯牛降保护区甜槠林、绵槠林、青冈栎林、小叶青冈林、栲树林和苦槠林6种典型常绿阔叶林的代表性地段设置样地，每一森林群落类型设置2个20 m×20 m的样地，每一样地划分为4个10 m×10 m的小样方。对样方内乔木层植物进行每木检尺（胸径大于5 cm），同时每个小样方内选取1个5 m×5 m的灌木层样方和2个1 m×1 m的草本层样方进行灌木和草本植物种类、盖度、高度等指标调查。此外，对样地的郁闭度、透光率、海拔、坡度、坡位等进行调查记录，6种常绿阔叶林植物群落基本情况，如表3-13所示。

表3-13　各群落样地基本情况

群落类型	位置	海拔/m	坡度	面积/m^2	群落主要优势种
甜槠群落	观音堂	440	20°	800	甜槠、薯豆、红楠
绵槠群落	双河口	412	10°	800	绵槠、青冈栎、枫香
青冈栎群落	双河口	510	8°	800	青冈栎、枫香、红楠
小叶青冈群落	祁门叉	780	15°	800	小叶青冈、枫香、交让木
栲树群落	双河口	455	12°	800	栲树、南酸枣、青冈栎
苦槠群落	双河口	430	10°	800	苦槠、青冈栎、红楠

2.群落植物种类和生长调查

在样地内对乔木层、灌木层、草本层的植物种类进行调查、记录，对乔木层按种类测定其树高、胸径和株数等，对灌木层及草本层植物按种类测定其高度、株数、盖度等信息。

3.统计分析

参考方精云等和娄彦景等的物种多样性的测度方法，对常绿阔叶林植物多样性的测定采用以下指数和方法：

（1）重要值IV。

乔木层的重要值IV=（相对密度+相对优势度+相对高度）×100/3

灌木层和草本层植物重要值IV=（相对高度+相对盖度+相对频度）×100/3

（2）物种丰富度。

丰富度指数　S = 样地内出现的物种数

（3）α多样性测定方法。

Shannon-Wiener多样性指数（H）　　$H=-\sum_{i=1}^{s}p_i\ln p_i$

Simpson多样性指数（DS）　　$DS=1-\sum_{i=1}^{s}p_i^2$

Pielou均匀度指数（JP）　　$JP = H/\ln S$

式中，P_i为第i种的重要值；S为样地内出现的物种数。

二、结果与分析

1.不同群落乔木层物种多样性指数的比较

各群落物种多样性指数计算结果，如表3-14所示。统计发现，乔木层物种数

（S）在不同群落类型中变化较大，其变化范围为11~23，青冈栎群落中物种数最高为23，栲树群落中物种数最低为11；Shannon-Wiener多样性指数（H）和Simpson多样性指数（DS）也是青冈栎群落最高，分别为2.724和0.908。由于栲树群落中乔木层物种种类和数量少，层次结构简单，因而其对应的H、DS和JP值都很低，分别为1.670、0.708和0.696。

表3-14　6种群落类型中植物物种多样性比较

群落层次	群落类型	丰富度指数/S	Shannon-Wiener多样性指数/H	Simpson多样性指数/DS	Pielou均匀度指数/JP
乔木层	甜槠群落	12	1.845	0.799	0.742
	绵槠群落	20	2.684	0.903	0.896
	青冈栎群落	23	2.724	0.908	0.869
	小叶青冈群落	14	1.964	0.827	0.744
	栲树群落	11	1.670	0.708	0.696
	苦槠群落	15	2.122	0.846	0.784
灌木层	甜槠群落	16	2.197	0.827	0.792
	绵槠群落	27	2.813	0.903	0.854
	青冈栎群落	19	2.324	0.788	0.820
	小叶青冈群落	16	2.252	0.886	0.812
	栲树群落	13	2.019	0.875	0.787
	苦槠群落	18	2.267	0.863	0.784
草本层	甜槠群落	6	0.928	0.572	0.577
	绵槠群落	13	2.018	0.872	0.842
	青冈栎群落	10	1.787	0.763	0.776
	小叶青冈群落	7	1.232	0.595	0.688
	栲树群落	8	1.666	0.693	0.801
	苦槠群落	11	1.789	0.812	0.746

2.不同群落灌木层物种多样性指数的比较

从表3-14可以看出，灌木层物种数（S）在不同群落类型中变化也较大，其变化范围为13~27，绵槠群落中物种数最高为27，栲树群落中物种数最低为13。Shannon-Wiener多样性指数（H）、Simpson多样性指数（DS）和Pielou均匀度指数（JP）在不同群落中都反映出基本一致的趋势：一方面，群落中物种数越多，种群分布越均匀，多样性指数值就越高；另一方面，群落优势现象明显时，群落的物种均匀度一般较低，物种多样性指数也较低。但是，因群落类型和生境条件的不同，各群落间物种多样性有一定的差异，这反映了多样性指数能反映群落结构的现状。

3.不同群落草本层物种多样性指数的比较

调查发现，与乔木层和灌木层相比，草本层物种数及其多样性指数相对较小，且在不同群落类型中的差异也相对较小，这可能与常绿阔叶林乔木层郁闭度较高，林下光照不充足，草本层植被不发达有较大关系。

综上所述，由表3-14可知，青冈栎群落、绵槠群落具有相对较高的丰富度和物种多样性，显示这些群落包含有较多的物种。相关研究表明，在正常状态下，亚热带森林生态系统内，群落林下灌木层植物物种多样性明显高于乔木层是一个普遍规律，从表3-14中各群落类型的多样性指数H值可以看出，除了青冈栎群落外，其他5种群落都符合这个规律。

三、结　论

本研究对牯牛降保护区6种主要常绿阔叶林物种群落多样性进行了分析，4种多样性指数都反映出基本一致的趋势，其乔木层物种多样性顺序为：青冈栎群落>绵槠群落>苦槠群落>小叶青冈群落>甜槠群落>栲树群落；灌木层物种多样性顺序为：绵槠群落>青冈栎群落>苦槠群落>小叶青冈群落>甜槠群落>栲树群落；草本层物种多样性顺序为：绵槠群落>苦槠群落>青冈栎群落>栲树群落>小叶青冈群落>甜槠群落；植物生长型与物种多样性指数的关系表现为灌木层>乔木层>草本层。

在计算物种多样性指数时，采用了多个指标，这些指数各有特点。虽然不同类型群落物种多样性存在一定的差异，但可以看出牯牛降保护区常绿阔叶林的物种丰富度较高、多样性指数及均匀度指数也较高。牯牛降保护区是黄山山脉向西延伸的主体，在中国植被区划上属于亚热带常绿阔叶林东部亚地带，地带性植被为常绿阔叶林。黄山—武夷山地区被认为是我国东南大陆生物多样性的一个关键区域。最近几年，由于旅游的开发，牯牛降保护区内人类活动影响增大，由于常绿阔叶林主要分布于低海拔区域，受旅游等人类活动的影响尤为突出，也对常绿阔叶林物种多样性产生了一定的破坏。因此，相关管理部门应加强对低海拔常绿阔叶林的保护和管理。

第五节 牯牛降保护区不同海拔梯度物种多样性研究

关于牯牛降地区的植物群落和植物资源等已有较多研究，但对其整体的生物多样性特征研究尚报道不多。沈泽昊等对牯牛降南坡的植被垂直带谱、群落类型进行了初步分析，而对北坡海拔梯度上植物多样性及其成分结构的数量变化尚无清楚的了解。因此，本研究以牯牛降北坡海拔梯度上的植物群落调查为基础，就上述问题进行初步分析。

一、研究方法

1.样地设置与调查方法

本研究主要目的是反映牯牛降北坡的植物多样性垂直梯度，因此在牯牛降北坡，从山麓海拔290 m处向山顶设置群落调查样地，海拔每上升约200 m设置2块样地，每个样地面积为20 m×20 m，以10 m×10 m的小样方为单元进行植被调查。对样方内乔木层植物进行每木检尺（胸径大于5 cm），同时每个小样方内选取1个5 m×5 m的灌木层样方和2个1 m×1 m的草本层样方进行灌木和草本植物植物种类、盖度、高度等指标调查。此外，对样地的海拔、坡度等进行调查记录，各海拔梯度样地植物群落基本情况，如表3-15所示。

表3-15 各海拔梯度样地基本情况

群落编号	群落名称	面积/m^2	海拔/m	坡度	群落主要优势种
Ⅰ	常绿阔叶林	800	300	16°	栲树、青冈栎
Ⅱ	常绿阔叶林	800	500	10°	青冈栎、红楠
Ⅲ	常绿阔叶林	800	700	15°	绵槠、青冈栎、红楠
Ⅳ	常绿阔叶林	800	900	10°	小叶青冈、绵槠
Ⅴ	落叶阔叶林	800	1100	8°	茅栗、华东野核桃、四照花
Ⅵ	针阔混交林	800	1300	15°	黄山松、交让木、茅栗
Ⅶ	黄山松林	800	1500	21°	黄山松
Ⅷ	黄山松林	800	1700	17°	黄山松

2.统计分析

参考方精云等和娄彦景等的物种多样性的测度方法，对样地草本植物多样性的测定采用以下指数和方法：

（1）重要值IV。

乔木层的重要值IV=（相对高度+相对优势度+相对密度）×100/3

灌木层和草本层植物重要值IV=（相对高度+相对盖度+相对频度）×100/3

（2）物种丰富度。

丰富度指数　　S＝样地内出现的物种数

（3）α多样性测定方法。

Shannon-Wiener多样性指数（H）　　$H=-\sum_{i=1}^{s} p_i \ln p_i$

Simpson多样性指数（DS）　　$DS=1-\sum_{i=1}^{s} p_i^2$

Pielou均匀度指数（JP）　　$JP=H/\ln S$

式中，P_i为第i种的重要值；S为样地内出现的物种数。

（4）β多样性测定方法。

相异性系数（CD）　　$CD=1-2c/a+b$

Cody指数（β_T）　　$\beta_T=[g(H)+l(H)]/2=(a+b-2c)/2$

其中，a和b分别为两群落的物种数，c为两群落的共有物种数。

二、结果与分析

（一）不同海拔梯度群落乔木层植物物种组成的变化

实地调查发现，牯牛降保护区北坡从低海拔到山顶依次出现的植被类型为常绿阔叶林、落叶阔叶林、针阔混交林和黄山松林，其中低海拔区域分布有较多类型的常绿阔叶林。

由表3-16可知，常绿阔叶林主要建群种有栲树、绵槠、青冈栎、小叶青冈、红楠等。样地Ⅰ中乔木层群落以栲树、青冈栎、拟赤杨为优势种，三者重要值之和达0.381；样地Ⅱ中乔木层群落中以青冈栎、红楠、枫香为优势种，三者重要值之和达0.345；样地Ⅲ中乔木层群落中以绵槠、青冈栎、红楠为优势种，三者重要值之和达0.326；样地Ⅳ中乔木层群落中以小叶青冈、绵槠、青栲为优势种，三者重要值之和达0.428；样地Ⅴ落叶阔叶林群落乔木层以茅栗、华东叶核桃、四照花为优势种，三者重要值之和达0.358；样地Ⅵ针阔混交林群落乔木层以黄山松、茅栗、交让木为优势种，三者重要值之和达0.455；样地Ⅶ针叶林群落乔木层以黄山松、交让木、尖嘴林檎为优势种，三者重要值之和达0.533；样地Ⅷ针叶林群落乔木层以黄山松、水马桑、三桠乌药为优势种，三者重要值之和达0.589。

表3-16　不同海拔梯度乔木层重要值前三位的物种

样地编号	第一位		第二位		第三位	
	物种	重要值	物种	重要值	物种	重要值
Ⅰ	栲树	0.234	青冈栎	0.078	拟赤杨	0.069
Ⅱ	青冈栎	0.197	红楠	0.075	枫香	0.073
Ⅲ	绵槠	0.186	青冈栎	0.087	红楠	0.053
Ⅳ	小叶青冈	0.286	绵槠	0.091	青栲	0.051
Ⅴ	茅栗	0.207	华东野核桃	0.086	四照花	0.065
Ⅵ	黄山松	0.276	茅栗	0.113	交让木	0.066
Ⅶ	黄山松	0.375	交让木	0.090	尖嘴林檎	0.068
Ⅷ	黄山松	0.407	水马桑	0.103	三桠乌药	0.079

综合上述，牯牛降保护区低海拔常绿阔叶林乔木层最主要的建群种有绵槠、青冈栎、小叶青冈、栲树、红楠等，也包括少量的落叶树种，如枫香、拟赤杨等。中海拔落叶阔叶林乔木层最主要的优势种有茅栗、华东野核桃、四照花等。高海拔分布有较多的黄山松纯林。

（二）物种多样性的垂直变化格局

1.物种丰富度随海拔梯度的变化

（1）乔木层植物物种组成的变化。如图3-3（A）所示，乔木层物种数（S）在不同海拔群落样地中变化较大，其变化范围为11～29，样地Ⅲ常绿阔叶林群落中物种数最高为29，山顶黄山松林中物种数最低为11，综上所述，随着海拔的升高，乔木层物种丰富度呈现降低的趋势，与沈泽昊等对于该地区南坡的研究结果是一致的。这也是普遍存在于不同生态系统中的物种丰富度随海拔梯度的一种变化格局。

（2）灌木层植物物种组成的变化。如图3-3（A）所示，乔木层物种数（S）在不同海拔梯度群落样地中变化较大，其变化范围为16～32，样地Ⅲ常绿阔叶林群落中灌木层物种数最高为32，其次是样地Ⅴ落叶阔叶林群落，物种数为31，山顶黄山松林中物种数最低为16。综上所述，随着海拔的升高，灌木层物种丰富度的变化格局与乔木层相似，但总体上物种丰富度要比乔木层高一些。

（3）草本层植物物种组成的变化。如图3-3（A）所示，不同海拔梯度群落样地中草本层物种丰富度较灌木层和乔木层都低，各样地之间的变化幅度也相对较小，其变化范围为9～22。样地Ⅴ落叶阔叶林群落中草本层物种数最高为22，山顶黄山松林中物种数最低为9。

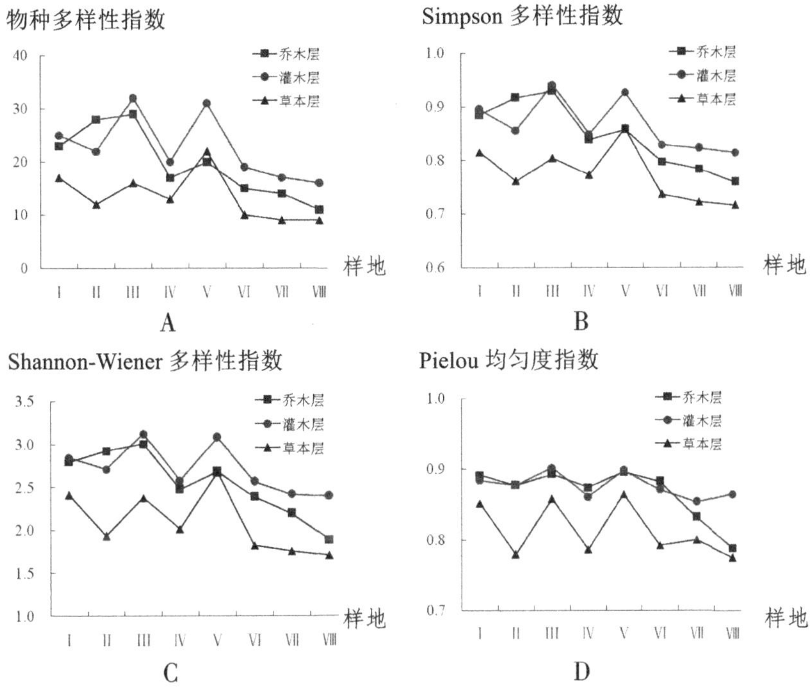

图3-3　不同海拔梯度植物群落物种多样性的变化

2.α多样性沿海拔梯度的变化

Shannon-Wiener指数与样方中每个物种各个个体的大小有关，而Pielou指数即均匀度指数反映的是样方中每个物种的均匀程度。不同生活型植物物种的α多样性随海拔梯度的变化格局如图3-3（B）（C）（D）所示。

不同海拔梯度植物群落乔木层Shannon-Wiener多样性指数（H）、Simpson多样性指数（DS）和Pielou均匀度指数（JP）的变化趋势总体上与物种丰富度的变化趋势比较相似，即随着海拔的升高多样性指数呈现降低的趋势。样地Ⅲ常绿阔叶林群落中Shannon-Wiener指数和Simpson指数最高，分别为3.006和0.930；由于山顶黄山松纯林中乔木层物种种类和数量少，且层次结构简单，因而其的H、DS和JP值都很低，分别为1.891、0.759和0.789。

灌木层群落与不同海拔梯度对应的乔木层群落相比，其Shannon-Wiener指数和Simpson指数均要高一些，总体上随海拔梯度的变化趋势与乔木层相似。草本层群落物种多样性随海拔梯度数的变化格局与乔木层和灌木层不是很一致，随海拔升高而降低的趋势不明显。这应该与草本层植物的分布格局有关。

3.β多样性沿海拔梯度的变化

β多样性用相异性系数和Cody指数来表达。研究表明，牯牛降北坡不同海拔梯度植物群落的相异性系数和Cody指数的变化趋势基本相同，如图3-4所示，均呈现先降低后上升再降低的格局。二者的最大值（0.71和35）均出现在样地Ⅴ和样地Ⅵ群落之间。

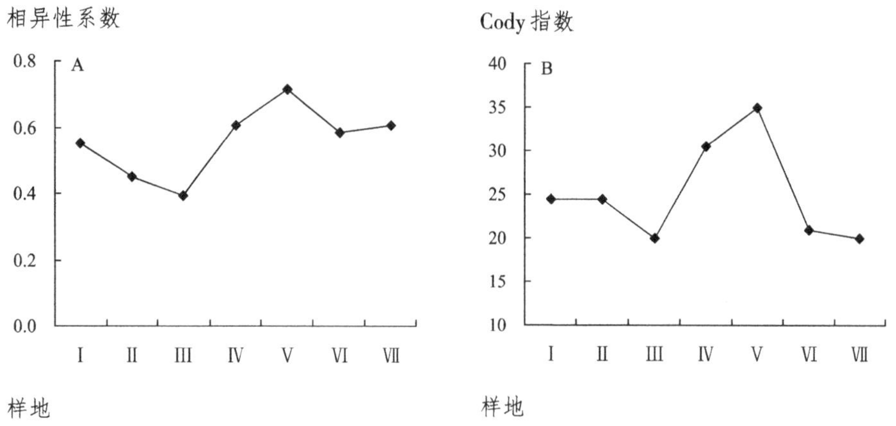

图3-4　不同海拔梯度植物群落β多样性的变化

三、结　论

本研究对牯牛降北坡不同海拔梯度植物群落的物种多样性格局进行了分析，结果表明，不同生活型的物种沿海拔梯度具有不同的分布格局：木本植物物种多样性随着海拔的升高而降低，而草本植物物种多样性沿海拔梯度没有明显的分布规律。随着海拔的升高，乔木层和灌木层物种多样性总体上都表现出降低的趋势，山顶黄山松林的物种多样性最低。通常亚热带森林生态系统群落中林下木本植物物种多样性明显高于乔木层。研究表明，不同海拔梯度上几乎所有群落类型中都是灌木层的Shannon-Wiener指数和Simpson指数高，乔木层低。研究显示，草本层物种数及其多样性指数相对乔木层和灌木层都较小，这一方面与乔木层和灌木层的物种多样性高有关，另一方面可能与牯牛降各群落乔木层、灌木层郁闭度较高，林下光照不充足，草本层植被不发达有较大关系。β多样性随着海拔的升高表现出先减少后增加再减少的格局，低海拔的干扰和高海拔的过渡特性增加了这些区域的β多样性。

本研究结果对深入了解牯牛降山区植被分布具有重要意义，为牯牛降保护区植被保护提供科学依据。今后还应进一步探讨影响该区植物群落物种多样性的因素（如土壤、地形和人为干扰等）及该区植被演替规律。

第六节　牯牛降保护区景观格局变化分析

通过野外调查与GIS技术相结合，同时采用景观指数，定量化分析出牯牛降保护区景观格局特征。景观空间格局是指形状和大小不一的景观斑块在空间上的配置，是生态过程在不同尺度下相互作用的结果，是景观异质性的重要表现。森林景观是由森林生态系统所构成，其格局决定森林资源的分布和配置，同时又制约景观内的各种生态过程，影响系统稳定性、生物多样性和抗干扰能力。由于森林景观具有相应的空间分布特征，通过对森林景观格局分析和研究，能够在看似无序的景观中发现潜在的秩序或规律，以揭示景观的功能与结构之间的关系，以及景观动态演变的规律，为进行森林资源空间格局的优化配置和结构的优化调整提供参考依据。

景观指数是描述景观空间格局的重要参数，不但可以使空间数据获得一定的统计性质，而且还可针对不同空间尺度上的景观格局特征进行比较与分析，进而反映其结构组成和空间配置等方面的特征，为科学衡量景观结构提供定量化依据。因此，运用景观指数进行景观格局的定量分析已成为景观生态学研究的常用方法。由于野外调查数据为样方调查所得，较为精确但调查范围有限，可以作为基础数据，与GIS数据相结合，辅助分析景观格局。

一、研究方法

本研究运用景观结构分析软件FRAGSTATS 3.3对所选的景观格局指数进行计算。采用的FRAGSTATS 3.3景观格局指数计算软件，可以相应计算景观3个级别上（斑块、类型、景观）的指标。指标选取如下：

1.斑块数（NP）

NP=N；式中N为某类斑块的总个数。取值范围$N \geq 1$。

NP反应景观的空间常用来描述整个景观的异质性，其值的大小与景观的破碎度有较好的正相关性。

2.景观形状指数（LSI）

$$\mathrm{LSI}=\frac{0.25E}{\sqrt{A}}$$

式中，A为斑块总面积，E为斑块的周长，0.25为正方形校正常数。LSI ≥ 1，无上界。当景观中只有一个正方形斑块时，LSI = 1；当景观斑块形状不规则或者偏离正方形时，LSI值增大。

3.斑块密度（PD）

$$\mathrm{PD} = \mathrm{N/A}$$

式中，N为斑块数目，A为该类斑块总面积。取值范围PD ≥ 0，无上限。

4.边界密度（ED）

$$\mathrm{ED} = \mathrm{E/A}$$

式中，E为某类景观中所有斑块边界总长度，A为该类斑块总面积。取值范围ED ≥ 0，无上限。ED能反应景观的破碎化程度。

5.景观多样性指数（SHDI）

$$H = -\sum_{i=1}^{m} P_i \times \log_2 P_i$$

式中，H为多样性指数，Pi为斑块i所占斑块总面积的比例，经典生态学中的多样性指数通常用于确定群落的空间分布规律。多样性指数在景观生态学中应用比较广泛，常用多样性指数（H）来表示，反应的是景观的异质性程度。本文选取的是Shannon-weaver指数。

6.景观均匀指数（SHEI）

SHEI等于香农多样性指数除以给定景观丰富度下的最大可能多样性（各拼块类型均等分布）。

取值范围0 ≤ SHEI ≤ 1。SHEI = 0，表明景观仅由一种拼块组成，无多样性；SHEI = 1，表明各拼块类型均匀分布，有最大的多样性。

二、结果与分析

1.牯牛降保护区景观斑块与景观类型划分

根据景观生态分类的综合性、主导因子、实用性和等级性原则，划分景观斑块类型，将牯牛降保护区划为5种景观斑块类型：耕地、林地、草地、水域、建设用地，以及未利用用地，其中林地可分为暖性针叶林、针阔叶混交林、落叶阔叶林。

2.一级和二级生态系统构成特征与分布变化

经统计分析，从表3-17可以看出，2000年和2010年牯牛降保护区土地覆盖类型构成比较复杂，有林地、草地、湿地、耕地和其他5类，主要以林地为主，其他类型比例较小。土地覆盖类型都以林地面积为主，林地以常绿针叶林为主，2000年占78.60%，2010年占78.59%，面积基本没有变化；其次是其他，主要是裸岩，2000年占2.43%，2010年占2.43%；草地、湿地和耕地所占比例较小，其中草地2000年占1.71%，2010年占1.68%，面积略有减小；湿地以水库和坑塘为主，2000年占0.61%，2010年占0.55%；耕地以水田为主，2000年占0.04%，2010年占0.11%，面积有所增加。

2000年和2010年核心区以林地为主，2000年占核心区面积的95.37%，2010年占核心区面积的95.37%；缓冲区内以林地为主，2000年占缓冲区面积95.68%，2010年占95.67%；实验区内以林地为主，2000年占实验区面积的94.96%，2010年占95%。

总体上说，2000—2010年牯牛降保护区的景观类型以及生态类型没有发生明显变化，其保护机构健全，保护管理系统完整，区内人烟稀少，核心区无居民，社会经济基础较好，周边社区生态环境建设良好。社区居民普遍具备一定的生态保护意识，使得这十年整个保护区生态系统发生自然演替，没有因为人为干扰发生加速演替或者逆演替，说明牯牛降保护区有效保护了该地区的生态环境。

3.生态系统类型转换特征分析与评价

从2000—2010年的土地变化可以看出，功能区生态系统类型变化主要有湿地变更为耕地、草地变更为林地。其中，有4.14 hm^2的水库和坑塘变更为水田，占水库和坑塘面积的9.83%；2.28 hm^2的草地变更为林地，占了草地面积的1.92%。值得注意的是，0.99 hm^2的湿地面积转变为耕地，其中0.01 hm^2涉及核心区，另有9.83%的水库和坑塘（4.14 hm^2）转化为水田，如图3-5，表3-18所示，说明这10年中由于生态旅游资源的开发，旅游人数增加使得保护区内对生产资料、生活物资的需求增加，对保护区产生了一定的干扰。

表3-17 牯牛降保护区不同功能分区在2000年和2010年一级和二级生态系统类型的面积与比例

一级生态系统类型	二级生态系统类型	核心区				缓冲区				实验区				合计			
		2000年		2010年		2000年		2010年		2000年		2010年		2000年		2010年	
		面积/hm²	比例/%	面积/hm²	比例/%	面积/hm²	比例/%	面积/hm²	比例/%	面积/hm²	比例/%	面积/hm²	比例/%	面积/hm²	比例/%	面积/hm²	比例/%
林地	常绿阔叶林	199.90	9.02	199.83	9.01	148.32	12.68	148.43	12.68	263.17	7.42	263.32	7.43	611.39	8.82	611.58	8.82
	常绿针叶林	1 766.45	79.69	1 766.63	79.69	840.38	71.82	840.73	71.82	2 841.95	80.15	2 841.92	80.14	5 448.79	78.60	5 449.27	78.59
	落叶阔叶灌木林	147.68	6.66	147.70	6.66	130.78	11.18	130.82	11.18	262.09	7.39	263.83	7.44	540.55	7.80	542.35	7.82
	合计	2 114.03	95.37	2 114.15	95.37	1 119.49	95.68	1 119.98	95.67	3 367.21	94.96	3 369.07	95.00	6 600.73	95.21	6 603.20	95.23
草地	草丛	0	0	0	0	25.64	2.19	25.68	2.19	92.98	2.62	90.68	2.56	118.62	1.71	116.36	1.68
	合计	0	0	0	0	25.64	2.19	25.68	2.19	92.98	2.62	90.68	2.56	118.62	1.71	116.36	1.68
湿地	水库/坑塘	22.25	1.00	20.19	0.91	5.40	0.46	5.40	0.46	14.50	0.41	12.42	0.35	42.15	0.61	38.01	0.55
	合计	22.25	1.00	20.19	0.91	5.40	0.46	5.40	0.46	14.50	0.41	12.42	0.35	42.15	0.61	38.01	0.55
耕地	水田	0	0	2.07	0.09	0	0	0	0	2.43	0.07	5.49	0.15	2.43	0.04	7.57	0.11
	合计	0	0	2.07	0.09	0	0	0	0	2.43	0.07	5.49	0.15	2.43	0.04	7.57	0.11
其他	裸岩	80.44	3.63	80.46	3.63	19.56	1.67	19.56	1.67	68.74	1.94	68.72	1.94	168.73	2.43	168.74	2.43
	合计	80.44	3.63	80.46	3.63	19.56	1.67	19.56	1.67	68.74	1.94	68.72	1.94	168.73	2.43	168.74	2.43
合计		2 216.72	100	2 216.87	100	1 170.08	100	1 170.62	100	3 545.86	100	3 546.38	100	6 932.66	100	6 933.87	100

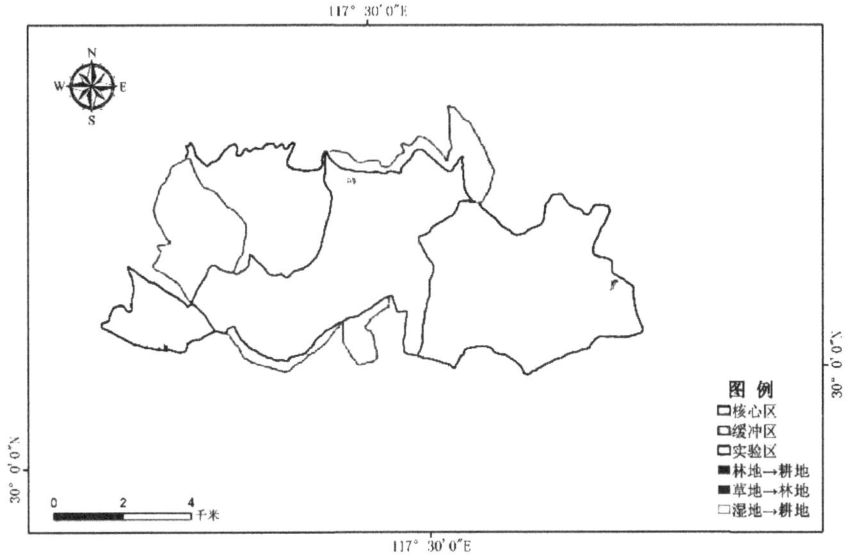

图3-5　牯牛降保护区土地覆被一级分类变化

表3-18　一级生态系统类型的转化面积和转化强度

年代	类型	林地		草地		湿地		耕地		建设用地		其他	
		面积/hm²	比例/%	面积/hm²	比例/%	面积/hm²	比例/%	面积/hm²	比例/%	面积/hm²	比例/%	面积/hm²	比例/%
2000—2010	林地	6599.75	99.98	0	0	0	0	0.99	0.02	0	0	0	0
	草地	2.28	1.92	116.34	98.08	0	0	0	0	0	0	0	0
	湿地	0	0	0	0	38.01	90.17	4.14	9.83	0	0	0	0
	耕地	0	0	0	0	0	0.	2.43	100	0	0	0	0
	建设用地	0	0	0	0	0	0	0	0	0	0	0	0
	其他	0	0	0	0	0	0	0	0	0	0	168.74	100

从相关统计结果及一级生态系统动态度可以看出，变化的土地类型占牯牛降保护区总面积的0.11%，说明牯牛降保护区生态环境保护较好，人为改变用地类型的面积较小。综合上述，牯牛降保护区在对旅游资源开发的同时，也需要注意对于生态环境的保护，不能因为过度开发造成生态环境的破坏。

4.牯牛降保护区景观斑块特征

斑块密度反映景观的破碎化程度，斑块密度越大，景观连通性越差。从表3-19，表3-20可以看出，主要森林景观斑块林地的斑块密度处于一个较低值，说明破碎化程度不大。2000—2010年，各个原生生态景观的破碎度维持在一个低水平甚至有降低的趋势，草丛类型由0.025降到0.017，水库和坑塘类型由0.474降到0.447，常绿阔叶林、落叶阔叶灌木林则一直维持在一个较低的水平（0.015和0.125），说明各个斑块之间的连通性处于较高水平甚至有上升趋势，有利于动植物的迁徙，保持基因交流，有利于新物种的迁入，生物多样性增高，使生态系统维持在一个稳定的状态。

表3-19 2000年牯牛降保护区景观斑块类型的斑块特征

土地类型	斑块数	斑块数比例	斑块面积/hm^2	斑块面积比例	斑块密度
草丛	3	1.20%	118.637 375 5	1.71%	0.025
常绿阔叶林	94	37.75%	6059.871 299	87.40%	0.015
旱地	1	0.40%	1.458 118 353	0.02%	0.685
裸岩	60	24.10%	168.735 831 4	2.43%	0.355
落叶阔叶灌木林	68	27.31%	540.588 770 2	7.80%	0.125
水库/坑塘	20	8.03%	42.149 930 89	0.61%	0.474
水田	3	1.20%	2.431 776 28	0.04%	1.233
总计	249	—	6933.873 102	—	—

表3-20 2010年牯牛降保护区景观斑块类型的斑块特征

土地类型	斑块数	斑块数比例	斑块面积/hm^2	斑块面积比例	斑块密度
草丛	2	0.81%	116.341 360 6	1.68%	0.017
常绿阔叶林	94	37.90%	6060.877 619	87.41%	0.015
旱地	0	0	0	0	—
裸岩	60	24.19%	168.735 831 4	2.43%	0.355
落叶阔叶灌木林	69	27.82%	542.347 394 1	7.82%	0.125
水库/坑塘	17	6.85%	38.005 350 43	0.55%	0.447
水田	6	2.42%	7.565 545 887	0.11%	0.793
总计	248	—	6933.873 101	—	—

第四章　菌类资源多样性

牯牛降保护区植被特别繁茂，种类多样，区系组成复杂，林下阴暗潮湿，大量枯落物分解后为大型真菌的生长提供了丰富的营养。这种优越的环境条件，使牯牛降保护区大型真菌资源非常丰富。然而，鲜见对牯牛降保护区大型真菌资源方面的研究报道，对本地区大型真菌的组成及生态分布特征知之甚少，对具有重要经济价值的种类更是缺乏必要的基础生物学研究，使保护和开发起来难度较大。

本次科学考察在对牯牛降保护区大型真菌的种类组成及生态分布特征进行调查研究的基础上，对其资源价值进行了综合评价，为了解本地区大型真菌的组成及资源的合理保护与开发利用提供参考依据。本文调查的菌物资源主要是大型真菌，即蕈菌。

第一节　调查方法

1.林间采集

鉴于大型真菌的繁殖与气温和降雨量具有密切关系，因此采集大型真菌标本的季节主要集中在5～11月，其余季节零星采集。采集时按一定层次进行观察、寻找，如草层、落叶层、枯枝、树木等。发现菌株后先摄像，再详细记载大型真菌的生境（如林内地生、树生、草地生等）、习性（如单发生、成群发生、簇生、叠生等）、海拔高度、植被类型和土壤类型等相关生态数据，同时记录采集地、采集数量、采集人、采集时间等相关内容。每份标本均尽量保持其完整性，包括菌盖表面的附属物、菌环、菌托及地下部分等。

2.分类鉴定

在广泛查阅各种大型真菌彩色图谱和分类学专著的基础上，依据标本的彩色照片及形态结构特征、生理特征及生活习性，有的还需采用制作孢子印、对孢子进行显微观察等方法，对所采标本进行综合分析、鉴别后分类，最后确定标本的科名、属名和种名。

3.结果统计

根据大型真菌所具有的经济价值（药用、食用及毒菌等）及其生态习性（土生、木生、草生、外生菌根及虫生真菌等）进行归纳统计。通过调查共采集标本386份，对牯牛降保护区大型真菌的种类组成及生态分布进行了初步分析。

鉴定结果显示，牯牛降保护区共有大型真菌211种，隶属2门6纲10目35科82属，详见附录4，其中尚有部分大型真菌种类未确定其具体种类。

第二节　菌类生态分布

由于受海拔高度、地理位置和相应大气环流的影响，牯牛降的气候特征既有华东北亚热带季风特点，又有山地气候垂直变化的特色（气温、降水量等均有明显差异）。植被垂直分布规律明显，自下而上依次为常绿阔叶林、常绿落叶阔叶林混交林、落叶阔叶林、山地灌丛等。不同的地理和气候环境条件，使牯牛降保护区大型真菌具有独有的生态分布特征，其大型真菌广泛分布于阔叶林、混交林、针叶林、竹林、灌丛、草丛等植被类型中。

一、分布特点

牯牛降保护区大型真菌，在不同植物群落类型发生的种类存在差异，其中发生于混交林中的种类最多，共120种，占调查种类总数的56.87%；其次为阔叶林中的大型真菌68种，占调查总数的32.23%；针叶林中的大型真菌34种，占调查总数的16.11%；竹林中的大型真菌23种，占调查总数的10.90%；发生在灌丛、草丛、荒地中的大型真菌36种，占调查总数的17.06%，如表4-1所示。

表4-1 牯牛降保护区大型真菌科属种

序号	科	属	种	生态分布				
				混交林	针叶林	阔叶林	竹林等	灌丛或草丛等
1	蘑菇科 Agaricaceae	2	4	2	2	1	2	1
2	裂褶菌科 Schizophyllaceae	1	1	1	—	1	—	—
3	皱孔菌科 Meruliaceae	1	1	1	—	—	—	—
4	鹅膏菌科 Amanitaceae	1	14	10	2	3	2	1
5	木耳科 Auricullariaceae	1	6	5	—	3	—	—
6	粪锈伞科 Bolbitiaceae	4	5	4	—	3	3	1
7	牛肝菌科 Boletaceae	3	6	3	3	3	—	1
8	鸡油菌科 Cantharellaceae	3	8	5	—	3	1	1
9	小脆柄科 Psathyrellaceae	3	3	2	—	—	—	1
10	麦角菌科 Clavicipitaceae	1	2	2	—	1	—	—
11	鬼伞科 Coprinaceae	1	3	3	2	2	1	1
12	丝膜菌科 Cortinariaceae	1	2	2	—	2	—	—
13	发网菌科 Stemonitis	1	1	—	—	—	—	1
14	球盖菇科 Strophariaceae	1	1	—	—	—	1	—
15	钉菇科 Gomphidiaceae	1	1	1	—	—	—	—
16	锈耳科 Crepidotaceae	1	1	—	—	1	—	—
17	粉褶菌科 Entolomataceae	1	4	2	1	2	—	—
18	灵芝科 Ganodermataceae	1	5	4	—	3	—	—
19	竹黄菌科 Shiraiaceae	1	1	—	1	—	1	1
20	蜡伞科 Hygrophoraceae	2	3	2	2	—	—	—
21	块菌科 Tuberaceae	1	1	—	—	1	—	—
22	猴头菌科 Hericiaceae	1	2	2	—	—	—	—
23	马勃科 Lycopereaceae	3	3	2	1	1	1	1
24	鬼笔科 Phallaceae	1	1	1	—	—	—	1
25	侧耳科 Pleurataceae	3	7	5	1	2	—	—
26	丛梗孢科 Moailiaceae	1	1	—	1	—	—	—
27	光柄菇科 Pleuteaceae	1	2	2	2	1	2	1
28	松塔牛肝菌科 Strobilomyceae	2	2	2	1	1	—	2
29	多孔菌科 Polyporaceae	23	56	23	6	15	—	—
30	炭角菌科 Xylariaceae	2	4	3	—	—	2	—

续 表

序号	科	属	种	生态分布				
				混交林	针叶林	阔叶林	竹林等	灌丛或草丛等
31	银耳科 Tremellae	1	2	2	—	—	—	—
32	盘菌科 Pezizaceae	2	2	—	—	2	—	—
33	红菇科 Russulaceae	2	19	10	5	3	2	4
34	韧革菌科 Stereaceae	1	1	2	1	3	—	—
35	白蘑科 Tricholomataceae	9	35	21	7	11	9	20
合计	35	82	211	120	34	68	23	36

在3种垂直林带型中分布的大型真菌的种类及数量存在明显差异。在调查的211种大型真菌种类中，低山林带型中的大型真菌123种，占调查总数的58.29%；中山林带型分布的大型真菌共71种，占调查总数的33.65%；高山林带型分布的大型真菌共17种，占调查总数的8.06%。

（一）混交林中的大型真菌

1.针阔叶混交林

以小叶青冈、绵槠、交让木、马尾松、短柄枹、黄山松、君迁子、槭树、枫香、五裂槭、青钱柳等形成的针阔叶混交林，林下有一定数量的灌木和草本植物，且有一定数量的死树和朽木，森林郁闭度高，林内空气湿度较大，气温稳定。同时，针阔混合林的土壤土层较厚，持水性强，有机腐殖质含量丰富，为大型真菌的生长和繁殖提供了较为理想的环境条件。在这种植被群落中的大型真菌的种类较为丰富，常见的种类有鸡油菌（*Cantharellus cibarius*）、薄黄鸡油菌（*Cantharellus lateritius*）、小鸡油菌（*Cantharellus minor*）、白鸡油菌（*Cantharellus albidus*）、林生鬼伞（*Coprinus silvaticus*）、白黄小脆柄菇（*Psathyrella candolleana*）、云芝（*Corilus versicolor*）、污白干络菌（*Tyromyces amygdalinus*）、绒白乳菇（*Lactarius vellereus*）、粉红菇（*Russula subdepallens*）、红蜡蘑（*Laccaria laccata*）、香菇（*Lentinus edodes*）、黑皱木耳（*Auricularia moellellerii*）、裂褶菌（*Schizphylhls commne*）、桦褶孔菌（*Lenzites betulina*）、隐孔菌（*Cryptoporus voluatus*）、头状马勃（*Calvatia craniiformis*）、乳牛肝菌（*Suillus bovinus*）、炭球菌（*Daldinia concentrica*）、烟灰褐丝膜菌（*Cortinarius anomalus*）、林地蘑菇（*Agaricus silvaticus*）、臭黄菇（*Russula fo-

tens)、小白菇（*Agaricus comtulus*）、小托柄鹅膏（*Amanita farinosa*）、田头菇（*Agrocybe praecox*）、小灰光柄菇（*Pluteus cervinus*）等。

2.常绿落叶阔叶混交林

常绿落叶阔叶混交林群落具次生性，结构分层明显，主要植物种类有栎树、乌楣栲、山茶、菝葜、山胡椒、野蔷薇、槭树、枫香、紫楠、绵槠等，郁闭度较大，林下空气湿度较高，林下枯枝落叶层较厚，有一定数量的朽木。常见的大型真菌种类有栎小皮伞（*Marasmius dryophilus*）、鸡油菌、云芝、绒白乳菇、红汁小菇（*Mycena haematopus*）、烟灰褐丝膜菌、污白干络菌、毛木耳（*Auricufaria polytricha*）、毒粉褶菌（*Rhodophyllus sinuatus*）、灵芝（*Ganoderma lucidum*）、蜡伞（*Hygrophorus ceraceus*）、裂褶菌、乳牛肝菌、隐孔菌、林地蘑菇等。

（二）阔叶林中的大型真菌

1.常绿阔叶林

常绿阔叶林主要为钩栲、甜槠、紫楠、尖叶山茶、米槠、小叶青冈、交让木等为主的常绿树种，林下土壤为黄红壤、酸性棕壤等，土壤的吸水性较强，林中湿度大，气温稳定，植被较为复杂，形成独自的小气候，为大型真菌生长繁殖提供了有利的条件。在本林型中的常见的大型真菌有梨形马勃（*Lycoperdon pyriforme*）、皱木耳（*Auricularia delicate*）、木耳（*Auricularia auricular*）、栎小皮伞、裂干酪菌（*Tyromyces fissilis*）、茶色拟迷孔菌（*Daedaleopsis confragosa*）、草地小脆柄菇（*Psathyrella campestris*）、乳牛肝菌、炭球菌、松塔牛肝菌（*Strobilomyces strobilaceus*）、烟灰褐丝膜菌、林地蘑菇、毒粉褶菌、臭黄菇、小白菇等。

2.落叶阔叶林

调查样地落叶阔叶林主要有亮叶水青冈、短柄枹、绿叶甘姜、君迁子、槭树、栎树、苦参等植物种类组成。林间阴暗潮湿，枯枝落叶层较厚，土壤为黄棕壤，持水性较强，生态环境条件较好。本林型中常见的大型真菌有紫灵芝（*Ganoderma sinensis*）、树舌灵芝（*Ganoderma applanatum*）、桦褶孔菌、雪白拱顶菇（*Camarophyllus niveus*）、侧耳（*Pleurotus ostreatus*）、烟色韧革菌（*Stereum gausapatum*）、硬柄小皮伞（*Marasmius oreades*）、蜡伞、梨形马勃、白鬼笔（*Phallus impudicus*）、隐孔菌、乳牛肝菌、炭球菌、松塔牛肝菌等。

（三）针叶林中的大型真菌

针叶林主要是马尾松林和杉木林两种类型，多为纯林，分布比较集中，林下植被相对较少，常伴有少数灌木和草本类的植物。针叶林中常见的大型真菌种类有灰鹅膏菌（*Amanita vaginata*）、浅橙黄鹅膏菌（*Amanita hemibapha*）、田头菇、鸡油菌、小鸡油菌、草地小脆柄菇、林生鬼伞、蜡伞、云芝、污白干络菌、红汁小菇、小灰光柄菇、林地蘑菇等种类。

（四）竹林中的大型真菌

竹林群落以玉竹林为主，结构简单，其所处海拔较低，且人为干扰频繁，林内土壤层厚且松软，吸水性强，有机腐殖质含量较高，但通风性强，林内湿度变化较大，各种环境因素对林内大型真菌种类的分布产生影响。竹林内采集到的种类有灰鹅膏菌、粪锈伞（*Bolbitius vitellinus*）、白鸡油菌、地星（*Geastrum fimbriatum*）、蜡伞、雪白拱顶菇、草地小脆柄菇、臭黄菇、小白菇等。

（五）灌丛、草丛和荒地等中的大型真菌

牯牛降保护区除了其典型的地带性植被外，还有灌丛、草地和溪流等多种小气候生境，但由于其地形比较开阔，常年风力较强，光照强烈，不利于大型真菌的生长繁殖，故在调查中所发现的种类也较少，常见的种类有粪锈伞、田头菇、薄黄鸡油菌、小鸡油菌、草地小脆柄菇、乳褐小脆柄菇（*Psathyrella lactobrunnwslens*）、雪白拱顶菇、梨形马勃、矮小草菇（*Volvariella pusilla*）、白鬼笔、林地蘑菇等。

二、垂直分布

牯牛降保护区的大型真菌根据山地外貌、高度和坡度可分为3种垂直分布型：低山林带型、中山林带型和山顶林带型。

（一）低山林带中的大型真菌

低山林带分布于海拔600～700 m的山下部或山麓地带以下常绿阔叶林带。其植被保存较完整，林下土壤主要为黄红壤，常见的树种有青冈栎、甜槠、小叶青冈、桑树、绵槠、红楠、杉木等，森林茂密，郁闭度较大，倒木横生，枯枝落叶层很厚，土层深，肥力高，气候温暖湿润，为各种不同生态类型的大型真菌提供了生长环境。

低山林带生长的大型真菌种类较多，共123种，占已知总数的58.29%，常见种类

有红蜡蘑、香菇、黑皱木耳、裂褶菌、云芝、桦褶孔菌、隐孔菌、侧耳、头状马勃、乳牛肝菌、炭球菌、松塔牛肝菌、烟灰褐丝膜菌、林地蘑菇、臭黄菇、小白菇、小托柄鹅膏、橙盖鹅膏（*Amanita caesarea*）、毒粉褶菌、田头菇、小灰光柄菇、蜡伞、梨形马勃、白鬼笔等。除此之外，还有一些个体较小的大型真菌和粪生种类。

（二）中山林带中的大型真菌

中山林带分布于海拔700～1 100 m的山地中部，由于地势升高，水热条件不如低海拔地带（海拔低于700 m），常见的植物种类主要有红楠、五裂槭、尖连蕊茶、小叶青冈、青钱柳、绵槠、枫香、交让木、青冈栎、豹皮樟、黄丹木姜子等，林下土壤主要为山地黄壤。

中山林带大型真菌已知71种，占已知总种数33.65%，常见种类有红蜡蘑、黑皱木耳、裂褶菌、云芝、桦褶孔菌、隐孔菌、侧耳、头状马勃、乳牛肝菌、炭球菌、松塔牛肝菌、烟灰褐丝膜菌、林地蘑菇、臭黄菇、橙盖鹅膏、毒粉褶菌等。本带的大型真菌树上种类较为常见，菌体的质地向韧、薄特征发展，肉质种类和数量随着海拔升高而减少，地上种类明显减少，个体也明显变小。

（三）山顶林带中的大型真菌

山顶林带分布于海拔1 100 m以上，此区域属山地温带湿润气候，由于海拔升高，年平均气温低，水分少，土层薄，肥力不高，植物种类相对较少，常见的植物种类主要有黄山松、小叶青冈、交让木、黄山栎等类群。

在山顶林带采集到的大型真菌标本很少，鉴定有17种，占已知种类的8.06%，常见的大型真菌种类有多行炭角菌（*Xylaria polymorpha*）、云芝、皱韧革菌、侧耳等。本带的大型真菌种类不仅种类明显减少，而且个体一般很小，种群密度明显降低，这种表现出来的现象可能与林带所处的海拔及土壤、温度、水分、光照以及植物种类组成等方面的垂直变化特点有密切关系。

三、与其他地区菌类资源分布的比较

将牯牛降保护区调查结果分别与安徽琅琊山自然保护区（以下简称“琅琊山保护区”）、浙江西天目山自然保护区（以下简称“西天目山保护区”）的大型真菌进行真菌种类组成的相似性进行了比较。从分析结果可以看出，牯牛降保护区大型真菌构成与西天目山保护区的大型真菌具有较高的相似度。分析原因是牯牛降保护区与西天目山保护区较邻近，纬度接近且气候条件相似，且植被类型相同或相似，相似的生态环境条件孕育了区系组成相似的大型真菌种类资源。两者大型真菌的相似度达到70%以上，表明两地之间存在非常密切的关系，这与它们之间距离较近，生态环境条件的极高相似性有着很大的联系。在相比较的地区中，牯牛降保护区与琅琊山保护区的相似度相对低些，且初步调查的结果显示种类构成比琅琊山保护区的大型真菌资源构成丰富，可能是二者距离相对较远，且在纬度及气候条件及植被类型方面均存在一定的差异，致使该地区大型真菌的资源构成也与其他地区之间产生一定的差异。

本研究主要选择了森林生态系统中最有利于发生大型真菌繁殖的季节（夏季和秋季），结合该地区较具代表性的植物群落类型进行样地调查及多样性研究，因为不同的蕈菌种类，可能对光照、气温、土壤性质、空气湿度、降水量、植物种类等都会有着各不相同的要求。例如，Steven研究了两个古老针叶林中的大型真菌群落，发现大型真菌的组成与林中的空气湿度和氮气浓度有着密切关系。所以，在不同季节、不同海拔高度和不同植物群落内大型真菌发生的种类有所不同，并且有些研究者发现大型真菌在一定区域内的发生是不连续的，若要查清某区域内的大型真菌种类，一般应连续采集多年。由于客观条件所限，不能完全对所有的标本进行明确鉴别，是否会发现新种尚难确定，还需进一步研究。在同一地区、同一条件下开展不同年代之间的大型真菌群落多样性的比较研究也具有十分重要的意义，通过对该地区大型真菌群落多样性的研究，为今后了解该地区大型真菌与气候、环境条件等之间的关系，以及大型真菌区系的研究打下基础，对于加强保护和持续利用该地区大型真菌资源具有重要意义。牯牛降保护区由于其独特的地理位置，复杂的气候等自然条件，孕育了丰富的大型真菌资源，但对于大型真菌资源基础资料的积累还远不够全面，尚有许多内容值得进一步发现和认识。

第三节　菌类资源的保护与利用

由于受海拔高度、地理位置和相应大气环流的共同影响，牯牛降保护区野生大型真菌的分布与受气温、降水量影响的植被关系密切，不同植被类型下大型真菌种类的组成各不同。

在调查的211种大型真菌种中，按生态习性分为土生菌59种，占27.96%；木生菌或枯枝落叶生菌122种，占57.82%；外生菌根真菌19种，占9%；虫生真菌4种，占1.90%。按经济价值分为食用菌87种，占调查总数的41.23%；药用菌76种，占调查总数的36.02%；毒菌14种，占调查总数的6.64%；尚有55种经济价值不明，占调查总数的26.07%，如表4-2所示。

表4-2 牯牛降保护区大型真菌营养类型及经济价值统计

序号	科	营养类型			经济价值		
		土生	木生	外生菌根菌	食用	药用	毒菌
1	蘑菇科 Agaricaceae	4	—	—	4	—	—
2	裂褶菌科 Schizophyllaceae	—	1	1	1	1	—
3	皱孔菌科 Meruliaceae	—	1	—	—	—	—
4	鹅膏菌科 Amanitaceae	14	1	4	3	1	7
5	木耳科 Auricullariaceae	—	6	—	6	5	—
6	粪锈伞科 Bolbitiaceae	4	1	—	4	4	—
7	牛肝菌科 Boletaceae	4	2	1	6	3	—
8	鸡油菌科 Cantharellaceae	4	4	5	7	2	—
9	小脆柄科 Psathyrellaceae	1	—	—	1	—	—
10	麦角菌科 Clavicipitaceae	—	—	—	—	1	—
11	鬼伞科 Coprinaceae	2	4	—	2	1	—
12	丝膜菌科 Cortinariaceae	1	1	—	—	—	—
13	发网菌科 Stemonitis	1	—	—	1	1	—
14	球盖菇科 Strophariaceae	1	—	—	1	1	—
15	钉菇科 Gomphidiaceae	—	1	—	—	—	—
16	锈耳科 Crepidotaceae	—	1	—	—	1	—
17	粉褶菌科 Entolomataceae	1	1	—	—	—	—
18	灵芝科 Ganodermataceae	—	5	—	—	5	—
19	竹黄菌科 Shiraiaceae	1	—	—	—	—	—
20	蜡伞科 Hygrophoraceae	—	2	—	—	—	—
21	块菌科 Tuberaceae	—	—	1	1	—	—
22	猴头菌科 Hericiaceae	—	2	—	2	1	—
23	马勃科 Lycopereaceae	2	—	—	1	2	—
24	鬼笔科 Phallaceae	1	—	—	1	1	—

续 表

序号	科	营养类型			经济价值		
		土生	木生	外生菌根菌	食用	药用	毒菌
25	侧耳科 Pleurataceae	—	5	—	2	1	1
26	丛梗孢科 Moailiaceae	—	—	—	—	1	—
27	光柄菇科 Pleuteaceae	—	1	—	—	—	—
28	松塔牛肝菌科 Strobilomyceae	2	—	2	1	1	1
29	多孔菌科 Polyporaceae	—	51	—	25	28	—
30	炭角菌科 Xylariaceae	—	1	—	—	1	—
31	银耳科 Tremellae	—	1	—	1	1	—
32	盘菌科 Pezizaceae	—	1	—	—	2	1
33	红菇科 Russulaceae	9	—	4	5	6	2
34	韧革菌科 Stereaceae	—	1	—	—	—	—
35	白蘑科 Tricholomataceae	7	28	1	12	6	2
合计	35	59	122	19	87	76	14

一、重要经济菌类资源

（一）木耳科

1.黑木耳

黑木耳子实体呈耳状、叶状或杯状，薄、边缘波浪状，宽3～10 cm，厚2 mm左右，以侧生的短柄或狭细的附着部固着于基质上。黑木耳色泽黑褐，质地柔软，味道鲜美，可素可荤，营养丰富，有养血驻颜，令人肌肤红润，容光焕发，并可防治缺铁性贫血等，具有很多药用功效。木耳生长于栎、杨、榕、槐等多种阔叶树的腐木上，丛生，常屋瓦状叠生。目前人工培植以段木和袋装培养基为基体。黑木耳色泽黑褐，质地呈胶质状透明，薄而有弹性；味甘，性平，有益气强生、活血、止血效能。

2.毛木耳

在温暖、潮湿季节，毛木耳生于枯枝、枯干上。与黑木耳相比，毛木耳耳片大、厚、质地粗韧，硬脆耐嚼，且抗逆性强，易栽培。毛木耳具有较高的药物价值，它具有滋阴强壮、清肺益气、补血活血、止血止痛等功用，是纺织和矿山工人很好的保健食品。据日本的资料报道，毛木耳背面的绒毛中含有丰富的多糖，是抗肿瘤活性最强的六种药用菌之一。

（二）多孔菌科

1.云　芝

云芝又称彩云革盖菌或瓦菌，是多孔菌科植物云芝的子实体或菌丝体。云芝生于多种阔叶树的枯立木、倒木、枯枝及衰老的活立木上，偶见生于落叶松、黑松等针叶树腐木上。云芝是一种大型珍贵药用真菌，可健脾利湿，止咳平喘，清热解毒，抗肿瘤。

2.血红栓菌

血红栓菌隶属多孔菌科栓菌属木腐菌，多生于栎、槭、杨、柳、枫香、桂花等阔叶树上，极少生于松木上。血红栓菌可药用，有生肌、行气血、止湿痰、除风湿、止痒、顺气、止血，以及有抑制癌细胞作用。此外，其子实体含有对革兰氏阴、阳性菌有抑制作用的多孔蕈素，民间用于消炎。

3.毛云芝

毛云芝生于杨、柳等阔叶树活立木、枯立木、死枝杈或伐桩上。毛云芝可供药用，民间用于除风湿、疗肺疾、止咳、化脓、生肌。毛云芝对小白鼠肉瘤180和艾氏癌抑制率分别为90%和80%。毛云芝属木腐菌，导致木材形成海绵状白色腐朽，往往生长在木耳段木上，被视为“杂菌”。

4.桦褶孔菌

桦褶孔菌夏秋季在桦、椴、槭、杨、栎等阔叶树腐木上呈覆瓦状生长，有时生于云杉、冷杉等针叶树腐木上，被侵害活立木、倒木、木桩等木质部形成白色腐朽。桦褶孔菌能产生甘露糖、鼠李糖，可用作生物试剂，产生岩藻糖和草酸用于轻工印染、漂洗、制造蓝墨水、涂料等；可药用，是山西中药“舒筋丸”原料之一，治腰腿疼痛、手足麻木、筋络不舒、四肢抽搐等病症，能追风、散寒、舒筋、活络。

5.木蹄层孔菌

木蹄层孔菌又称木蹄，其子实体大至巨大，马蹄形，无柄。木蹄层孔菌多年生，生于栎、桦、杨、柳、椴、榆、水曲柳、梨、李、苹果等阔叶树干上或木桩上，往往在生境阴湿或较黑暗的生境出现棒状畸形子实体。木蹄层孔菌可药用，有消积化瘀作用。木蹄层孔菌对小白鼠肉瘤180的抑制率达80%，可用于治疗食道癌、胃癌、子宫癌等。

（三）鸡油菌科

1.鸡油菌

鸡油菌多于秋季雨后生在混交林的地上。鸡油菌子实体含维生素A，可药用，具有清目、利肺、益肠胃的功效；经常食用，可以预防视力失常、眼结膜炎、夜盲、皮肤干燥、黏膜失去分泌能力，可抵抗某些呼吸道及消化道感染的疾病。

2.小鸡油菌

小鸡油菌生于阔叶树林中地上。小鸡油菌药食兼用，子实体性寒、味甘；有健脾益胃、明目、利肺作用；可预防消化道、呼吸道感染，夜盲症，维生素缺乏症引起的皮肤干燥，角膜软化症、眼干燥而致的夜盲。

（四）灵芝科

1.灵　芝

灵芝生于壳斗科植物树桩腐木上。灵芝可药用，子实体性温、味淡；有滋补强壮、宁心安神、止咳平喘、消炎止痛、清热解毒作用。灵芝适用于治疗神经衰弱、失眠、耳鸣、腰膝酸软、慢性支气管炎、哮喘、肝炎、高血压、冠心病、心律失常、高胆固醇症、脾胃虚弱、精神疲劳、白细胞减少症、糖尿病、鼻炎等。

2.树　舌

树舌生于阔叶树腐木上。树舌可药用，子实体平、味微苦；有消炎止痛、活血祛瘀、益肺化痰、止血的功效；适用于治疗胃及十二指肠溃疡、慢性胃炎、风湿性肺结核、食道肿瘤、乙型肝炎等。

（五）侧耳科

鳞长扇菇成群地生在阔叶树腐木上或树桩上。其子实体较小；菌盖扇形，浅土黄色，表面有麦皮状小鳞片。鳞长扇菇野菇是木栖腐生的小菇类，直接食用会引起中毒，但磨成粉之后可外敷，有治疗外伤出血之药效。

（六）马勃科

1.梨形马勃

梨形马勃常在夏秋季草原、草地等处砂地上群生，其子实体基部有根状菌丝索固着在砂土上。梨形马勃性平味辛，无毒。含精氨酸、干酪氨基酸、类脂质、马勃素等，还含有磷酸钠、铝、镁、硅酸、硫酸盐等。功能清肺、利咽、解热、止血，主治咽喉痛、失音、冻疮等。

2.头状马勃

头状马勃包被两层，均薄质，很薄，紧贴在一起，淡茶色至酱色，初期具微细毛，逐渐光滑，成熟后上部开裂并成片脱落。头状马勃幼时可食用，成熟后可药用，有生肌、消炎、消肿、止痛作用。从发酵液分离出广抗菌谱的马勃菌酸，对革兰氏阳性、阴性菌及真菌有效。

（七）牛肝菌科

1.美味牛肝菌

美味牛肝菌夏秋季在林中地上单生或散生。可食用，是优良野生食用菌。其菌肉厚而细软、味道鲜美，含有人体必需的8种氨基酸，还含有腺膘呤、胆碱和腐胺等生物碱，可药用，治疗腰腿疼痛、手足麻木、四肢抽搐，还可用以治妇女白带症。美味牛肝菌可与冷杉、铁杉、桦、鹅耳枥、山毛榉、栎、悬铃木、山杨、榆、高山松、云南松等树木形成菌根。目前不能人工栽培子实体，但可利用菌丝进行深层发酵培养。

2.乳牛肝菌

乳牛肝菌为野生食用菌，子实体伞状，口感滑爽，肉质细嫩，营养丰富，富含人体必需的多种氨基酸，对增强人体免疫系统有较好的作用，可分为红乳牛肝菌和白乳牛肝菌两种。乳牛肝菌味较好，菌根菌，可与马尾松建立共生关系，民间有采食，并已深加工，菌根利用正在研究阶段。

（八）白蘑科

假蜜环菌夏秋季在树干基部或根部丛生，可食用，味好。假蜜环菌菌丝体初期在暗处发荧光，菌丝索黄色至黄棕色，根状扁平，不发荧光。据国内有关方面研究报道，菌丝体对胆囊炎及传染性肝炎有一定疗效。此外，假蜜环菌的菌丝体及菌索含蜜环菌香豆素、麦角甾醇和有机酸等。

（九）松塔牛肝菌科

松塔牛肝菌夏秋季于阔叶林或混交林中地上，单生或散生，往往与栗、松、栎形成外生菌根。松塔牛肝菌可食用，但有木材气味，其子实体的乙醇提取物，对小白鼠腹水癌和大白鼠吉田瘤均有抑制作用。

（十）红菇科

1.绒白乳菇

绒白乳菇夏秋季在混交林中地上群生、散生，尤多在栎、石栎等硬木材树种林下。绒白乳菇记载有毒，但经过加工处理后可食用。绒白乳菇制成“舒筋丸”，可治疗腰腿疼痛、手足麻木、筋骨不适，四肢抽搐。

2.正红菇

正红菇于夏秋季阔叶林中地上群生，可与乌榍栲等树木形成菌根。正红菇可食，味好，除食用外也供药用，福建民间以此菇加青仁、黑豆、赤肉炖服，治产妇贫血。

（十一）粪锈伞科

田头菇是中温性菌类，其出菇适温范围较广，一般春秋两季自然发生于杨、柳、枫、榕、小叶榕等阔叶树的枯死树干和腐朽的树桩及埋于土内的树根上。田头菇是一种世界性食用菌。据资料，田头菇体含还原糖29.96%，总糖54.36%，粗蛋白27.51%，氨基酸含量丰富，人体八种必需氨基酸齐全，其中赖氨酸含量高达1.75%。因此，田头菇是一种食用价值很高的伞菌。田头菇又具有一定药用价值，性甘、淡，味平，功能利尿渗湿，健脾止泻，清肺热，平肝明目。在闽西北地区，民间有用风干保存的田头菇治胃冷、胃炎水肿的传统，疗效甚佳。

二、菌类资源多样性保护与开发利用的策略与建议

对牯牛降保护区野生大型真菌种类进行的调查统计，为今后综合开发利用该区大型真菌资源提供重要的参考资料，但在开发过程中应做到：

（1）掌握资源现状，加强政府管理，注意将大型真菌资源开发利用与保护生态环境结合起来，遵守“物尽其用、综合开发、持续利用，获得最大经济效益和生态效益”的原则。

（2）加强有重要经济开发价值的大型真菌生物学相关方面的基础研究（可依靠高校的有关院系或成立相应的研究机构），为其开发利用提供理论依据。

（3）对于有价值的野生种类资源，应变野生为半野生或家生，建立大型真菌生

产基地，形成一定的生产规模，为农民创收和产品出口打下良好的基础。

（4）由政府支持（政策、资金等）建立一定数量的大型真菌深加工企业，创建知名品牌，提高产品附加值，以满足日益增长的社会需求，从而为该地区的经济发展带来新的活力和新的经济增长点。

第五章　昆虫多样性

牯牛降地区属于古北区与东洋区交界地带的东部，亚热带和温带种类混合导致了该地区昆虫的多样性。由于持续有效的保护，牯牛降保护区形成了高度丰富的昆虫物种多样性，一些新物种不断在牯牛降被发现，一些珍稀昆虫也在牯牛降现身。多样性的昆虫资源成为牯牛降保护区重要的资源和生态系统的主要组分，其重要特点是有虫无害。

牯牛降保护区已进行的科考显示了该地区丰富的昆虫多样性。丁玉洲等在牯牛降科学考察中记录了昆虫550种；在孟绪武主编的《安徽省昆虫名录》中，记录了采自牯牛降保护区的昆虫物种；近年来，由于牯牛降地区的独特地理环境，吸引了众多的昆虫分类学家前往采集标本，在一些论文资料中也有分布于牯牛降保护区的物种记录，其中新种10种，牯牛降保护区成为一些新种和模式种的产地。前期资料中，已记录牯牛降昆虫15目104科610种，如表5-1所示，其中鳞翅目（Lepidoptera）科数最多，达34个，鞘翅目（Coleoptera）和同翅目（Homoptera）次之，均为18个科，膜翅目（Hymenoptera）和半翅目（Hemiptera）科数分别为9个和8个。记载资料中，就物种数量来看，鳞翅目的物种数最高，达371种，鞘翅目次之，为79种。

表5-1　牯牛降保护区已报道的昆虫各目物种数

目	科 数	物种数
弹尾目 Collembola	1	1
蜻蜓目 Odonata	5	10
蜚蠊目 Blattaria	2	3
等翅目 Blattaria	2	36
革翅目 Dermaptera	1	1
直翅目 Orthoptera	2	2
同翅目 Homoptera	18	45

续 表

目	科数	物种数
半翅目 Hemiptera	8	40
鞘翅目 Coleoptera	18	79
脉翅目 Neuroptera	1	2
长翅目 Mecoptera	1	2
毛翅目 Trichoptera	1	2
鳞翅目 Lepidoptera	34	371
双翅目 Diptera	1	1
膜翅目 Hymenoptera	9	15

从各科来看，物种数最高的是夜蛾科（Noctuidae）56种、尺蛾科（Geometridae）54种和螟蛾科（Pyralidae）51种；物种数量较高的还有天牛科（Cerambycidac）24种、鼻白蚁科（Rhinotermitidae）22种、毒蛾科（Lymantriidae）20种、蝽科（Pentatomidae）17种、蛱蝶科（Nympalidae）17种、刺蛾科（Limacodidae）17种、叶蝉科（Cicadellidae）16种、金龟甲科（Scarabaeidae）16种、弄蝶科（Hesperiidae）16种、苔蛾科（Lithosiidae）16种、白蚁科（Termitidae）14种、灯蛾科（Arctiidae）12种、舟蛾科（Notodontidae）10种。

丁玉洲指出牯牛降鳞翅目的蛾类以东洋界为主，占52.8%，广布型种类占44%。因此，牯牛降昆虫区系的特点体现在处于东洋区和古北区昆虫种类交错生存的广阔过渡地带南缘，其中东洋界种类明显占优势，同时生活着大量的广布型种类。

本次调查在查阅前期资料基础上，进一步获得牯牛降保护区部分昆虫类群的物种数量，并对已报道的昆虫多样性组成、昆虫资源的保护和利用进行分析，旨在进一步摸清牯牛降保护区昆虫物种多样性，并为昆虫资源的保护和利用提供参考。

第一节　研究方法

一、调查方法

本次采集使用路线调查、定点采集的方法，其中路线调查根据生境类型和实际路况进行，定点采集结合典型生境类型。采集以捕虫网捕获、扫网捕获、直接捕获、马来氏网诱集、灯诱捕获、饲养、寄主诱集等方法为主。采集共分4次进行，分别为2012年5月、6月、8月，2013年4月和10月。采集标本经75%和95%酒精浸泡或干制处理，对部分昆虫进行野外生态照片拍摄。标本带回实验室并进行初步的归类统计，共获得标本1 320余号。

二、昆虫标本制作与分类检索

对采集标本进行标本制作，一些大型种类以干制标本为主，一些小型昆虫主要以浸制标本为主，同时结合分类资料对昆虫标本进行分类检索。安徽师范大学胡好远教授参与部分标本鉴定并负责牯牛降昆虫鉴定工作的协调；直翅目的部分标本经河北大学石福明教授鉴定，鞘翅目部分标本经北京农林科学院植物保护环境保护研究所虞国跃研究员、安徽大学万霞副教授和华中农业大学付新华副教授鉴定，鳞翅目部分标本经中国科学院动物研究所陈付强博士鉴定，广翅目标本经中国农业大学刘星月副教授鉴定。同时，对国内外已发表或已报道的牯牛降昆虫多样性进行检索。

三、昆虫群落多样性分析

根据鉴定并结合文献记载的牯牛降昆虫资料显示，牯牛降保护区昆虫物种806种（包括蝶类）。由于大部分物种的数量信息未知，根据现有名录，计算分析牯牛降昆虫各目物种多样性D_F、物种多样性D_G，以及标准化的G–F指数。

F指数，D_F：在一个特定的昆虫目K：$D_{FK}=-\sum_{i=1}^{n}p_i\ln p_i$

其中：$p_i=s_{ki}/S_k$，S_k=名录中k目中的物种数，s_{ki}=名录中k目i科中物种数，n=k目中的科数。

昆虫类群F指数：$D_F=\sum_{k=1}^{m}D_{FK}$

其中：m=名录中昆虫目数。

G指数，D_G：$D_G=-\sum_{j=1}^{p}D_{Gi}=-\sum_{j=1}^{p}q_j\ln q_j$

其中$q_j=s_j/S$，S=名录中昆虫物种总数，s_j=j科中的物种数，p=昆虫科数。

G–F指数：$D_{G-F}=1-\dfrac{D_G}{D_F}$

第二节　结果与分析

一、昆虫部分目科种组成概况

本次科学考察共采集获得标本1 230余号，经整理鉴定昆虫164种（不包括蝶类），详见附录5，分属昆虫纲12目67科，如表5-2所示。牯牛降保护区昆虫新记录的科为春蜓科（Gomphidae）、螳螂科（Mantidea）、蝗科（Acrididae）、蟋蟀科（Gryllidae）、螽斯科Tettigoniidae）、蝼蛄科（Gryllotalpidae）、绒蚧科（Pseudococcidae）、蝎蝽科（Nepidae）、网蝽科（Tingidae）、水龟虫科（Hydrophilidae）、吉丁甲科（Buprestidae）、臂金龟科（Euchiridae）、花金龟科（Cetoniidae）、鱼蛉科、齿蛉科、蚁蛉科、广肩小蜂科（Eurytomidae）、金小蜂科（Pteromalidae）、大腿小蜂科（Chalcididae）、旋小蜂科Eupelmidae）、跳小蜂科（Encyrtidae）、蚜小蜂科（Aphelinidae）、缨小蜂科（Mymaridae）、姬小蜂科（Eulophidae）、长尾小蜂科（Torymidae）、榕小蜂科（Agaonidae），其中膜翅目10个科。新记录的物种数为109种，其中膜翅目最多，为24种。

表5-2　牯牛降保护区昆虫组成

目	科	种数	目	科	种数
蜻蜓目 Odonata	蜻科 Libellulidae	8	广翅目 Megaloptera	鱼蛉科 Corydalidae	1
	春蜓科 Gomphidae	3		齿蛉科 Corydalidae	2
蜚蠊目 Blattaria	姬蠊科 Blattellidae	1	脉翅目 Neuroptera	蝶角蛉科 Ascalaphidae	1
螳螂目 Mantedea	螳螂科 Mantidea	2		蚁蛉科 Myrmeleontidae	1
直翅目 Orthoptera	蝗科 Acrididae	1	长翅目 Mecoptera	蝎蛉科 Panorpida	1
	蟋蟀科 Gryllidae	1	鳞翅目 Lepidoptera	卷蛾科 Tortricidae	2
	螽斯科 Tettigoniidae	13		螟蛾科 Pyralidae	7
	蝼蛄科 Gryllotalpidae	1		透翅蛾科 Aegeriidae	1
同翅目 Homoptera	蝉科 Cieadidae	3		袋蛾科 Psychidae	3
	叶蝉科 Cicadellidae	4		斑蛾科 Zygaenidae	1

续 表

目	科	种数	目	科	种数
	蜡蝉科 Fulgoridae	1		刺蛾科 Limacodidae	4
	蛾蜡蝉科 Flatidae	1		尺蛾科 Geometridae	8
	粉虱科 Aleyrodidae	2		毒蛾科 Lymantriidae	3
	绵蚧科 Margarodidae	1		灯蛾科 Arctiidae	1
	粉蚧科 Pseudococcidae	1		鹿蛾科 Amatidae	1
	蚧科 Coccidae	2		苔蛾科 Lithosiidae	1
	绒蚧科 Pseudococcidae	1		天蛾科 Sphingidae	3
半翅目 Hemiptera	蝎蝽科 Nepidae	1		大蚕蛾科 Saturniidae	4
	蝽科 Pentatomidae	4	膜翅目 Hymenoptera	广肩小蜂科 Eurytomidae	5
	网蝽科 Tingidae	2		金小蜂科 Pteromalidae	6
鞘翅目 Coleoptera	步甲科 Carabidae	1		大腿小蜂科 Chalcididae	1
	水龟虫科 Hydrophilidae	1		旋小蜂科 Eupelmidae	2
	吉丁甲科 Buprestidae	1		跳小蜂科 Encyrtidae	2
	萤科 Lampyridae	4		蚜小蜂科 Aphelinidae	1
	芫菁 Meloidae	1		缨小蜂科 Mymaridae	1
	瓢虫科 Coccinellidae	7		姬小蜂科 Eulophidae	1
	金龟甲科 Scarabaeidae	2		长尾小蜂科 Torymidae	1
	犀金龟科 Dynastidac	1		榕小蜂科 Agaonidae	2
	臂金龟科 Euchiridae	1		蜾蠃科 Eumenidae	1
	花金龟科 Cetoniidae	1		木蜂科 Xylocopidae	1
	锹甲科 Lucanidae	1		蜜蜂科 Apidae	1
	天牛科 Cerambycidac	15		青蜂科 Chrysididae	1
	叶甲科 Chrysomelidae	3			
	象甲科 Curculionidae	1			

二、昆虫资源多样性分析

经鉴定和资料调研，牯牛降保护区目前共记录昆虫类物种17目132科806种（包括蝶类）。计算获得牯牛降保护区已知昆虫各目的F指数和昆虫多样性的G指数和G-F指数，分别为17.22、4.09和0.76。各个目的F指数差异明显，如表5-3所示。

表5-3　牯牛降保护区各目昆虫多样性指数

目	科数	物种数	F指数	目	科数	物种数	F指数
鳞翅目 Lepidoptera	36	466	2.91	广翅目 Megaloptera	2	3	0.64
膜翅目 Hymenoptera	19	38	2.74	脉翅目 Neuroptera	2	4	0.56
鞘翅目 Coleoptera	22	109	2.46	长翅目 Mecoptera	1	3	0
同翅目 Homoptera	19	53	2.37	螳螂目 Mantedea	1	3	0
半翅目 Hemiptera	10	44	1.79	毛翅目 Trichoptera	1	2	0
蜻蜓目 Odonata	6	19	1.41	双翅目 Diptera	1	1	0
直翅目 Orthoptera	6	19	1.41	弹尾目 Collembola	1	1	0
等翅目 Blattaria	2	36	0.67	革翅目 Dermaptera	1	1	0
蜚蠊目 Blattaria	2	3	0.64				

注:包括蝶类。

1.鳞翅目

在牯牛降保护区，鳞翅目记录的物种数量达466种（包括蝶类），其F指数最高，为2.91。鳞翅目多样性高与牯牛降保护区植被丰富相关，鳞翅目昆虫幼虫多存在对特定植物类型的寄主专一性，多样性的植被为鳞翅目昆虫提供了充足的寄主植物。鳞翅目幼虫一般被认为是植被的重要食叶或食茎种类，多样性的鳞翅目昆虫也为其他捕食或寄生性昆虫以及鸟类等脊椎动物提供了充足的食物来源。对牯牛降保护区73种鸟类胃中食物组成的分析表明，绝大部分鸟类以鳞翅目、直翅目和鞘翅目等昆虫及虫卵、植物种子或果实为食，其中昆虫是鸟类食物的最主要组成部分，如林区的大斑啄木鸟和黑枕绿啄木鸟善于捕食天牛幼虫、蜻象、金龟子等，灰喜鹊、杜鹃、黑枕黄鹂和大山雀等善于捕捉松毛虫等鳞翅目幼虫。鸟类及其他捕食性脊椎动物以及捕食性昆虫在维持牯牛降保护区鳞翅目昆虫种群密度上起着重要作用，控制这些潜在害虫种群密度，使之不会爆发成为虫害。

2.鞘翅目

鞘翅目是昆虫纲第一大目，也是所有生物类群中物种数最多的一个目。通过本次调查和资料记录，共整理并鉴定了鞘翅目步甲科、水龟虫科、吉丁甲科、萤科、芫菁、瓢虫科、金龟甲科、犀金龟科、臂金龟科、花金龟科、锹甲科、天牛科、叶甲科和象甲科109个物种。鞘翅目F指数为2.46，这与鞘翅目在昆虫中的地位并不相符。究其原因可能是牯牛降保护区的鞘翅目昆虫尚有大量未知种类，国内一些单位已经在牯牛降保护区进行了比较系统的研究，如上海师范大学等单位，已经在牯牛降发现隐翅虫科新种6种，但还需要更多的鞘翅目的专家进行深入研究。

3. 膜翅目

膜翅目的*F*指数为2.79，这与本次调查对膜翅目的物种记录有关，其较高的多样性值也与记录的物种分布均匀度高有关。本次调查，记录了膜翅目细腰亚目小蜂总科的广肩小蜂科、金小蜂科、大腿小蜂科、旋小蜂科、跳小蜂科、蚜小蜂科、缨小蜂科、姬小蜂科、长尾小蜂科和榕小蜂科10个科。这些小蜂总科的寄生蜂绝大多数为鳞翅目、鞘翅目、同翅目等昆虫卵期、幼虫期或蛹期的寄生性天敌。它们往往存在对特定寄主类型或特定寄主种类的寄主专一性，在自然界仅仅依赖于特定寄主才能生存，高度多样性的鳞翅目等寄主昆虫为这些寄生蜂提供了生存的必要条件。

4. 直翅目

直翅目昆虫也是物种多样性较高的类群之一，但遗憾的是，目前对牯牛降保护区直翅目的区系研究较少，对直翅目物种缺乏记载，这是直翅目昆虫的F指数相对较低的主要原因。牯牛降可能具有丰富度很高的直翅目昆虫物种并具有一定的独特性，本次调查记录的螽斯科物种数就多达13种。陕西师范大学的郑泽民教授在牯牛降保护区发现的新物种安徽微翅蚱（*Alulatettix anhuiensis* Zheng）也反映了牯牛降保护区直翅目物种具有独特性。

5. 其他

蜻蜓目、广翅目和脉翅目等类群昆虫多数为重要的捕食性天敌，本次调查首次记载了牯牛降保护区广翅目鱼蛉科和齿蛉科2科3个物种，补充记载了蜻蜓目昆虫11种、脉翅目昆虫1种。牯牛降保护区的长翅目、弹尾目、革翅目、毛翅目、双翅目和螳螂目昆虫目前仅记录单个科，多样性指数最低，其中双翅目是比较大的目，但已记录的物种数量较少，反映了双翅目等类群的物种多样性工作亟须加强。

三、昆虫资源的保护与利用

昆虫是自然界重要的物种多样性组成部分，其中植食性昆虫是生态系统食物链上重要的初级消费者，组成了生态系统中物质和能量循环的关键环节。昆虫中也有一些捕食性和寄生性的种类，作为次级消费者而存在，对植食性的初级消费者起着重要的调控作用。腐生性昆虫是自然界的“清道夫”，对生态平衡的贡献功不可没。在历史上，智人出现之前，昆虫与周围的环境之间已经建立了密切的依赖关系，人类的出现特别是农林业等的发展，给昆虫带来巨大的影响。在人类改造与利用自然过程中，昆虫与人类形成了复杂而密切的关系。

一般说来，人类会根据自身的经济价值观和健康观念将昆虫分为益虫和害虫两大类，但昆虫就其本身而言是自然界中物种多样性的重要组成，多数情况下很难用益虫和害虫来区分。在牯牛降自然保护区，昆虫是作为物种多样性的重要组成而存在，有虫无害是昆虫群落的重要特点。除了在20世纪末曾报道的松针小卷蛾（*Epinotia rubiginosana* Herrich-Schaffermuller）爆发对黄山松的较大危害外，此后再无重大虫害发生，这也说明了牯牛降保护区昆虫群落的有虫无害特点，进一步揭示了牯牛降保护区生态系统的稳定性。

（一）珍稀昆虫

随着社会经济的发展，一些昆虫同许多保护性的物种一样，面临着重大威胁，为了更好地对这些昆虫进行保护，一些昆虫也被列入保护性物种名录。在牯牛降保护区发现了国家Ⅱ级重点保护昆虫阳彩臂金龟（*Cheirotonus jansoni* Jordan），如图5-1所示，该物种已濒临灭绝。采集点为观音堂附近，雄虫在路边检获，已被碾压；雌虫前足也已经折断，濒临死亡。

图5-1 牯牛降保护区采集的阳彩臂金龟（左雄，右雌）（陈 伟 采集）

阳彩臂金龟成虫体大型，具光泽，足发达，雌雄异型。雄虫体长46~60 mm，宽24~32 mm。头面密布皱纹，唇基深凹。前胸背板中纵沟深显，布圆大刻点，侧缘前段近斜直，锯齿形，后段强烈内弯，有2~3枚长锐齿突，后侧角锐而突出；前足股节前缘中段仅有一小齿突。头面、前胸背板和小盾片呈金绿色光亮，足、鞘翅大部黑色，有时有暗铜绿色泛光。阳彩长臂金龟的雌虫常蛰伏在具有丰富腐殖质的洞穴里，深居简出，雄虫通过很长的前足伸进洞口以试探洞内雌虫，并用前足触碰和抚摸雌虫，引诱雌虫交配，雌虫通常在夏季将卵产在朽木中，幼虫以朽木为食，至第二年夏天老熟化蛹渡过第二个冬天，第三年春天才能羽化为成虫，并在夏初再次交尾。

导致阳彩臂金龟濒危的原因主要有灯光污染和生境破坏。由于成虫具有很强的趋光性，人工灯光的增设，导致长臂金龟异常死亡；森林面积的减少以及森林破碎化使其适宜生境日趋减少，而长臂金龟本身的生殖能力并不强，且幼虫期比较长，对环境要求比较高，对环境变化也比较敏感，适应能力差。这两方面原因是该物种走到绝灭的边缘的重要原因。在对阳彩臂金龟的保护方面，根据上述分析可见，在保护区应注意旅游开发时的灯光设置，尽量避免因旅游开发而导致的负面影响，但更为重要的是应该维持生态系统的稳定和平衡。

阳彩长臂金龟的发现说明了牯牛降保护区在物种多样性保护方面的巨大贡献，但也带来如何进一步保护该物种的难题。保护稀有濒危物种是保护生态系统安全的最基本工作，对于珍稀昆虫的保护需要从生态系统保护角度去认识，从昆虫的栖息环境、物种多样性角度进行。

（二）传粉昆虫

传粉是昆虫在自然界的重要功能，对虫媒植物的结实率起着关键性的作用。在牯牛降保护区，存在大量传粉性昆虫，包括膜翅目、双翅目、鞘翅目、鳞翅目、直翅目、缨翅目和半翅目等类群。一般认为膜翅目、双翅目和鞘翅目组成了传粉昆虫的主要类群，膜翅目占全部传粉昆虫的43.70%，双翅目占28.40%，鞘翅目占14.10%。

膜翅目是自然界传粉昆虫中种类最多、数量最大的类群，其中蜂类、蚁类等均有一定的传粉作用。蜜蜂类因其形态特征和生理及行为上的特殊条件而成为传粉作用最突出昆虫类群。蜜蜂与植物有漫长的协同进化关系，具有较长的口器和特有采粉器官（如花粉篮和腹毛刷），吸食花蜜而不伤害花朵，体表多毛易沾花粉，特别是其幼虫期和成虫期对花粉及花蜜的需求，致使它们终日飞翔于花丛中，并有着较高的访花频率。在牯牛降昆虫多样性组成中，已记录的蜜蜂总科类群中仅包括中华木蜂（*Xylocopa sinensis*）和木蜂属（*Xylocopa*）的两个未知种，斯熊蜂（*Bombus speciosus*）、中华蜜蜂（*Apis cerana*）和蜜蜂属（*Apis*）的1个未知种。对牯牛降保护区双翅目的记录几乎是空白，对膜翅目类和双翅目类传粉昆虫的多样性仍有待于进一步深入研究。以鞘翅目甲虫类作为传粉介体的花通常具有花朵较大、不特化、无蜜腺、气味强烈、花粉所处位置易于采食等特征，如木兰属的植物。牯牛降保护区已记录的金龟甲科、叶甲科、隐翅甲科、芫菁科和天牛科均可以作为大型花植物的传粉媒介。

（三）天敌昆虫

牯牛降保护区的天敌昆虫组成主要包括捕食性天敌和寄生性天敌，其在控制害虫爆发和危害上具有举足轻重的地位。捕食性天敌主要有蜻蜓目、螳螂目、半翅目的猎蝽等捕食性蝽类，鞘翅目的瓢虫等类群，以及脉翅目、广翅目和膜翅目的一些蜂类。在牯牛降保护区蜻蜓和广翅目的鱼蛉和齿蛉类等是常见的空中捕食者，蜻蜓类常常在空中捕食迁飞型蚜虫、蚧虫雄虫、木虱类、瘿蚊类成虫及部分蝶蛾类成虫等。螳螂类群、捕食性蝽类等在植物表面或地面对害虫进行捕食。鞘翅目中的瓢虫具有较高的丰富度，本次调查和资料记载的黄斑盘瓢虫（*Coelophora saucia*）、龟纹瓢虫（*Propylea japonica*）、红肩瓢虫（*Harmonia dimidiata*）、异色瓢虫（*Harmonia axyridis*）、六斑月瓢虫（*Cheilmenes sexmachlata*））和黄宝盘瓢虫（*Pania luteopustulata*）等均是捕食性种类；鞘翅目的虎甲类群、隐翅虫类群也是重要的捕食性天敌；膜翅目的蜾蠃、胡蜂和马蜂等蜂类也具有重要的捕食作用。丰富的捕食性天敌在维持昆虫物种多样性和生态平衡中起着重要的作用。

牯牛降保护区的寄生性昆虫资源主要为膜翅目的寄生蜂类。经过本次考察，鉴定的小蜂总科中广肩小蜂、金小蜂、大腿小蜂、旋小蜂、跳小蜂、蚜小蜂、缨小蜂、姬小蜂和长尾小蜂9个科的寄生性天敌资源中，以金小蜂科物种多样性最多。克什米尔平腹小蜂（*Anastatus kashmirensis*）寄主包括舞毒蛾（*Lymantria dispar*）等蛾类的卵，该寄生蜂曾从印度引种到北美，控制北美的舞毒蛾危害。异足蚜小蜂（*Aphelinus varipes*）能对多类蚜虫进行寄生。多胚生殖的角胚跳小蜂（*Copidosomopsis*）能对多种螟蛾类昆虫幼虫进行寄生。扁角跳小蜂（*Anicetus*）和柄翅缨小蜂（*Gonatocerus*）可寄生一些蚧虫。金小蜂（*Pteromalus*）、娜金小蜂属（*Lariophagus*）和（*Peridesmia*）能够寄生叶甲、叩甲、象甲等多种甲虫类昆虫。蝇蛹金小蜂（*Pachycrepoideus vindemmiae*）、黑俑小蜂（*Spalangia nigra*）以及尖角小蜂（*Callitula*）可以对实蝇、果蝇、潜蝇等多种蝇类以及瘿蚊类昆虫的蛹进行寄生。本次调查仅针对了小蜂总科的部分寄生性天敌，对茧蜂类等寄生蜂、寄蝇类等其他寄生性天敌的研究尚需进一步调查才能更深层次探讨牯牛降保护区寄生性天敌的组成和功能。

（四）观赏昆虫

牯牛降保护区存在大量的观赏性昆虫，除碟类外，牯牛降保护区的昆虫中双叉犀金龟（又名独角仙）为常见的观赏昆虫。双叉犀金龟：成虫体大型，深棕褐色，具光泽，足发达，雌雄异型。雄成虫体长39～56 mm（含头角体长62 mm），宽22.0～30.2 mm，头正面具大而明显的角突，端部双分叉；前胸背板有一端部分叉的小型角状突起。雌成虫体长37～46 mm，宽21.6～25.5 mm，头部、前胸背板无角状突起，头中央具椭圆形瘤状突起，其上有3个小瘤，中间较大，顶端尖，前胸背板中央具一椭圆形较浅的凹窝。

四、昆虫资源保护和管理的建议

牯牛降保护区丰富的昆虫资源与保护区其他动植物和微生物以及环境因素间形成了相对稳定的生态系统，自保护区成立以来，对昆虫多样性的保护成效日益显著。对昆虫多样性的保护和管理，重点是如何防止人类的干扰，让昆虫在其自身的生态环境中持续发展。

1.加强植物害虫检验

随着社会经济的发展，贸易往来日益频繁，物种间的交流也更加频繁，一些入侵性物种也随之传播。由于天敌的缺乏、植被状况特点、土壤和气候等因素差异，入侵性物种常常给生态系统带来灾难。为了防止检验性害虫的进入和传播蔓延，大多数国家和政府部门都依法采用了植物害虫检疫，来防止检验性危险害虫的生态入侵。在牯牛降保护区周边地区，一些检验性害虫正在蔓延为害，主要有以下几类：

（1）检验性鞘翅目害虫青杨脊虎天牛（*Xylotrechus rusticus*）。该害虫属鞘翅目天牛科，在国内目前分布于辽宁、吉林、黑龙江、内蒙古等地，上海也有报道发现。其寄主包括杨、柳、桦木、栎、水青冈、椴树、榆等多种植物，是危害多种阔叶树的毁灭性蛀干害虫，在东北地区对杨树为主的防护林区危害十分严重。

（2）检验性同翅目害虫松突圆蚧（*Hemiberlesia pitysophila*）。该害虫属同翅目盾蚧科，在国内主要分布于台湾、香港、澳门、广东、福建和广西，主要为害马尾松、湿地松等多种松属植物，常造成松树枯叶、枯梢，甚至整株枯死。

（3）检验性鳞翅目害虫美国白蛾（*Hlyphantria cunea*）。该害虫又名美国灯蛾、秋幕毛虫、秋幕蛾，属鳞翅目灯蛾科，目前分布于辽宁、河北、山东、北京、天津、陕西、河南、吉林等地，在安徽宿州市和芜湖市已有发现报道。该害虫为多食性种类，桑、白蜡槭（糖槭）、胡桃、苹果、梧桐、李、樱桃、柿、榆和柳等树种均是其主要为害对象，尤其以阔叶树为重。

除了上述重点物种外，还存在其他类型的检验性或入侵性害虫。本次调查，在牯牛降保护区周边地区发现入侵性的悬铃木方翅网蝽（*Corythucha ciliata*），严重为害行道树悬铃木。该害虫属于半翅目网蝽科，国家林业局将其增列入我国林业危险性有害生物名单，主要危害悬铃木属植物。自2002年在武汉发现该害虫以来，已入侵华东、华中、华南大部分地区，在安徽黄山、芜湖、合肥、宣城等地均可见，能导致悬铃木叶片提早枯黄、脱落并能携带一些病菌加剧对植物的危害程度。此外，在牯牛降保护区周边存在的松墨天牛也是重要的检疫对象。

2.减少人类活动的干扰，维持自然生态平衡

牯牛降保护区因其独特的生态环境、丰富的野生动植物资源和瑰丽的自然景观而成为生态旅游的佳境。但在进行旅游开发的同时，应加强对自然生态环境的保护，避免生态环境的片面化、岛屿化。在开发旅游区景点和道路时，应注意灯光、工程等对生态环境格局的影响。在对本土性病虫害的防控中，应尽量避免使用农药等化学药剂，对各类型昆虫不应过多地做害虫和益虫区分而加以人为的清除。除非害虫大规模爆发的情况下，一般不使用农药等化学杀虫剂。

有虫无害是牯牛降保护区昆虫群落的重要特点，相对稳定的生态系统是该格局形成的最主要原因。在植物类群中，牯牛降保护区的植被多样性高，人为干扰较少，均匀性程度高，这是昆虫多样性的重要基础，非单一性的植被格局也对特定害虫的爆发起着抑制作用。多样性的昆虫存在也为植被提供授粉、传播种子等作用。在动物类群中，牯牛降保护区存在多样性很高的鸟类、兽类，多样性的昆虫为这些次级消费者提供了生存必备的食物资源，而这些高级捕食者也限制了特定害虫的爆发。从昆虫本身结构来看，牯牛降保护区同时存在大量的捕食性和寄生性天敌昆虫资源，它们在控制特定害虫的爆发、维持生态平衡中的作用也是维持保护区生态系统稳定的重要原因之一。可见，昆虫是牯牛降保护区物种多样性必不可少的重要环节，是维持保护区生态平衡的关键因子之一。昆虫与其他多样性的物种一道，形成稳定而有序的生态系统。

在本次调查中，受知识和能力的限制，很多昆虫类群并未能鉴定到物种，有待在今后的工作中深入研究。对牯牛降保护区进行更多次、周期更长的科学考察，才能最终摸清牯牛降保护区昆虫本底。

第六章　蝶类多样性

根据牯牛降保护区的自然地理情况，此次蝶类资源调查在地点和海拔高度上进行科学分配，主要有石台县牯牛降的龙门景区（30°06′N，117°29′E，alt. 144~210 m）、双河口景区（30°03′N，117°28′E，alt.550~700 m）、奇峰景区（30°05′ N，117°26′E，alt. 600~1 000 m），祁门牯牛降历溪景区（N29°59′，117°29′E，alt. 400~600 m）、观音堂景区（30°01′N，117°31′E，alt. 40~400 m）等地。

第一节　研究方法

一、调查方法

本次蝶类资源调查于4月~8月在牯牛降保护区分四次进行，具体时间如下：第一次为4月13~15日、第二次为6月2~4日、第三次为7月19~24日、第四次为8月17~20日。蝶类数量调查由Poolard的路线样带法改进而来。根据蝶类的活动规律，每天在蝴蝶活动最频繁的时间即早晨10：00 ~ 17：00时进行，主要为12：00 ~ 16：00。每次5人在选定区域内沿一定样线前进约4 h，每小时前进约2 km，网捕采集路线两侧2.50 m以内的蝶类，作为种类鉴定和数量统计的依据。

标本鉴定主要通过外部形态依据《中国蝶类志》《中国蝴蝶原色图谱》《中国蝶类图谱》《中国灰蝶志》等进行鉴定，外部形态接近难于区分的种类通过生殖器的解剖鉴定。

二、数据分析方法

物种丰富度由Margalef模型计算：d_s=（S-1）/ ln$N$，其中S为种的数目，N为所有种的个体数之和。

多样性指数采用Shannon-Wiener指数公式计算：H= $-\sum P_i \ln P_i$（i=0，1，2，3，

…S)，P_i为第i个物种个体数与全部种的个体数之和的比，S为种数。

优势度指数采用Berger-Parker公式计算：D=N_{max}/N_t，N_{max}为优势种的种群数量，N_t为全部物种的种群数量。

均匀度指数采用Pielon公式计算：e = H/lnS，其中e为均匀度，S为种类数。

第二节　调查结果

本次牯牛降保护区蝶类资源调查共记录蝶类标本4 211号，经过鉴定涉及11科23亚科92属151种，详见附录6，其中凤蝶科8属19种，绢蝶科1属1种，粉蝶科5属10种，环蝶科2属2种，眼蝶科6属15种，蛱蝶科26属47种，珍蝶科1属1种，喙蝶科1属1种，蚬蝶科2属2种，灰蝶科19属27种，弄蝶科21属26种。同时，本次调查记载安徽新记录种2种，分别是大波矍眼蝶和新月带蛱蝶；列入国家“三有”动物保护名录的有5种，分别是金裳凤蝶、宽尾凤蝶、冰清绢蝶、箭环蝶、枯叶蛱蝶。

从属、种数量上看，蛱蝶科的种类最丰富，有26个属，占总属数的28.26%，如表6-1所示，属的丰富度大小顺序为：蛱蝶科＞弄蝶科＞灰蝶科＞凤蝶科＞眼蝶科＞粉蝶科＞环蝶科=蚬蝶科＞绢蝶科=珍蝶科=喙蝶科。

从种数量比较，凤蝶科种数量最多，达1 386号，占总数量的32.91%，每科种个数大小顺序为：凤蝶科＞粉蝶科＞灰蝶科＞眼蝶科＞珍蝶科＞蛱蝶科＞弄蝶科＞蚬蝶科＞喙蝶科＞环蝶科＞绢蝶科。从种类来看，较少的有绢蝶科、喙蝶科和珍蝶科，均为一属一种。

种数量最多的凤蝶科，有6种凤蝶的种群数量都达到3位数，其中青凤蝶（*Graphium sarpedon*）个体数量最多，占到整个科个体数量的25.18%。但是，菜粉蝶（*Pieris rapae*）的种群数量占整个科个体总数的37.02%，是粉蝶科和本次调查的所有物种中个体数量最大的。

在牯牛降保护区蝶类中，物种丰富度最高的为蛱蝶科，其次为凤蝶科和眼蝶科，而绢蝶科、喙蝶科和珍蝶科最低，如表6-1所示。各科中物种多样性指数最高的为凤蝶科，其次为蛱蝶科。均匀度指数环蝶科最高，其次为凤蝶科、蚬蝶科和粉蝶科。除了三个单属单种的4个科以外，其他各科，优势度指数最高的是蚬蝶科，其次是蛱蝶科。

表6-1　牯牛降保护区蝶类数量特征

科	属		种		个体		多样性指数	物种丰富度	均匀度指数	优势度指数
	属数	百分比	种数	百分比	个体数	百分比				
凤蝶科	8	8.70%	19	12.58%	1 386	32.91%	2.04	2.49	0.11	0.25
绢蝶科	1	1.09%	1	0.66%	1	0.02%	0.00	0.00	0.00	1.00
粉蝶科	5	5.43%	10	6.62%	1 148	27.26%	1.19	1.28	0.12	0.37
环蝶科	2	2.17%	2	1.33%	3	0.07%	0.64	0.91	0.32	0.67
眼蝶科	6	6.52%	15	9.93%	461	10.95%	1.34	2.28	0.09	0.45
蛱蝶科	26	28.26%	47	31.13%	308	7.31%	1.62	8.03	0.03	0.72
珍蝶科	1	1.09%	1	0.66%	330	7.84%	0.00	0.00	0.00	1.00
喙蝶科	1	1.09%	1	0.66%	5	0.12%	0.00	0.00	0.00	1.00
蚬蝶科	2	2.17%	2	1.33%	11	0.26%	0.30	0.42	0.15	0.91
灰蝶科	19	20.65%	27	17.88%	—	—	—	—	—	—
弄蝶科	21	22.83%	26	17.22%	—	—	—	—	—	—

第三节 分析与讨论

一、蝶类资源现状比较

综合研究的数据，对比安徽省近年来一些蝶类资源调查研究，如表6-2所示。结果显示，从科、属和种上看，牯牛降保护区蝶类资源较为丰富。牯牛降自然保护区、万家乡天目山北坡、清凉峰保护区、鹞落坪国家级自然保护区和大别山主峰天堂寨地区这5个地区的蝶类资源丰富，涵盖了大多数安徽省记录的科和属，种类数也都保持在3位数。从表6-2中也可看出，琅琊山国家森林公园、韭山国家森林公园、天堂寨国家级自然保护区、马鞍山地区和合肥地区的蝶类资源相比较为匮乏，属数和种数也较少。

表6-2 安徽省蝶类资源比较

安徽省内各个调查样地	科数	属数	种数	参考文献
牯牛降保护区	11	92	151	诸立新等，本研究
万家乡天目山北坡	12	91	148	诸立新等，2006
清凉峰自然保护区	11	93	139	诸立新和孙灏，2002
鹞落坪国家级自然保护区	10	69	111	王松等，2009
大别山主峰天堂寨地区	10	99	163	许国权等，2010
琅琊山国家森林公园	8	40	57	诸立新和吴孝兵，2006
韭山国家森林公园	8	59	92	王松等，2010
天堂寨国家级自然保护区	8	69	102	诸立新，2005
马鞍山地区	8	50	69	邢济春等，2007
合肥地区	5	43	63	虞磊等，2011

不同地区蝶类资源丰富度差异形成有以下几个原因：首先，蝶类对寄主的专一性很强，植被的丰富程度及种类组成是影响蝶类分布的重要因素。牯牛降保护区、万家乡天目山北坡、清凉峰自然保护区、鹞落坪国家级自然保护区和大别山主峰天堂寨地区相比较琅琊山国家森林公园、韭山国家森林公园、马鞍山地区和合肥地区的蝶类资源丰富，与植被环境有直接关系，植被的多样性和完整性决定了蝶类生存和繁衍场所的适宜性。其次，琅琊山国家森林公园、韭山国家森林公园、马鞍山地区和合肥地区这4个地区，受到的人为影响较大，森林公园游憩行为和市区或近郊的人类经济活动对蝶类生存有较为明显的影响。最后，地理区划的差异也是可能的

原因之一，皖南山区和长江以北的气候环境存在一定的差异。

从总体评价来看，牯牛降保护区蝶类资源虽然较为丰富，但是同样也暴露出一些问题。首先，菜粉蝶作为和人类活动密切相关的种是本次调查中的优势种，种群数量达到425只；作为对于环境很敏感的优良指示物种，牯牛降蝶类明显已经受到人类经济活动的影响。其次，很多蝶类的种群数量保持在个位数，甚至有很多物种只观察到1只，通过均匀度数据分析，牯牛降蝶类中许多物种的种群数量可能过小。最后，绢蝶科、喙蝶科和珍蝶科只观察到单属单种，物种多样性指数为零。这些问题凸显出牯牛降保护区蝶类多样性保护的必要性和种群规模扩大的迫切性。

二、蝶类资源多样性保护

生物多样性的研究主要包括遗传多样性、物种多样性、生态系统多样性。本次调查研究中，牯牛降蝶类的多样性保护，除了对于物种多样性的调查和保护，还应重视生态多样性和遗传多样性保护措施的制定。生态多样性是蝶类物种多样性的前提条件，而遗传多样性对于保护蝶类资源是立足根本。

三、蝶类资源的可持续利用

蝶类和周围生态环境协同进化，成为生态系统中不可或缺的重要组成部分。蝶类对环境条件和污染物颇为敏感，可作为监测环境质量的指示生物。此外，蝶类作为一种“会飞的花朵”具有很高的美学价值。各种蝶类是人们传颂千年的题材，表现出中华民族对蝶类的喜爱之情。同时，我国悠久而丰厚的蝴蝶文化根基，孕育了广阔的蝶类产品消费市场，带来了巨大的经济价值，如以蝴蝶行为和形态开发的周边产品、以蝶类为主题的生态观赏园等。

蝶类资源的保护和可持续利用，除了保护和恢复蝶类生境、依法保护加强宣传、强化科学研究的作用，还应拓展思路，在人工养殖、野外放飞和产业开发上做文章，使蝶类资源保护和利用进入良性循环轨道。

第七章　鱼类多样性

牯牛降属于亚热带湿润季风气候，但因为地形复杂，高差较大，山地局部气候和垂直气候明显。牯牛降是安徽省最大降水中心之一，同时也是安徽省空气湿度的高值区。牯牛降水系发达，是阊江和秋浦河的最高分水岭，山岭南北部均属于长江水系，水资源极为丰富，且水质良好。1983年，牯牛降科学考察共获得鱼类标本201尾，隶属4目10科20属25种。一方面，部分物种（如赤眼鳟）可能是由于人工养殖而引入的外来入侵种；另外一方面，捕鱼、药鱼现象特别普遍，如鳗鲡、波纹鳜、鲇、四川白甲鱼、台湾铲颌鱼、光倒刺鲃和宽鳍鱲等肉厚质细的物种人为捕捞更加严重。这势必会使鱼类群落遭受到严重破坏，导致鱼类自然种群下降。

本次科学考察主要有4个目标：确定牯牛降保护区现存鱼类物种及其资源状况；在时间尺度上，确定影响鱼类多样性的环境因素；在空间尺度上，确定鱼类群落的空间分布以及造成鱼类群落差异的关键物种，并且解析环境因子对鱼类群落的影响；从形态和食性两个方面了解牯牛降保护区鱼类物种的基础生物学特征。

第一节　研究方法

一、样点设置与调查时间

牯牛降保护区主要有7条溪流，其中3条溪流途径石台县境内流入秋浦河，另外4条溪流途径祁门县境内流入阊江。本次科学考察对这7条溪流进行科学合理的样点设置，分别选择牯牛降保护区石台县保护站和祁门县所有浅水溪流作为研究溪流。为了避免水流系统差异对捕捞渔获物的影响，在设置研究样点时尽可能确保每样点都包含静水和急流系统。本次科学考察共设置27个研究样点，石台县和祁门县境内分别为14和13个，如图7-1所示。牯牛降保护区科学考察分别于5月、10月进行了2次，完成了既定的科学考察任务。

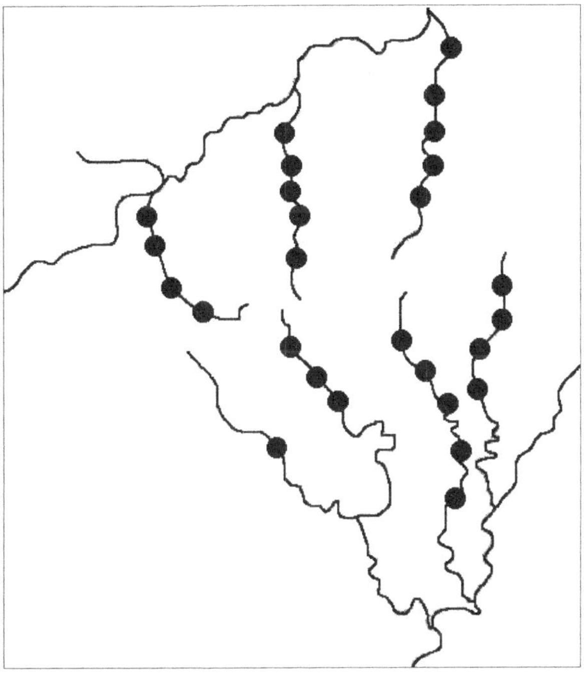

图7-1　牯牛降保护区鱼类捕捞样点图

二、鱼类野外采集

鱼类标本野外采集选择的采集工具为背式电鱼器，一人电鱼，两人用捞网捕捞。每样点的采集路线均选择“之”形，采用同一捕捞方法进行取样，即采样河道长50 m，采样时间30 min。采集后的标本立刻进行鉴定，统计物种组成、物种数与个体数，部分疑难种以甲醛进行固定，带回实验室进一步鉴定。

三、环境现场测度

局地生境记录海拔、水宽、水深、水温、电导率、溶氧、流速、底质粗糙度，以及异质性9类因子，其中海拔高度值采集自手持GPS数据。采样时，沿每采样河段取5个等距截面，分别测量水宽。每截面取5个等距点，分别测量水深，同时每个等距点的60%水深处测量流速（便携式流速仪，GlobalWater FP111，USA）。使用便携式水文仪（JENCO 6350，JENCO 9010）现场测量水温、电导率及溶氧。参照Bainetal（1999）的方法，根据底质结构直径大小以目测打分法估算底质类型（共6类，0：< 0.06 mm；1：0.06~1 mm；2：2~14 mm；3：15~63 mm；4：64~256 mm；

5：>256 mm)。沿采样点中间截面，将采样河段分为10等分对其底质打分，取10个数据的平均值为底质粗糙度，标准差为底质异质性。

四、鱼类标本研究

鱼体的游泳能力和水动力学特征通过对鱼体形态测量获得，鱼体的游泳能力主要与胸鳍位置（胸鳍基至腹部的垂直距离与胸鳍基处的体高的比值）有关，鱼体的水动力学特征和体高与体长的比值有关。

解剖标本，取出前肠（咽部到肠道的第一弯曲部，如鲤形目鱼类）或胃（如鲇形目鱼类），在显微镜下镜检分析肠容物或胃容物。定性分析是将鱼类的食物组成分为4类，即有机碎屑、无脊椎动物、脊椎动物、水生植物。

五、数据分析

物种鉴定后，分别对每种鱼类的出现频率（F）、相对多度（P）和优势度（IVI）进行计算，计算公式如下：

$F_i=100\times(S_i/S)\%$，式中Si为物种i的出现样点数，S为全部样点数；

$P_i=100\times(N_i/N)\%$，式中Ni为物种i的个体数，N为全部鱼获物个体数；$IVI=F_i\times P_i\times10^4$。

出现频率（F）大于或等于40%的鱼类物种为常见种，低于10%的鱼类物种为稀有种，介于两者之间的鱼类物种为偶见种。重要值指数（IVI）大于或等于100的鱼类物种为优势种。

运用双尾Pearson's相关性分析，检验各个局域栖息地环境变量之间的相关性。为提高数据的正态性和方差齐性，将原始数据进行$\log_{10}(X+1)$转换。以上分析均在SPSS13.0软件下进行，视$P<0.05$为显著性水平。

运用单因素方差分析（One-way ANOVA）检验季节对鱼类多样性的影响，分别按照鱼类物种数、个体数和香农威纳指数独立进行；运用双尾Pearson's相关性分析，检验鱼类多样性与局域栖息地环境变量之间的相关性；再运用逐步线性回归分别检验局域栖息地变量对鱼类物种数、个体数和香农威纳指数的影响。为满足数据的正态性和方差齐性，分析前将原始数据进行$\log_{10}(X+1)$转换。以上分析均在SPSS13.0软件下进行，视$P<0.05$为显著性水平。

运用BINMATNEST（binary matrix nestedness temperature calculator）软件，以

"1"或"0"表示物种"出现"或"不出现"，将物种的"出现"格尽可能地排在矩阵的左上角，计算矩阵温度T，温度越低，嵌套程度越高，T=0表示完全嵌套，T=100表示完全随机。使用3种零模型分别对输入矩阵进行显著性检验，$P<0.05$为显著性水平。

基于Bray-Curtis相似性系数构建鱼类群落结构的相似性矩阵，运用单因素相似性分析检验季节对鱼类群落结构的影响，$P<0.05$为差异显著，R代表鱼类群落的分离程度（$R>0.75$，群落完全分离；$0.5<R\leqslant0.75$，群落少量重叠但仍明显分离；$0.25<R\leqslant0.5$，群落存在明显重叠但仍部分分离；$R\leqslant0.25$，群落重叠明显几乎不可分）。运用非度量多维标度法（non-metric multidimensional scaling，NMS）构建鱼类群落结构的二维双标图。运用相似性百分比分析（similarity percentages，SIMPER）分别检验维持群内相似性及维持群间不相似性的关键贡献物种。为减低极端数据的负面影响，全部数据$\log_{10}$（X+1）转换后用于分析，数据分析在PRIMER5.0软件下完成。

采用冗余分析（redundancy analysis，RDA）解析环境因子对鱼类群落结构的影响。采集样点数仅一或两个的物种不纳入分析，以降低稀有物种的负面权重。根据向前选择程序确定最终被保留在RDA分析中的变量，即以手动选择计算每个变量的贡献率和显著性，并应用Monte Carlo置换检验，将显著性（$P<0.05$）变量选入模型。全部变量数据都进行$\log_{10}$（x+1）转换，以降低极端数值的负面影响，数据统计在CANOCO4.5软件下完成。

基于Bray-Curtis相似性系数构建鱼类形态学的相似性矩阵，运用Cluster聚类分析确定鱼类形态的组成类别。为减低极端数据的负面影响，全部数据$\log_{10}$（X+1）转换后用于分析，数据分析在PRIMER5.0软件下完成。

第二节　结果与分析

一、鱼类物种组成概况

1.鱼类物种名录及其分类归属

两次共采集鱼类标本363尾，共计13种（吻虾虎鱼鉴定至属水平），隶属4目8科13属，其中鲤形目鱼类种类最多，占全部物种数的61.54%，如表7-1所示。

表7-1 牯牛降保护区鱼类物种组成名录

目名	科名	种名或属名
鲤形目 Cypriniformes	鲤科 Cyprinidae	宽鳍鱲 *Zacco platypus*
		尖头鲹*Phoxinus oxycephalus*
		高体鳑鲏 *Rhodeus ocellatus*
		光唇鱼 *Acrossocheilus fasciatus*
		似鮈 *Pseudogobio vaillanti*
	鳅科 Cobitidae	稀有花鳅 *Cobitis rarus*
		泥鳅 *Misgurnus anguillicaudatus*
	平鳍鳅科 Homalopteridae	原缨口鳅 *Vanmanenia stenosoma*
鲇形目 Siluriformes	鲿科 Bagridae	切尾拟鲿 *Pseudobagrus truncatus*
	钝头鮠科 Amblycipitidae	司氏鉠*Liobagrus styani*
鲈形目 Perciformes	塘鳢科 Eleotridae	沙塘鳢 *Odontobutis obscurus*
	虾虎鱼科 Gobiidae	吻虾虎鱼属 *Ctenogobius sp.*
合鳃鱼目 Synbgranchiformes	合鳃鱼科 Synbranchidae	黄鳝 *Monopterus albus*

2.物种出现频率（F）、相对多度（P）及其重要值指数（IVI）

根据出现频率、相对多度和重要值指数的计算公式，可以算出牯牛降保护区各种鱼类出现频率、相对多度和重要值指数，如表7-2所示。其中，出现频率、相对多度和重要值指数最高物种的是尖头鲹，吻虾虎鱼次之，而出现频率、相对多度和重要值指数最低的物种是切尾拟鲿。

表7-2 牯牛降保护区鱼类物种出现频率、相对多度和重要值指数

物种	F	N	IVI
宽鳍鱲 *Zacco platypus*	0.2632	0.1212	318.98
尖头鲹*Phoxinus oxycephalus*	0.3158	0.4711	1 487.60
高体鳑鲏 *Rhodeus ocellatus*	0.0789	0.0303	23.92
光唇鱼 *Acrossocheilus fasciatus*	0.1316	0.0303	39.87
似鮈 *Pseudogobio vaillanti*	0.0526	0.0138	7.25
稀有花鳅 *Cobitis rarus*	0.0526	0.0358	18.85
泥鳅 *Oriental weatherfish*	0.1842	0.0854	157.31

续 表

物种	F	N	IVI
原缨口鳅 *Vanmanenia stenosoma*	0.0789	0.0165	13.05
切尾拟鲿 *Pseudobagrus truncatus*	0.0263	0.0028	0.72
司氏鉠 *Liobagrus styani*	0.0526	0.0083	4.35
沙塘鳢 *Odontobutis obscurus*	0.0263	0.0055	1.45
吻虾虎鱼 *Ctenogobius sp.*	0.2632	0.1736	456.72
黄鳝 *Monopterus albus*	0.0526	0.0055	2.90

根据牯牛降保护区鱼类物种出现频率、相对多度和重要值指数，发现区内鱼类偶见种有宽鳍鱲、尖头鲹、光唇鱼、泥鳅、吻虾虎鱼；稀有种有高体鳑鲏、似鮈、稀有花鳅、原缨口鳅、切尾拟鲿、司氏央、沙塘鳢、黄鳝。其中，优势种有4种，按其重要值指数由高到低依次为尖头鲹、吻虾虎鱼、宽鳍鱲和泥鳅。

二、栖息地因子

1. 栖息地变量概述

对所有样点局域栖息地变量进行记录和分析。局域栖息地变量包括：溶氧为43%~104.70%（mean±SD：84.91%±15.22%），水温为15~28.30℃（mean±SD：19.59±3.65 ℃），电导率为19.82~128.79 ms·μs^{-1}（mean±SD：34.33±20.81 ms·μs^{-1}），海拔为164~582 m（mean±SD：336.08±127.60 m），pH为5.85~8.75（mean±SD：7.29±0.68），水宽为2~37.70 m（mean±SD：8.60±7.52 m），水深为13.67~61.67 cm（mean±SD：34.71±11.01 cm），流速为0.07~0.77 m·s^{-1}（mean±SD：0.33±0.14 m·s^{-1}），底质粗糙度为2.3~5.30（mean±SD：3.88±0.84），底质异质性为0.48~2.02（mean±SD：1.17±0.32）。

2. 栖息地变量间的相关性

对局域栖息地环境变量进行相关性分析，结果显示：底质粗糙度与水温呈极显著负相关（P<0.01），与水深呈显著正相关（P<0.05）；海拔与溶氧、pH和水宽均呈显著负相关（P<0.05）；溶氧与pH呈极显著正相关（P<0.01），水宽和流速也呈显著性正相关（P<0.05），电导和底质异质性与环境变量无相关性（P>0.05），如表7-3所示。

表7-3　局域栖息地变量之间的相关性

	溶氧	水温	电导	海拔	pH	水宽	水深	流速	底质粗糙度	底质异质性
溶氧		ns	ns	*	**	ns	ns	ns	ns	ns
水温	0.13		ns	ns	ns	ns	ns	ns	**	ns
电导	0.16	0.18		ns	ns	ns	ns	ns	ns	ns
海拔	0.35	0.26	0.23		**	**	ns	ns	ns	ns
pH	0.43	0.12	0.06	0.48		ns	ns	ns	ns	ns
水宽	0.29	0.14	0.21	0.79	0.27		ns	*	ns	ns
水深	0.10	0.08	0.09	0.25	0.12	0.14		ns	*	ns
流速	0.27	0.13	0.11	0.15	0.21	0.33	0.25		ns	ns
底质粗糙度	0.13	0.45	0.01	0.10	0.15	0.26	0.36	0.13		ns
底质异质性	0.27	0.01	0.00	0.24	0.16	0.22	0.14	0.17	0.22	

注：*，P＜0.05；**，P＜0.05；ns，P＜0.05。

三、鱼类多样性分析

1.物种数、个体数、香农威纳指数

总体上，物种数为1.58±2.13种，个体数为9.55±13.69尾，香农威纳指数为0.53±0.83。第一次科考的物种数、个体数和香农威纳指数（物种数，1.96±2.36（mean ± SD）种；个体数，11.19±14.62尾；香农威纳指数，0.67±0.93）均高于第二次科考（物种数，0.64±0.92种；个体数5.55±10.65尾；香农威纳指数，0.21±0.37）。

2.鱼类多样性的空间分布及其季节动态

运用单因素方差分析检验季节对鱼类多样性的影响，结果显示，鱼类物种数、个体数和香农威纳指数都不存在季节间差异（P>0.05），如表7-4所示。

表7-4　单因素方差分析检验不同季节对鱼类物种数、个体数和香农威纳指数的影响

	平方和	F	P
物种数	13.76	3.23	0.08
个体数	248.59	1.34	0.26
香农威纳指数	1.67	2.52	0.12

3.栖息地变量对鱼类多样性的影响

运用Pearson相关性分析检验鱼类物种数、个体数和香农威纳指数，结果显示，

鱼类物种数与水温和pH极显著正相关（P<0.01），而与海拔、底质粗糙度显著负相关（P<0.05）；鱼类个体数与pH极显著正相关（P<0.01），而与底质粗糙度极显著负相关（P<0.01）；香农威纳指数与水温和pH极显著正相关（P<0.01），而与底质粗糙度极显著负相关（P<0.01），如表7-5所示。

表7-5 Pearson相关性分析检验鱼类物种数、个体数和香农威纳指数

栖息地变量	物种数		个体数		香农威纳指数	
	F	P	F	P	F	P
溶氧	0.21	ns	0.15	ns	0.23	ns
水温	0.52	**	0.16	ns	0.50	**
电导	0.08	ns	0.15	ns	0.07	ns
海拔	-0.35	*	-0.03	ns	-0.29	ns
pH	0.45	**	0.42	**	0.44	**
水宽	0.29	ns	0.19	ns	0.27	ns
水深	0.00	ns	-0.14	ns	-0.14	ns
流速	0.05	ns	-0.07	ns	0.14	ns
底质粗糙度	-0.51	**	-0.48	**	-0.50	**
底质异质性	-0.05	ns	0.13	ns	-0.12	ns

注：*，P<0.05；**，P<0.05；ns，P<0.05。

运用逐步线性回归检验栖息地变量对鱼类物种数、个体数和香农威纳指数的影响，结果显示，鱼类物种数、个体数和香农威纳指数均与底质粗糙度极显著负相关（P<0.01）；鱼类物种数和个体数也均和pH显著正相关（P<0.05）；鱼类物种数还与水温和水宽呈显著正相关（P<0.05），香农威纳指数还与海拔极显著负相关（P<0.01），如表7-6所示。

表7-6 逐步线性回归解析显著影响鱼类物种数、个体数和香农威纳指数的局域栖息地变量

	栖息地变量	β	t	p
物种数	水温	0.32	2.49	0.018
	pH	0.27	2.14	0.040
	底质粗糙度	-0.38	-2.88	0.007
个体数	水宽	0.27	2.18	0.036
	底质粗糙度	-0.43	-3.13	0.004
	pH	0.36	2.62	0.013
香农威纳指数	底质粗糙度	-0.58	-4.33	0.000
	海拔	-0.39	-2.94	0.006

四、鱼类群落结构

1.群落嵌套格局

基于矩阵温度分析检验鱼类群落的嵌套程度，结果显示，5月和10月的矩阵温度T值分别为8.61和15.90，3种零模型均显示两个季度的鱼类群落均符合显著性嵌套格局（P<0.05）。

2.群落结构的空间分布及其季节动态

运用单因素交叉相似性分析检验季节对鱼类群落结构的影响，结果显示，鱼类群落结构在不同季节间几乎完全重叠，无显著差异（global R = 0.11，P>0.05）。根据非度量多维标度排序（NMS），5月和10月的鱼类群落相互重叠，如图7-2所示。

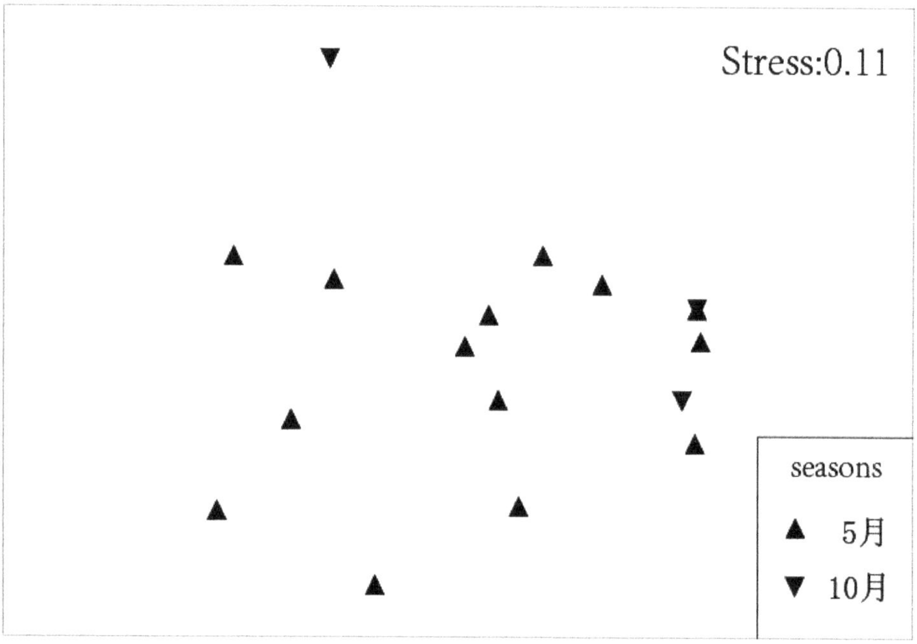

图7-2　鱼类群落结构季节动态——非度量多维标度排序

3.群落结构的空间或季节变化的关键贡献物种

运用相似性百分比（SIMPER）分别解析维持5月和10月鱼类群落内相似性及不相似性的关键贡献物种，结果显示，5月份溪流鱼类群落中的关键物种依次为尖头鲅、宽鳍鱲、吻虾虎鱼和泥鳅（累积贡献率>90%），10月份溪流中的关键物种仅为尖头鲅，如表7-7所示。

表7-7 维持5月和10月溪流鱼类群落内相似性的重要物种及其贡献率

物种	平均多度		平均相似性		贡献率/%		累积贡献率	
	5月	10月	5月	10月	5月	10月	5月	10月
尖头鲹	8.93%	15	16.44%	23.21	47.49%	100	47.49%	100
宽鳍鱲	3.07%	-	8.74%	-	25.26%	-	72.75%	-
吻虾虎鱼	4.29%	-	4.88%	-	14.11%	-	86.86%	-
泥鳅	2.07%	-	2.87%	-	8.31%	-	95.17%	-

同时，尖头鲹、宽鳍鱲、吻虾虎鱼、泥鳅、光唇鱼和高体鳑鲏这6种鱼类相对多度的空间变化是造成鱼类群落差异的重要贡献物种（每物种的贡献率均>5%，且累积贡献率约为90%）。其中，尖头鲹和稀有花鳅在10月份时具有更高的相对多度，宽鳍鱲、吻虾虎鱼、泥鳅、高体鳑鲏在5月具有更高的相对多度，而光唇鱼在5月和10月的相对多度接近，如表7-8所示。

表7-8 维持5月和10月溪流鱼类群落间不相似性的重要物种及其贡献率

物种	平均多度		平均相似性	贡献率	累积贡献率
	5月	10月			
尖头鲹	8.93%	15.00%	18.99%	27.11%	27.11%
宽鳍鱲	3.07%	0	11.34%	16.20%	43.31%
稀有花鳅	0.21%	3.33%	9.90%	14.14%	57.45%
吻虾虎鱼	4.29%	0.67%	9.42%	13.45%	70.90%
泥鳅	2.07%	0	6.27%	8.96%	79.86%
光唇鱼	0.64%	0.67%	5.53%	7.90%	87.76%
高体鳑鲏	0.79%	0	2.32%	3.31%	91.08%

4.栖息地变量对鱼类群落结构的影响

运用冗余分析（RDA）解析环境因素对鱼类群落结构的影响，结果显示，鱼类群落结构受3个局域栖息地变量（水温、水宽和底质粗糙度）的显著影响（$P<0.05$）。水温主要与轴2正相关，水宽主要与轴1正相关，底质粗糙度主要与轴1负相关。这3个环境变量共解释了全部物种变异的21%（轴1和轴2分别解释了14.3%和6.70%）以及全部物种和环境变异的83.60%（轴1和轴2分别解释了57.20%和26.40%），如表7-9所示。

表7-9 鱼类群落结构与环境变量的关系

统计学变量	轴1	轴2	轴3	轴4
特征值	0.14	0.07	0.04	0.34
物种/环境相关性	0.62	0.49	0.66	0.00
累积变异百分比	—	—	—	—
物种	14.30	21.00	25.10	59.50
物种与环境	57.20	83.60	100	0
与轴间的相关性	—	—	—	—
水温	0.29	0.41	−0.19	0.00
水宽	0.26	0.02	0.59	0.00
底质粗糙度	−0.51	0.06	0.37	0.00

根据RDA双标图，沿着轴1从左至右的水平方向，水宽逐渐增大、底质粗糙度逐渐减小，所有的物种均逐渐增高；沿着轴2从下至上的垂直方向，水温级逐渐增大，原缨口鳅、高体鳑鲏、司氏鉠、黄鳝、沙塘鳢、似鮈、宽鳍鱲、泥鳅和光唇鱼逐渐增多，但稀有花鳅、吻虾虎鱼和尖头鲹鱼类逐渐减少，而切尾拟鲿与水温几乎无关，如图7-3所示。

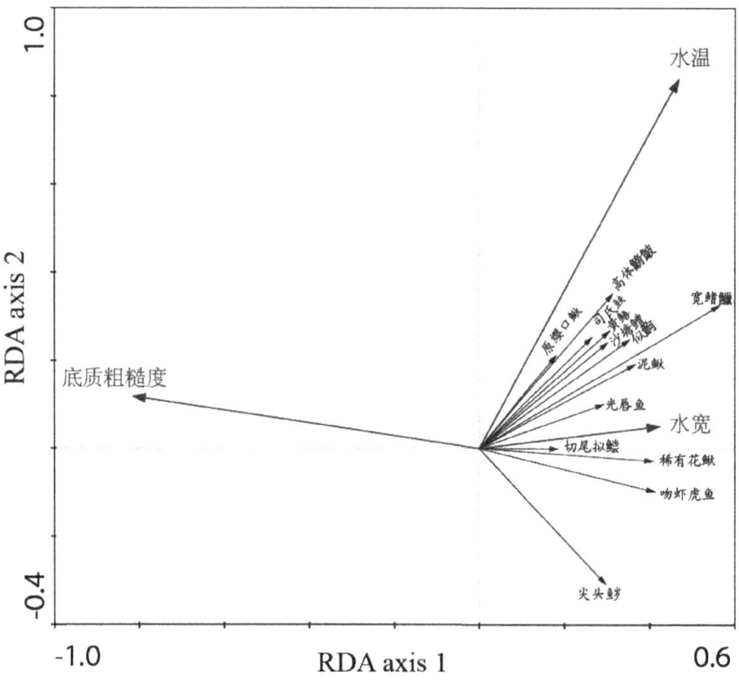

图7-3 基于冗余分析的鱼类群落结构与环境因素的关系

五、鱼类基础生物学特征

1.形态

运用聚类分析确定了鱼类形态功能团的组成，结果显示，在83.11%的相似性系数上，鱼类群落分为4群：黄鳝，游泳能力弱，栖息于静水水体区域；司氏鉠、沙塘鳢和吻虾虎鱼，游泳能力较弱，栖息于水流较缓的区域；泥鳅、稀有花鳅和原缨口鳅，游泳能力强，一般栖息于缓流与激流过度的区域；高体鳑鲏、尖头鲂、切尾拟鲿、似鮈、宽鳍鱲和光唇鱼，游泳能力极强，一般生活在水流流速较大的区域，如图7-4所示。

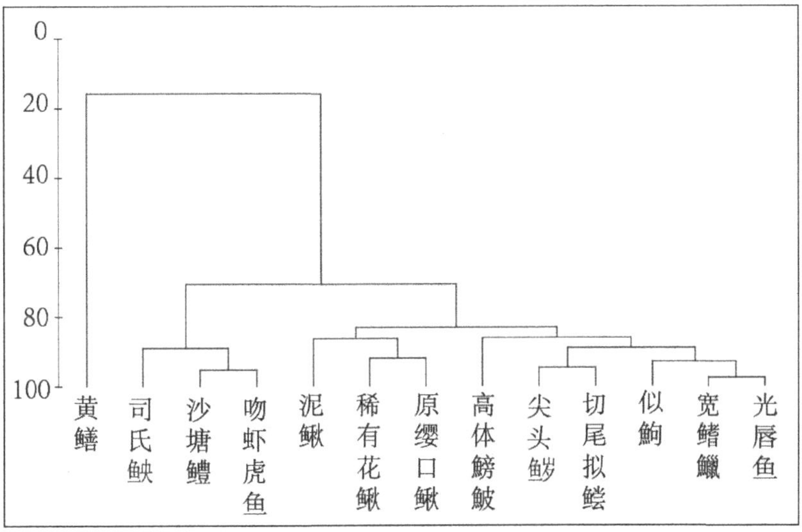

图7-4　鱼类食性功能团划分——基于聚类分析

2.食性

牯牛降保护区所有鱼类对其食性进行定性分析，结果表明，原缨口鳅、泥鳅、尖头鲂为杂食性鱼类。其中，原缨口鳅是以藻类和水生昆虫为主要食物来源；泥鳅食浮游生物、水生昆虫、甲壳动物、水生高等植物及藻类等；尖头鲂食物包括绿藻、浮游动物和水生昆虫。宽鳍鱲、高体鳑鲏为偏植物性的杂食鱼类，其中宽鳍鱲以藻类（包含硅藻、绿藻、裸藻等）为主要食物，兼营浮游动物；高体鳑鲏主要以水草、藻类和浮游动物为主。黄鳝、似鮈、切尾拟鲿为偏肉食性的杂食鱼类，其中黄鳝是以各种小型动物为主要食物；似鮈主要摄食水生昆虫，其次为藻类；切尾拟鲿主要食物包括小鱼、虾、各种水生昆虫。沙塘鳢、吻虾虎鱼、司氏鉠为肉食性鱼类，其中沙塘鳢和司氏鉠以虾、小鱼为主要食物；吻虾虎鱼食性很杂，小鱼、虾和鱼卵都是食物来源。光唇鱼、稀有花鳅为植食性鱼类，其中稀有花鳅主要食物来源于底栖生物和藻类；光唇鱼食物来源是以藻类为主。

第三节 结 论

1.牯牛降保护区鱼类物种组成、群落结构及其多样性的特点

本次科学考察于5月、10月份两次对牯牛降保护区的27个样点取样，共采集到鱼类标本363尾，共计13种，隶属4目8科13属。鱼类多样性的时间变化不显著，但5月科考的鱼类多样性高于第10月科考。水温、水宽和底质粗糙度等对鱼类多样性及群落结构的空间变化影响显著。鱼类群落结构符合嵌套格局，几乎完全重叠，差异主要源于尖头鲹、宽鳍鱲、稀有花鳅、泥鳅、光唇鱼和高体鳑鲏等鱼类相对多度的变化。

2.与历史记录相比，牯牛降保护区鱼类资源的时序变化

此次科考所采集到的物种数，明显少于20世纪80年代所记录的物种数，像台湾铲颌鱼、四川白甲鱼、光倒刺鲃、鳗鲡和波纹鳜等这些肉质鲜美的鱼类在30年间种群数量几乎灭绝，其最主要因素是人为的捕捞，而像切尾拟鲿等鱼类可能由于人工养殖潜逃到牯牛降保护区。总之，牯牛降保护区鱼类的种群遭到严重破坏，应该严禁任何形式的捕捞，以恢复鱼类的自然种群，保持整个生态系统的平衡。

3.牯牛降保护区鱼类资源及其多样性的保护策略

鱼类资源是维护牯牛降保护区生态系统的要素和发展渔业的物质基础，种群个体数量的维持是通过种群的繁殖、生长、补充或死亡等过程来调控，而种间的个体补充会导致种间竞争的发生。基于本次调查研究的结果，为了更好地保护牯牛降保护区鱼类资源，应该减轻因人为开发牯牛降保护区而破坏鱼类基本栖息环境的现状；保护鱼类的产卵场，维护或恢复水生植被以提供鱼类充足的繁育和肥育的场所；严禁牯牛降保护区任何形式的非法捕捞，对保护区外围可稳定捕捞强度，控制捕捞渔具的网目大小，禁止破坏性的非法渔具使用。

第八章　两栖爬行动物多样性

牯牛降保护区地处皖南山区，两栖爬行动物物种多样性较高。关于皖南山区两栖爬行动物多样性的研究少见报到，而关于牯牛降两栖爬行动物的调查研究仅见于《牯牛降科学考察集》（1990）。《牯牛降科学考察集》记录两栖动物17种，隶属2目7科；记录爬行动物33种，隶属2目9科。第一次综合科学考察过去多年，牯牛降保护区两栖爬行类多样性的近况无从知晓，故本次综合科学考察将两栖爬行动物类群列为重要科学考察内容。

第一节　研究方法

两栖爬行类动物调查一般为出蛰后的1~5个月，因此对牯牛降保护区两栖爬行动物的调查定为5月至8月。时间为日落后0.5小时至日落后4小时。调查方法主要采用样线法、样方法以及访问等相结合。

样线（带）法：在调查样线（带）上沿溪流、池塘的岸边、农田等方向分段布设调查样线，样线长度以100 ~ 200 m为宜，使用手电筒搜寻记录样线及样线两侧动物种类、数量及生境状况。

样方法：根据陆栖爬行动物的生境和行为特点，在调查样区内设置一定数量的样方，样方大小为50 m×50 m，分别从样方的四个顶点同时向中间步移，搜寻记录样方内物种的种类及数量。以数码照相机对物种及其生境进行拍照和记录。采集少量动物标本以70%酒精固定，带回实验室进行分类地位鉴定。

访问法：通过向牯牛降保护区的工作人员、护林员及附近居民询问，给予查看动物彩色图鉴及照片，了解区内物种大致的种类及数量变化情况，是样线法和样方法的补充。.

标本鉴定依据陈壁辉、季达明和温世生、赵尔宓等文献；物种的区系分析采用

Zhao & Adler系统。

第二节　物种组成

一、两栖类物种组成

根据实地调查和文献记录，牯牛降保护区共有两栖类动物2目8科27种，详见附录7，其中有尾目2科4种；无尾目6科23种，占安徽省两栖动物的71.10%，如图8-1所示。

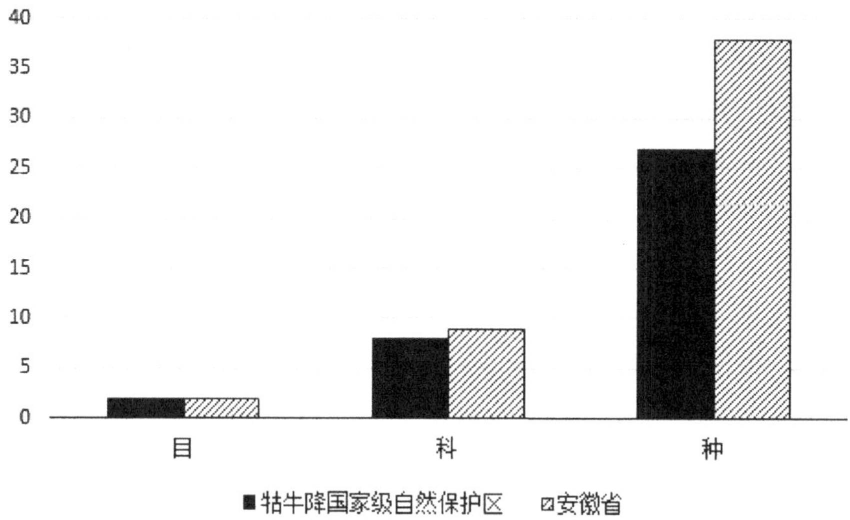

图8-1　牯牛降保护区与安徽省两栖类动物种群组成比较

从地理型分析，27种两栖类动物中，东洋界种类有23种，占85.20%，常见的代表种类有无斑肥螈（*Pachytriton labiatus*）、黄山角蟾（*Megophrys huangshanensis*）、虎纹蛙（*Hoplobatrachus chinensis*）、大绿臭蛙（*Odorrana graminea*）、棘胸蛙（*Paa spinosa*）、武夷湍蛙（*Amolops wuyiensis*）、布氏泛树蛙（*Polypedates braneri*）等；古北界种类有中华蟾蜍（*Bufo gargarizans*）、黑斑侧褶蛙（*Pelophylax nigromaculata*）、金线侧褶蛙（*Pelophylax plancyi*）等4种，占14.80%，东洋种和古北种两者之比为5.76：1，东洋界种类占明显优势，如图8-2所示。

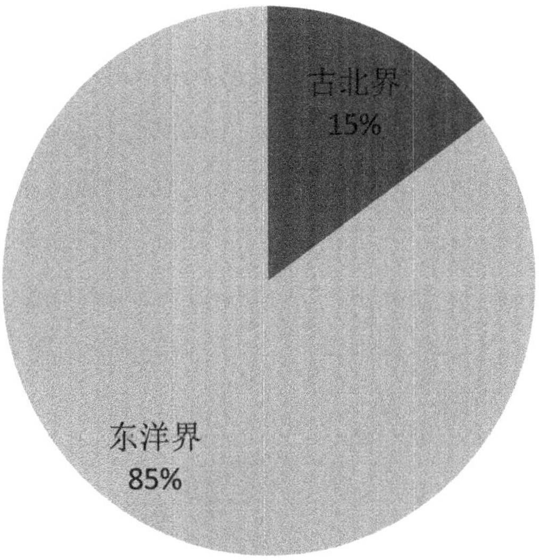

图8-2　牯牛降保护区两栖类区系特征

二、爬行类物种组成

经本次调查和综合各类文献分析，牯牛降保护区有爬行动物2目9科40种，详见附录8，其中龟鳖目3科3种，有鳞目6科37种，占安徽省分布爬行动物的59.70%，如图8-3所示。

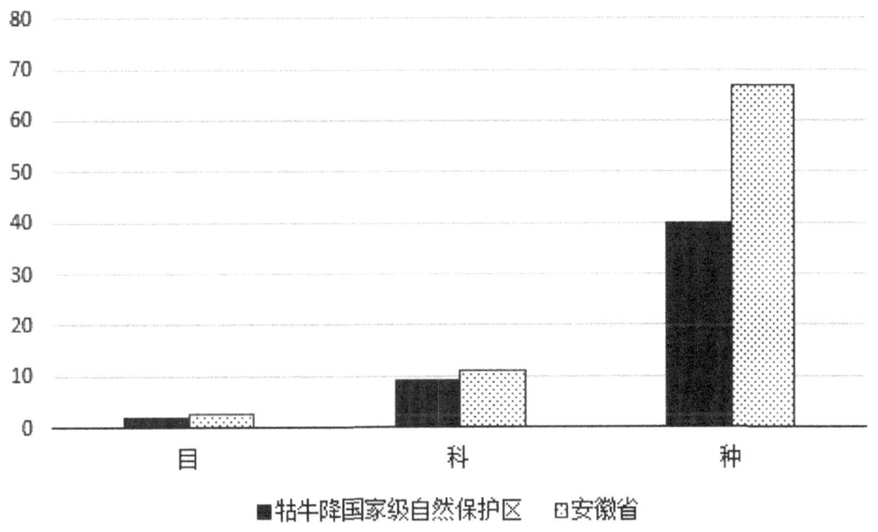

图8-3　牯牛降保护区与安徽省爬行类动物种群组成比较

牯牛降保护区有爬行动物2目9科40种，从地理型分析，东洋界29种，占72.50%，常见的代表性种类有平胸龟（*Platysternon mega*）、蓝尾石龙子（*Eumeces elegans*）、铜蜓蜥（*Sphenomorphus indicus*）、王锦蛇（*Elaphe carinata*）、玉斑锦蛇（*Elaphe mandarina*）、乌梢蛇（*Ptyas dhumnades*）、尖吻蝮（*Deinagkistrodon acutus*）、福建绿蝮（*Viridovipera stejnegeri*）等；古北界11种，占27.50%，常见种类有北草蜥（*Takydromus septentrionalis*）、赤链蛇（*Dinodon rufozonatm*）等，东洋种和古北种两者之比约为2.64∶1，以东洋界种类为主，牯牛降保护区的爬行动物以东洋种为主，兼有古北种和广布种，如图8-4所示。

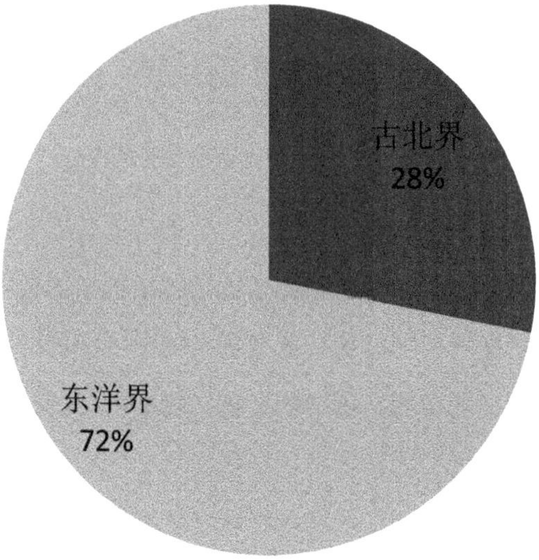

图8-4　牯牛降保护区爬行类动物区系特征

第三节　分布特征

一、两栖类分布特征

根据调查结果，牯牛降保护区的两栖动物在海拔分布上没有明显垂直替代现象，但是不同的生境类型之间存在一定差异，区内分布的两栖动物按生境大致可分为农田湿地生境、山地溪流生境。

1.农田湿地生境

本次调查发现在农田湿地生境中的优势种有泽陆蛙（*Fejervarya limnochmris*）、黑斑蛙侧褶蛙、金线蛙侧褶蛙、中华蟾蜍，其次是饰纹姬蛙（*Microhyla ornata*）、虎纹蛙等。在低山丘陵次生林灌中，以镇海林蛙（*Rana zhenhaiensis*）、布氏泛树蛙（*Polypedates braueri*）等为优势种。

2.山地溪流生境

在山地溪流中发现种类有棘胸蛙、武夷湍蛙、黄山角蟾、天台粗皮蛙（*Rugosa tientaiensis*）、天目臭蛙（*Odorrana tianmuii*）以及有尾目的无斑肥螈。调查中发现由于过度捕捉，棘胸蛙、虎纹蛙等可食用种类出现频率已十分低下，而山区溪流中花臭蛙、武夷湍蛙占据优势。

大鲵、中国瘰螈（*Paramesotriton chinensis*）、金线侧褶蛙、武夷湍蛙、凹耳臭蛙、天台粗皮蛙等大量的中国特有物种在牯牛降保护区也分布，同时牯牛降保护区开展了棘胸蛙人工繁殖的课题研究。从动物地理学上讲，牯牛降保护区处于东洋界华中区，由于处于亚热带向温带过渡的交汇地带，兼有亚热带动植物区系和温带动植物区系成分的双重特点，成为南北动植物的迁徙通道，促进了一些广布种，如大鲵等在保护区的交流和融合，它们在区内种群的遗传多样性最高，是这些物种优先保护的地区。此外，在第四纪气候变动时期，牯牛降保护区因其独特的地理位置和复杂的地形地貌成为动植物的避难所，保存了大量古老珍稀物种。因此，牯牛降保护区的生物多样性异常丰富，而且特有种多，是东亚地区生物多样性保护的关键地区之一。

二、爬行类分布特征

从调查结果来看，牯牛降保护区常见的爬行动物为铅山壁虎（*Gekko hokouensis*）、中国石龙子（*Eumeces chinensis*）、蓝尾石龙子、北草蜥、红纹滞卵蛇（*Oocatochus rufodorsatus*）、虎斑颈槽蛇（*Rhabdophis tigrinus*）等，为优势种，而铜蜓蜥、赤链蛇（*Dinodon rufozonatum*）、华游蛇（*Sinonatrix percarinata*）、短尾蝮（*Gloydius brevicaudus*）、福建绿蝮等也有一定的种群数量，其他物种均为偶见种。其中，北草蜥、赤练华游蛇（*Dinodon rufozonatum*）、颈棱蛇（*Macropisthodon rudis*）、锈链腹链蛇（*Amphiesma craspedogaster*）以及山溪后棱蛇（*Opisthotropislatouchii*）等，为保护区分布的中国特有物种。

第九章　鸟类多样性

牯牛降保护区地层古老、气候宜人、人为破坏少，保存着较完整的中亚热带常绿阔叶林，为皖南山区亚热带常绿阔叶林典型代表。正是因为这里自然条件复杂，生物资源丰富，生态系统完好，使牯牛降鸟类具有丰富的多样性。

关于皖南山区鸟类方面的记述，最早可追溯到1667年的《黄山志》。新中国成立前，常麟定报道过皖南山区17种鸟类；新中国成立后，先后有郑作新等、王岐山等对黄山及九华山的鸟类做过初步调查。1983—1984年，在牯牛降保护区第一次综合科学考察期间，李炳华等曾经对区内鸟类资源进行了首次系统调查，获得了大量珍贵的第一手资料。在首次调查期间，共记录鸟类147种，计得标本203号，隶属15目37科96属。所记录到的147种鸟类中，按其地理分布可分为两大类型：东洋型80种，古北型67种。季节型分析表明，计有留鸟69种，夏候鸟40种，冬候鸟26种，旅鸟12种。

自牯牛降保护区第一次综合科考以来，已近30年未做过综合性科学考察，对区内鸟类资源也未做过系统性专项调查，随着近年来环境、气候条件不断发生变化，保护区的鸟类物种组成、群落结构、分布状况及重点保护对象也在发生着变化。因此，亟须开展新一轮的综合调查工作，以便进一步摸清鸟类资源本底工作。

2012—2013年，牯牛降保护区展开了第二次综合科学考察工作，对区内鸟类资源进行专项调查，以期进一步查清区内鸟类资源现状，了解鸟类区系组成、群落分布、鸟类多样性、重点保护鸟类分布及威胁因素，促进保护区的有效保护和科学管理，建立资源档案，为更好地做好保护工作、促进保护区健康持续快速发展提供科学依据，也为今后进行长期的调查与监测奠定基础。

第一节　研究方法

一、调查方法

根据牯牛降保护区自然地理状况和植被分布，把保护区分成农田民居、山坡林灌、溪流和阔叶林4种典型鸟类生境进行调查。

本次调查采用样线法，其中农田民居三条样线，山坡林灌四条样线，溪流两条样线，阔叶林四条样线。调查时间在早晨6：00～10：00和下午15：00～18：00鸟类活动高峰期进行，样线法以1km/h的速度沿固定的样线行进，并记录样线两侧50m内的鸟类种类和数量。调查覆盖到每个季节每条样线。地理坐标和路线方向、长度测量用便携式GPS仪。鸟类的分类系统和拉丁名参照《中国鸟类系统检索》。

二、统计方法

用G-F指数测度种属间多样性：

$$G\text{-}F\text{指数：}D_{G-F}=1-D_G/D_F;$$

$$F\text{指数：}D_F=\sum_{k=1}^{m}D_{FK};\ D_{FK}=-\sum_{r=1}^{n}P_r\ln P_r;$$

$$G\text{指数：}D_G=-\sum_{j=1}^{y}q_j\ln q_j$$

其中，m为群落中的科数，D_{FK}为k科中的物种多样性，P_r为群落中k科r属中的物种总数占k科物种总数的比值，n为k科中的属数。q_j为群落中j属的物种数与总的物种数之比，y为群落中的总属数。

根据Jaccard相似性公式计算相似性系数：

$$q=c/a+b-c$$

式中c为两个群落的共有物种数，a和b分别为群落A和群落B的物种数。

第二节　结果与分析

一、鸟类种类

牯牛降保护区已知分布有鸟类181种，隶属15目41科，详见附录9，占全国鸟类物种数的13.20%，占安徽省鸟类种数的49.60%。在181种鸟类中，雀形目有107种，其中仅鹟科就有44种，是种类最多的科；另有非雀形目鸟类74种，如表9-1所示。

表9-1　牯牛降保护区鸟类各目种数比较

目	鸊鷉目	鹳形目	雁形目	隼形目	鸡形目	鹤形目	鸻形目	鸽形目	鹃形目	鸮形目	夜鹰目	雨燕目	佛法僧目	鴷形目	雀形目
种数/种	2	8	6	9	6	4	6	3	6	8	1	3	7	5	107
百分比/%	1.10	4.40	3.30	5.00	3.30	2.20	3.30	1.70	3.30	4.40	0.50	1.70	3.90	2.80	59.10

二、季节型与地理型分析

牯牛降保护区鸟类计15目41科共181种，其中留鸟87种（48.07%），夏候鸟39种（21.55%），冬候鸟30种（16.57%），旅鸟25种（13.81%）。由此可知，牯牛降保护区以留鸟和夏候鸟为主。

在总共181种鸟类中，属于东洋界的有101种（55.80%），常见的代表性种类有池鹭（*Ardeola bacchus*）、牛背鹭（*Bubulcus ibis*）、白鹭（*Egretta garzetta*）、赤腹鹰（*Accipiter soloensis*）、白鹇（*Lophura nycthemera*）、勺鸡（*Pucrasia macrolopha*）、红脚苦恶鸟（*Amaurornis akool*）、四声杜鹃（*Cuculus micropterus*）、大杜鹃（*Cuculus canorus*）、斑头鸺鹠（*Glaucidium cuculoides*）、斑鱼狗（*Ceryle rudis*）、蓝翡翠（*Halcyon pileata*）、大拟啄木鸟（*Megalaima virens*）、领雀嘴鹎（*Spizixos semitorques*）、白头鹎（*Pycnonotus sinensis*）、丝光椋鸟（*Sturnus sericeus*）、红嘴蓝鹊（*Urocissa erythrorhyncha*）、褐河乌（*Cinclus pallasii*）、画眉（*Garrulax canorus*）、红嘴相思鸟（*Leiothrix lutea*）、暗绿绣眼鸟（*Zosterops japonica*）等；属于古北界的有60种（33.15%），常见的代表性种类有黑鸢（*Milvus migrans*）、普通鵟（*Buteo

buteo)、雀鹰（*Accipiter nisus*）、长耳鸮（*Asio otus*）、星头啄木鸟（*Dendrocopos canicapillus*）、树鹨（*Anthus hodgsoni*）、松鸦（*Garrulus glandarius*）、北红尾鸲（*Phoenicurus aroreus*）、灰背鸫（*Turdus hortulorum*）、乌鹟（*Muscicapa sibirica*）、燕雀（*Fringilla montifringilla*）、黄喉鹀（*Emberiza elegans*）、黄眉鹀（*Emberiza chrysophrys*）等。由此可知，牯牛降保护区的鸟类以东洋种为主，兼有古北种和广布种，表明其组成具有明显的混杂和逐渐由东洋界向古北界过渡的特征，如表9–2所示。

表9–2　牯牛降保护区鸟类区系类型和居留类型

居留型	古北种	东洋种	广布种	合计
夏候鸟	3	34	2	39(21.55%)
冬候鸟	27	0	3	30(16.57%)
旅　鸟	21	1	3	25(13.81%)
留　鸟	9	66	12	87(48.07%)
合　计	60(33.15%)	101(55.80%)	20(11.05%)	181(100%)

第三节　鸟类分布

一、生态分布

1.农田民居鸟类

农田民居鸟类主要生活在山脚居民点及附近水田及旱地。山间村落多依山傍水，村边水口林多保护完好，农田附近还有茶园及油茶、桐油等经济林。在此生境内优势种有山麻雀（*Passer rutilans*）、金腰燕（*Hirundo daurica*）、丝光椋鸟（*Sturnus sericeus*）、白腰文鸟（*Loncura striata*）等，常见种有山斑鸠（*Streptopelia orientalis*）、白鹡鸰（*Motacill alba*）、鹊鸲（*Copsychus saularis*）、家燕（*Hirundo rustica*）、棕背伯劳（*Lanius schach*）、环颈雉（*Phasianus colchicus*）、暗绿绣眼鸟、灰头啄木鸟（*Picus canus*）、发冠卷尾（*Dicrurus hottentottus*）等。

2.山坡林灌鸟类

山坡林灌生境包括牯牛降保护区的低山及村落附近的山地，山坡既有成片马尾松林又有灌丛分布，其中灌丛以蔷薇科、杜鹃花科、山茶科和葡萄科为主，草本植物以五节芒和蕨类植物为主。

山坡林灌生境以灰胸竹鸡（*Bambusicola thoracica*）、棕头鸦雀（*Paradoxornis webbianus*）、白腰文鸟、强脚树莺（*Cettia fortipes*）、黄臀鹎（*Pycnonotus xanthorrhous*）等为优势种，常见种有棕背伯劳、灰眶雀鹛（*Alcippe morrisonia*）、领雀嘴鹎、白头鹎（*Pycnonotus sinensis*）、黄眉柳莺（*Phylloscopus inornatus*）、黑脸噪鹛（*Garrulax perspicillatus*）等。

3.溪流鸟类

牯牛降保护区山高谷深，溪流众多，溪流间有许多大小不等的石块，同时沿溪流两岸有茂密的灌丛和高大乔木混生，至山下水流渐趋缓慢，并在岸边出现小片沙滩，在近村落的溪段有些地方筑有拦水坝。该生境的优势种有红尾水鸲（*Rhyacornis fuliginosus*）、褐河乌和白鹡鸰，常见种有普通翠鸟（*Alcedo atthis*）、黑背燕尾（*Enicutus leschenaultia*）、灰鹡鸰（*Motacilla cinerea*）、领雀嘴鹎、大山雀、山斑鸠、紫啸鸫、冠鱼狗、白腰文鸟等。

4.阔叶林鸟类

阔叶林生境在牯牛降保护区分布广泛，从400~1 200 m均有分布。常绿阔叶树主要有青冈栎、紫金楠、栲树、红楠、甜槠和冬青等；落叶阔叶树主要有茅栗、短柄枹、山槐、化香和日本椴等；林间还杂生有山茶科、杜鹃科灌丛及小片竹林等。在此生境的优势种有灰树鹊（*Dendrocitta formosae*）、灰眶雀鹛、棕颈钩嘴鹛（*Pomatorhinus rufucollis*）、红嘴蓝鹊（*Urocissa erythrorhyncha*）、画眉等5种，常见种有红嘴相思鸟、红头山雀（*Aegithalos concinnus*）、发冠卷尾、栗背短脚鹎（*Hemixos castanonotus*）、白鹇、棕噪鹛（*Garrulax poecilorhynchus*）、斑鸫（*Turdus naumanni*）、松鸦、灰喉山椒鸟（*Pericrocotus solaris*）、灰头鸦雀（*Paradoxornis gularis*）、黄眉柳莺等。

二、鸟类群落相似性分析

通过鸟类生态分布可知，农田居民区与山坡林灌鸟类群落相似性最高，达到0.356；其次，山坡林灌与阔叶林生境群落相似性为0.344；再次，农田民居与溪流生境群落相似性，为0.302；山坡林灌与溪流鸟类群落及农田民居与阔叶林鸟类群落相似性，分别为0.197和0.185，阔叶林与溪流生境鸟类群落相似性最低，为0.161，如表9-3所示。

表9-3 牯牛降保护区四种典型生境鸟类共有种数量（左下角）及相似性系数（右上角）

生境类型	生境类型			
	农田民居	山坡林灌	溪流	阔叶林
农田民居	—	0.356	0.302	0.185
山坡林灌	42	—	0.197	0.344
溪　流	32	24	—	0.161
阔叶林	25	43	20	—

三、鸟类垂直分布

牯牛降保护区鸟类的分布与地形、气候、植被类型等有着密切的关系，自下而上随着海拔高度的变化，气候与植被均发生明显的垂直差异，形成五个不同的垂直景观带，即山麓农耕区和马尾松林带、常绿阔叶林带、常绿—落叶阔叶混交林带、落叶阔叶林带、黄山松林和高山草甸带。各垂直分布带内均有一些代表性鸟类，如表9-4所示。

表9-4 牯牛降保护区鸟类的垂直分布

垂直分布带	海拔	代表性鸟类
山麓农耕区和马尾松林带	200~400 m	棕背伯劳、金腰燕、发冠卷尾、丝光椋鸟、领雀嘴鹎、斑头鸺鹠、白腰文鸟、鹊鸲、白鹡鸰、山斑鸠等
常绿阔叶林带	400~600 m	红嘴蓝鹊、灰树鹊、黑枕黄鹂、领雀嘴鹎、发冠卷尾、画眉、灰眶雀鹛、红嘴相思鸟、棕噪鹛、棕颈钩嘴鹛等
常绿落叶阔叶混交林带	600~900 m	灰树鹊、红嘴相思鸟、灰眶雀鹛、勺鸡、白鹇、灰头鸦雀、毛脚燕、黑短脚鹎、烟腹毛脚燕、松鸦等
落叶阔叶林带	900~1 200 m	黑短脚鹎、黑领噪鹛、黄眉柳莺、黄腹山雀、灰翅噪鹛、红嘴相思鸟、白鹇、白颈长尾雉、灰树鹊等
黄山松林和高山草甸带	1 200~1 700 m	煤山雀、大山雀、白腰雨燕、冠纹柳莺、灰头鸦雀、烟腹毛脚燕、红头山雀、勺鸡、棕噪鹛等

1. 山麓农耕区和马尾松林带

山麓农耕区和马尾松林带一般在海拔400 m以下，植被多为人工栽培的马尾松，杂有小片竹林。该地带地势平坦，环境条件复杂，有山坡灌丛、溪流河滩，主要耕作区和居民点，村边常有成片的水口林。鸟的种类及数量较为丰富如棕背伯劳、金腰燕（*Hirundo daurica*）、发冠卷尾、丝光椋鸟、领雀嘴鹎、斑头鸺鹠、白腰文鸟、鹊鸲、白鹡鸰、山斑鸠、红尾水鸲等。

2. 常绿阔叶林带

常绿阔叶林带海拔400~600 m，该地带主要树种为青冈栎、小叶青冈等，其间杂有茶科、樟科、杜鹃科等植物。这一地带的代表性鸟类主要有红嘴蓝鹊、灰树鹊、黑枕黄鹂（*Oriolus chinensis*）、领雀嘴鹎、发冠卷尾、画眉、灰眶雀鹛、红嘴相思鸟、棕噪鹛、棕颈钩嘴鹛等。

3. 常绿落叶阔叶混交林带

常绿落叶阔叶混交林带在海拔600~900 m，该地带常绿阔叶树种主要有小叶青冈、冬青等，落叶阔叶树种以山毛榉科、榆科、蔷薇科等为主。这一地带的代表性鸟类主要有灰树鹊、红嘴相思鸟、灰眶雀鹛、勺鸡（*Pucrasia macrolopha*）、白鹇、灰头鸦雀、烟腹毛脚燕（*Delichon dasypus*）、黑短脚鹎（*Hypsipetes madagascariensis*）、松鸦等。

4. 落叶阔叶林带

落叶阔叶林带在海拔900~1 200 m，植被以山毛榉科为主，常见树种为茅栗、化香、麻栎等，伴生树种有四照花、黄山木兰、映山红等。这一地带主要的代表种为黑短脚鹎、黑领噪鹛（*Garrulax pectoralis*）、黄眉柳莺、黄腹山雀（*Parus venustulus*）、灰翅噪鹛（*Garrulax cineraceus*）、红嘴相思鸟、白鹇、白颈长尾雉（*Syrmaticus ellioti*）、灰树鹊等。

5. 山地矮林和山顶草甸带

山地矮林海拔1 200~1 700 m，该林带以黄山松为主，近山顶分布着成片的黄山松矮林，在海拔1 400 m以上还分布着高山草甸，主要由禾本科植物构成。该地带年平均气温较低，终年风大雾多，分布于该区域的鸟类的种类、数量均较少，以煤山雀（*Parus ater*）、大山雀、白腰雨燕（*Apus pacifucus*）、冠纹柳莺（*Phylloscopus reguloides*）、灰头鸦雀、烟腹毛脚燕、红头山雀等为主。

第四节　鸟类群落的时间格局

1983—1984年调查共记录鸟类15目37科93属147种，本次调查共记录鸟类15目41科109属181种。值得注意的是，1983—1984年，李炳华在参与的牯牛降保护区第一次综合科学考察期间，曾观察到国家Ⅰ级重点保护野生鸟类黑鹳（*Ciconia nigra*），本次调查却未发现，但这不代表该物种在本区已消失，可能与调查强度有关。此外，根据此次调查和走访，曾经在区内常见的几种鸦科鸟类，如灰喜鹊（*Cyanopica cyana*）、喜鹊（*Pica pica*）、大嘴乌鸦（*Corvus macrorhynchos*）、秃鼻乌鸦（*Corvus frugilegus*）等均未有发现。

本次调查新增加的鸟种有苍鹭（*Ardea cinerea*）、大白鹭（*Egretta alba*）、斑嘴鸭（*Anas poecilorhyncha*）、普通鵟、林雕（*Ictinaetus malayensis*）、黑冠鹃隼（*Aviceda leuphotes*）、白腿小隼（*Microhierax melanoleucos*）、白鹤（*Grus leucogeranus*）、黑水鸡（*Gallinula chloropus*）、凤头麦鸡（Vanellus vanellus）、环颈鸻、噪鹃（*Eudynamys scolopacea*）、红角鸮（*Otus scops*）、领角鸮（*Otus bakkamoena*）、雕鸮（*Bubo bubo*）、小白腰雨燕（*Apus nipalensis*）、戴胜（*Upupa epops*）、山鹡鸰（*Dendronanthus indicus*）、灰鹡鸰、黄腹鹨（*Anthus rubescens*）、灰喉山椒鸟（*Pericrocotus solaris*）、绿翅短脚鹎（*Hypsipetes mcclellandii*）、栗背短脚鹎、橙腹叶鹎（*Chloropsis hardwickii*）、白腹鸫（*Turdus pallidus*）、灰背鸫、栗腹矶鸫（*Monticola rufiventris*）、白颊噪鹛（*Garrulax sannio*）、短尾鸦雀（*Paradoxornis davidianus*）、黄腰柳莺（*Phylloscopus proregulus*）、褐柳莺（*Phylloscopus fuscatus*）、纯色山鹪莺（*Prinia inornata*）、白腹姬鹟（*Cyanoptila cyanomelana*）、北灰鹟（*Muscicapa dauurica*）、白眉姬鹟（*Ficedula zanthopygia*）、燕雀、灰林䳭（*Saxicola ferrea*）、黑喉石䳭（*Saxicola torquata*）、普通䴓（*Sitta europaea*）等共39种。鸟类的物种数相比30年前有了明显的增加，从侧面反映出当地生态环境已经有了很大的改善。其中，在牯牛降保护区新发现3种鸟类，即短尾鸦雀、小白腰雨燕、橙腹叶鹎均为安徽省鸟类分布新纪录。

G—F指数可以进行不同区系间生物多样性的比较，其中G指数是指属间的多样性，F指数是指科间的多样性，G—F指数研究属、科水平上种的多样性，是一种基于物种名录的研究方法，可以反映较长时间内一个地区的物种多样性。本次调查鸟类的G指数和F指数以及G—F指数均明显高于第一次调查，如表9-5所示，从另一个角度印证了随着牯牛降保护区建设力度的加强及社区居民保护意识的增强，牯牛降保护区的生态环境与30年前相比有了很大的改善。

表9-5　两次鸟类调查G-F指数比较

调查时间	目数	科数	属数	种数	D_F	D_G	D_{G-F}
1983—1984	15	37	93	147	22.447 9	4.413 3	0.803 4
2012—2013	15	41	109	181	26.611 1	4.592 7	0.827 4

第五节　珍稀濒危鸟类

一、珍稀濒危鸟类现状

在牯牛降保护区分布的鸟类中，白鹤、白颈长尾雉（*Syrmaticus ellioti*）被列为国家Ⅰ级重点保护野生鸟类。鸳鸯（*Aix galericulata*）、赤腹鹰、白尾鹞（*Circus cyaneus*）、黑冠鹃隼、黑鸢、林雕、雀鹰、普通鵟、红隼（*Falco tinnunculus*）、斑头鸺鹠、长耳鸮（*Asio otus*）、白鹇、仙八色鸫（*Pitta nympha*）、白腿小隼、勺鸡、红角鸮（*Otus scops*）、领鸺鹠、鹰鸮、领角鸮、雕鸮、短耳鸮21种被列为国家Ⅱ级重点保护野生鸟类。总计起来，牯牛降保护区共有国家重点保护野生鸟类23种，占区内鸟类总数的12.70%。

牯牛降保护区有33种被列为安徽省重点保护鸟类，如绿翅鸭（*Anas crecca*）、绿头鸭（*Anas platyrhynchos*）、环颈雉、大斑啄木鸟（*Picoides major*）、金腰燕、棕背伯劳（*Lanius schach*）、黑枕黄鹂（*Oriolus chinensis*）、红嘴蓝鹊、画眉等。

在牯牛降保护区分布的鸟类中，白鹤、白颈长尾雉被列入CITES附录Ⅰ。黑冠鹃隼、黑鸢、赤腹鹰、雀鹰、普通鵟、红隼、燕隼（*Falco subbuteo*）、斑头鸺鹠、长耳鸮、画眉、红嘴相思鸟等20种被列入CITES附录Ⅱ。牛背鹭、大白鹭（*Egretta alba*）、白鹭、绿翅鸭等4种被列入CITES附录Ⅲ。

二、生态环境与野生鸟类保护建议

鸟类群落多样性与栖息地、植被多样性、水平和垂直层次的复杂性等因素密切相关。在调查区域，原始林、次生林和人工林都存在乔木层、灌木层和地被层的垂直层次结构，原始林和次生林植被垂直层次结构相对复杂而人工林则相对简单。原始林和次生林为鸟类提供了复杂多样的栖息地和取食环境，人工林为鸟类提供的取食和栖息环境则相对单一。所以，原始林和次生林的鸟类群落多样性较高，而人工林则相反。

牯牛降保护区存在大片的亚热带常绿阔叶原始森林，使得区内鸟类资源非常丰富，白颈长尾雉、白鹇等珍稀雉鸡类种群数量较大；画眉、灰眶雀鹛、红嘴相思鸟、棕噪鹛、棕颈钩嘴鹛等鹟科鸟类种类繁多；许多在其他地方难得一见的珍稀猛禽类，如赤腹鹰、红隼、斑头鸺鹠等在区内较为常见。

本次科考期间，在区内首见珍稀濒危鸟类——短尾鸦雀，该物种为全球性易危种，由于该鸟的分布区十分狭窄，在动物分布上被列为局部分布的典型代表。另外，在区内还观察到珍稀鸟类白腿小隼的一个繁殖群，该群体由 4 只成体和 3 只亚成体构成。作为典型的森林生态系统类型的保护区，牯牛降保护区环境质量良好，森林植被保存完好，此次短尾鸦雀、白腿小隼在该区的发现，也是一个例证。

鸟类资源多样性的保护重点在于栖息地的保护。自然保护区不仅是野生动植物的庇护所，而且是人类的生态屏障。对于牯牛降保护区来说，重点在于森林生态的保护和恢复。为了更好地保护该地区的生物多样性，牯牛降保护区应加强对原始林生境的保护，减少人类活动的干扰。鉴于区内还有较大面积的人工林，应采取措施对人工林树种进行一定的改造，以增加人工林生境的生物多样性，为鸟类提供更多的栖息环境。

生态环境和鸟类资源的保护离不开公众的参与，推行社区参与保护区共管是提高保护区管理质量的首选途径。必须加强社区居民生态环境教育，使其掌握生态环境的有关知识，从而认识生态环境的构成和人类与自然的关系，逐步建立起环境保护意识和环境价值观，使其具有参与解决生态环境与发展问题的责任感和实际行动。

同时，应该加强区内鸟类资源和多样性的监测，根据鸟类时空分布的特点，制订有针对性的保护措施。本次综合科考期间，我们分成 4 个季节对区内鸟类资源进行了专项调查，基本覆盖了鸟类繁殖、越冬和迁徙的重要季节，但记录的物种仍然很有限，因此要摸清保护区的鸟类资源还需要进行长期的调查和监测。牯牛降保护区的鸟类资源虽然丰富、易于观察，但目前关于保护区鸟类分布和生态方面的资料较少，对于保护区重点保护物种、珍稀濒危物种和特有种的研究还比较缺乏。因此，加强对它们的科研和保护，尤其是对雉鸡类、猛禽类、噪鹛类的种群生态学和行为生态学的研究十分重要。

第十章　哺乳动物多样性

安徽省地理上为暖温带与亚热带交汇处，动物区系具有古北界和东洋界混合特征，较为复杂。王岐山将安徽省划分为淮北平原区、江淮丘陵区、大别山区、沿江平原区及皖南山区，共5个动物地理分布区，记录兽类96种，隶属9目25科。皖南山区是安徽省动物物种丰度最为丰富的地理分布区，兽类资源也较为丰富，受到了众多研究者的关注。早在20世纪60年代，盛和林等已对皖南山区的哺乳动物做了调查，其后，黄文几、王岐山、刘春生、胡小龙、韩德民和徐宏发等对皖南山区的兽类分别进行了综合或专项的调查。目前，皖南山区已知分布哺乳动物83种，占安徽省现有记录种的86.40%。

牯牛降保护区地处皖南山区这一重要动物地理分布区，其生态系统完好，生物资源丰富，拥有较高的哺乳动物多样性。1983年，安徽省科委和林业厅组织专家学者对牯牛降实施了科考，显示牯牛降保护区分布有哺乳动物49种，隶属8目19科，约占皖南山区兽类物种数量的59%，约占安徽省兽类物种数量的51%，其中食肉目物种数目最大，为4科17种。牯牛降哺乳动物，从地理区系来看，东洋界型37种，占牯牛降分布兽类的75%，古北界型12种，占25%，东洋界型显著多于古北界型，如表10-1所示。

表10-1　牯牛降保护区哺乳动物各目物种数

目	科数	物种数
食虫目 Insectivora	2	2
翼手目 Vespertilio	3	8
灵长目 Primates	1	2
鳞甲目 Pholidota	1	1
兔形目 Lagomorpha	1	1
啮齿目 Rodentia	4	11
食肉目 Carnivora	4	17
偶蹄目 Artiodactyla	3	7
合计	19	49

自1983年牯牛降保护区实施第一次考察至今已30余年，期间再未组织实施正式全面的科学考察。本次科学考察明确了牯牛降保护区现存哺乳动物物种资源情况，分析30余年来哺乳类物种资源的动态变化，评价哺乳动物受胁因素，为牯牛降保护区制定兽类资源保护规划提供科学依据。

第一节　调查与分析

一、调查研究方法

对牯牛降保护区的哺乳动物调查时间为6月~12月，调查主要采用红外相机监控法、粪便分子鉴定法、访问调查法相结合的方法。

1.红外相机监控法

该技术起源于20世纪80年代，其核心是由一部自动触发的相机和可探测热量和温度移动变化的红外传感器组成。它的工作原理是通过热释放红外线光束，当目标动物隔断光束时，相机的快门就会被触发进行拍照。因红外相机具有对野生动物干扰小，工作持续时间长，准确率高等因素，被广泛应用于大中型野生动物种群监测、多样性调查和种群密度评估等领域。在牯牛降保护区随机安放红外感应相机，保证均匀覆盖整个保护区，且任意两台相机的最短直线距离不得小于200 m。相机分多次安放，第一次安放时间为2012年12月至2013年4月；第二次安放时间为2013年12月至2014年4月；第三次安放时间为2015年9月至12月。本次调查中使用的红外感应相机为Ltl Acorn（5210M/6210M），具体参数设置如下：每触发一次，连续拍摄3三张照片，照片尺寸5MP；录像时间10s，录像尺寸1280×720；触发时间间隔不得低于3分钟，避免相机在同一只（群）动物身上持续拍摄，耗费大量电量。

红外感应相机在本次雉类和兽类调查中发挥了较大作用，为调查结果提供最为直接有力的证据。虽然受到红外相机安放地理位置，海拔高度，微生境及动物行为上差异的影响，但不同机位拍摄到动物的频次在一定程度上可以反应不同物种种群数量或分布范围的差异。例如，白鹇在除了4250机位外其余各个机位均拍摄到，每个机位出现的频次都相对较高，而白颈长尾雉仅在2个机位拍摄到；小麂在多个机位拍摄到，而黑麂仅在少数几个机位拍摄到。

红外感应相机在调查中仍表现出一些局限性，如触发的延迟可能导致某些快速移动的动物在夜间难以捕捉到全貌，红外感应对阳光照射敏感产生误触发，也可能会对快速移动的树叶产生误触发。本次调查中编号4250机位因为近处有树叶，在风作用下快速摆动导致多次误触发。虽然红外感应相机存有一定局限性，但在野生动物调查中还是具有较强的便利性和可行性，在调查中既可减少对被调查动物的影响，又可获得直观的调查结果。

2.分子粪便鉴定法

分子粪便鉴定法是传统的粪便学与分子生物学技术相结合的方法，起源于20世纪90年代初期。通过对粪便DNA中多种遗传标记的识别，可以对野生动物的遗传变异、生活史及种群统计学等方面进行深入的研究。对牯牛降保护区野生哺乳动物粪便的采集分两次进行，采集地点包括整个保护区。对于每个样品取约重20克，使用一次性塑料手套将其放入洁净的封口塑料袋中，同时每份样品加入约10~20 ml 95%酒精浸润其外表。实验室检测后，通过分子生物学方法对其进行基因组的抽提和PCR扩增。将扩增后的结果送往生物公司测序，对测序结果进行分析比对，确定物种的种类及生物多样性。

3.访问调查法

通过向牯牛降保护区所在地的林业部门、护林员、社区居民以及猎户等询问，给予查看动物彩色图鉴及照片，调查牯牛降保护区可能分布的兽类、野生动物及栖息地等情况。访问调查法是红外相机监控法和分子粪便鉴定法的一个补充。

二、物种多样性组成

根据调查统计结果显示，牯牛降保护区哺乳动物资源十分丰富，统计有8目19科55种，详见附录10，占安徽省兽类的57.30%，如图10-1所示。物种种类最多的为食肉目，4科17种，占30.90%；其次是啮齿目4科13种，占23.60%；翼手目3科13种，占21.15%；偶蹄目3科6种，占11.54%；灵长目1科2种，食虫目2科2种，均占3.85%；鳞甲目和兔形目均为1科1种，占1.92%。物种数最多的3个目分别为食肉目、啮齿目和翼手目，如图10-2所示。

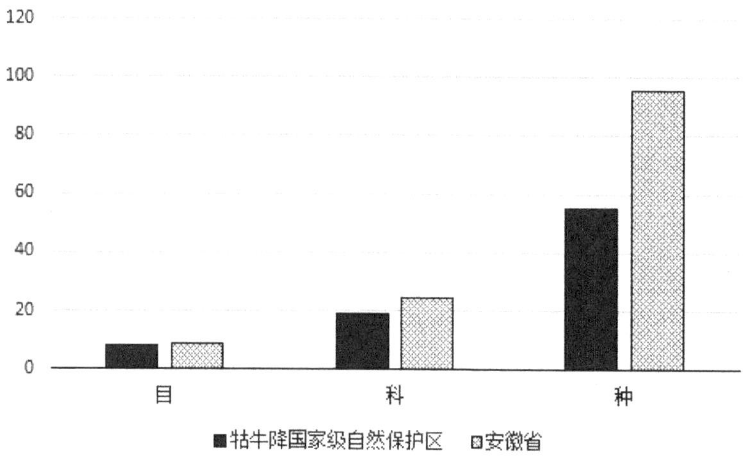

图 10-1　牯牛降保护区与安徽省哺乳动物分布比较

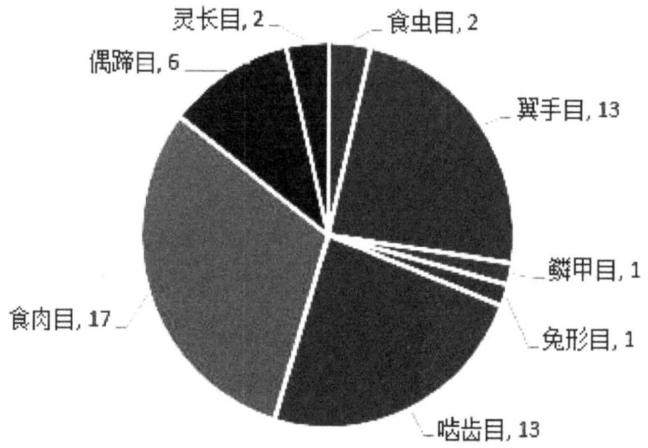

图 10-2　牯牛降保护区哺乳动物各目组成成分

三、区系分布特征

从地理成分分析，牯牛降保护区55种哺乳动物中，东洋界种类有45种，占81.82%，常见的代表性种类有伏翼（*Pipistrelluspipistrellus*）、中国穿山甲、华南兔（*Lepussinensis*）、赤腹松鼠（*Callosciuruserythraeus*）、中国豪猪（*Hystrixhodgsoni*）、黄腹鼬（*Mustelakathiah*）、黄麂、黑麂、毛冠鹿（*Elaphoduscephalophus*）、猕猴等；古北界种类10种，占18.18%，常见的代表性种类有刺猬（*Erinaceuseuropaeus*）、褐家鼠（*Rattusflavipectus*）、黄鼬（*Mustelasibirica*）、野猪（*Susscrofa*）等，东洋种和

古北种两者之比约为4.1∶1，东洋种占明显优势，如图10-3所示。

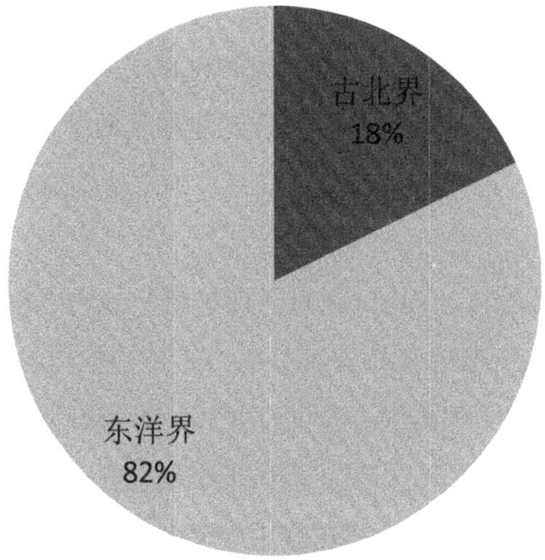

图10-3　牯牛降保护区哺乳动物区系特征

牯牛降保护区种群数量相对较多的哺乳动物为偶蹄目，其中最常见的是猪科的野猪和鹿科的黄麂等。在调查过程中经常可以见到成群的野猪穿过，在所安放的红外相机中，几乎每台都能拍摄到野猪。在分子粪便鉴定结果中，鉴定最多的也为野猪和黄麂。黑麂为中国特有种，2015年9月曾对牯牛降保护区黑麂进行过专项调查，发现牯牛降保护区黑麂的种群数量相比其他同类型保护区高。通过诱捕法调查，牯牛降保护区最常见的啮齿类为白腹巨鼠、社鼠、针毛鼠和褐家鼠。

第二节　重点保护物种

牯牛降国家级自然保护区的55种兽类中，被列入IUCN物种红色物种名录的有47种；CITES附录物种收录的15种；CSRL中国物种红色名录收录45种；国家重点保护12种；安徽省重点保护7种；国家“三有”野生动物21种。

1.云　豹

云豹隶属食肉目猫科，国家Ⅰ级重点保护野生动物，CITES附录Ⅰ，IUCN：VU。云豹是大型猫科动物中体形最小的一种，其体长只有1 m，体重在10～25 kg，因其身上云状的灰色或黑色斑点而得名。云豹一般夜间活动，爬树本领非常强。本次调查通过分子粪便鉴定法，鉴定出云豹粪便样品，是近几年最直接的证据证明牯牛降保护区有云豹分布。

2.豹

豹隶属食肉目猫科，国家I级重点保护野生动物，CITES附录I，IUCN：VU。豹栖息于山地、丘陵、荒漠和草原，尤喜茂密的树林或大森林，无固定巢穴，单独活动。豹白日伏在树上，或卧在草丛中，或在悬崖的石洞中休息，夜晚出来游荡。本次调查未见豹子实体，但通过走访和查阅资料，确定牯牛降保护区有豹的分布。

3.梅花鹿

梅花鹿隶属偶蹄目鹿科，国家I级重点保护野生动物。梅花鹿生活在森林边缘和山地草原地区，不在茂密的森林或灌丛中，体长125～145 cm，尾长12～13 cm，体重70～100 kg。梅花鹿头部略圆，颜面部较长，鼻端裸露，眼大而圆，眶下腺呈裂缝状，泪窝明显，耳长且直立。梅花鹿白天多栖息在向阳的山坡，夜间则栖息于山坡的中部或中上部，坡向不定。梅花鹿主要分布在安徽省的皖南山区，近年种群数量逐渐减少，本次调查未见到梅花鹿实体，通过查阅资料，认为牯牛降保护区有梅花鹿分布。

4.黑　麂

黑麂隶属偶蹄目鹿科，国家I级重点保护野生动物。黑麂为我国特有种，仅生活于安徽南部、浙江西部以及江西和福建的局部地区。本次调查使用红外相机和分子粪便鉴定方法对牯牛降保护区的黑麂进行监测，均表明牯牛降保护区内有黑麂分布，且黑麂种群数量相对多度较高。

5.毛冠鹿

毛冠鹿隶属偶蹄目鹿科，安徽省一级重点保护野生动物。本次调查并未观察到毛冠鹿实体，通过走访和文献记录，该地区有毛冠鹿的分布。毛冠鹿常栖息于高山或丘陵地带的常绿阔叶林、针阔混交林、灌丛、采伐迹地和河谷灌丛中，仅产于中国，广泛分布于中国亚热带丘陵地区，北限秦岭，西至西藏东部，南限在北回归线附近。

6.穿山甲

穿山甲隶属鳞甲目鲮鲤科，国家II级重点保护野生动物，CITES附录II。穿山甲在安徽省主要分布于沿江平原和皖南山区，喜栖息树林灌丛中。本次调查未见穿山甲实体，通过走访保护区工作人员和猎户，了解该地曾有猎户捕获过穿山甲，认为在牯牛降保护区有一定数量分布。

7.豺

豺隶属食肉目犬科，国家II级重点保护野生动物，CITES附录II，IUCN：VU。豺比较罕见，在安徽主要分布于皖南山区和大别山区。本次调查的红外监测和粪便鉴定均没有发现豺，通过走访和文献的查阅，认为豺在牯牛降保护区内仍有分布，具体数量不详。

8.大灵猫

大灵猫隶属食肉目灵猫科，国家II级重点保护野生动物。大灵猫的体形较大，身体细长，额部相对较宽，吻部略尖；体长65～85 cm，最长可达100 cm，尾长30～48 cm，体重6～11 kg。大灵猫主要栖息于海拔2 100m以下的丘陵、山地等地带的热带雨林、亚热带常绿阔叶林的林缘灌木丛、草丛中，平时营独栖生活，喜欢居住在岩穴、土洞或树洞中，昼伏夜出。本次调查未见大灵猫，通过查阅文献和实地考察认为，牯牛降保护区是大灵猫理想的栖息地，最有可能存在大灵猫，可能有大灵猫的分布。

9.小灵猫

小灵猫隶属食肉目灵猫科，国家II级重点保护野生动物。小灵猫在安徽省较为常见，与大灵猫相似而较小，体重2～4 kg，体长46～61 cm，比家猫略大，吻部尖，额部狭小灵猫窄，四肢细短，雄性的较大。全身以棕黄色为主，唇白色，眼下、耳后棕黑色，背部有五条连续或间断的黑褐色纵纹，具不规则斑点，腹部棕灰，四脚乌黑，故又称“乌脚狸”。调查虽未捕获到小灵猫的照片，但通过走访和查阅资料得知，小灵猫在牯牛降保护区有一定数量分布。

10.鬣　羚

鬣羚隶属偶蹄目牛科，国家II级重点保护野生动物，CITES附录I。鬣羚在牯牛降保护区又叫四不像，体型较大，约60～90 kg。本次调查的红外相机监测到鬣羚的有20台，捡拾到的鬣羚粪便样品9个。鬣羚在牯牛降保护区主要分布于青石坑、雷打石、枫树窝坑、高级坑及螺丝亭附近，喜欢单独活动，性孤独，常早晨和傍晚出来在林中空地、林缘或沟谷一带摄食、饮水。鬣羚主要以青草、树木嫩枝、叶、芽、落果和菌类、松萝等为食。

第十一章　牯牛降保护区生物多样性及其保护策略

第一节　牯牛降保护区生物多样性的特色和优势

一、物种多样性

牯牛降保护区地形复杂，环境条件优越，孕育丰富的物种多样性。区内维管植物共177科744属1 554种，其中蕨类植物32科66属158种；裸子植物6科9属13种；被子植物139科669属1 384种；维管植物分别占安徽总科数的78.66%、总属数的60.38%、总种数的49.50%，如表11-1所示。

表11-1　牯牛降保护区维管束植物多样性在安徽省生物多样性中的比重表

	蕨类植物			裸子植物			被子植物			维管束植物合计		
	科	属	种	科	属	种	科	属	种	科	属	种
牯牛降保护区	32	66	158	6	9	13	139	669	1 384	177	744	1 554
安徽省	41	88	232	9	27	53	175	1 117	2 854	225	1 232	3 139
占安徽省比重	78.04%	75%	68.10%	66.66%	33.33%	24.52%	79.42%	59.89%	48.49%	78.66%	60.38%	49.50%

注：安徽省维管束植物科、属、种资料引自《安徽植物志》。

牯牛降保护区有裸子植物6科9属13种，占全国裸子植物总科数的54.54%、总属数的21.95%、总种数的5.50%；被子植物139科、669属、1 384种，占全国被子植物总科数的61.50%、总属数的22.70%、总种数的5.68 %，如表11-2所示。由此可知，牯牛降保护区种子植物在全国种子植物中占有非常重要的地位。

表11-2　牯牛降保护区种子植物占全国种子植物科、属、种比重表

项目	裸子植物			被子植物			种子植物合计		
	科	属	种	科	属	种	科	属	种
牯牛降保护区	6	9	13	139	669	1 384	145	678	1 396
全国	11	41	236	226	2 946	2 4375	237	2 987	2 4593
占全国比重	54.54%	21.95%	5.50%	61.50%	22.70%	5.68%	61.18%	22.69%	5.67%

注：全国种子植物科、属、种资料引自《安徽清凉峰国家级自然保护区生物多样性研究》。

牯牛降保护区共分布有野生脊椎动物31目85科316种，其中鱼类有4目8科13种；两栖类有2目8科27种，占安徽省两栖类物种总数的61.36%；爬行类有2目9科40种，占安徽省爬行类物种总数的55.56%；鸟类有15目41科181种，占安徽省鸟类物种总数的45.71%；哺乳类有8目19科55种，占安徽省哺乳类物种总数的57.29%，如表11-3所示。

表11-3　牯牛降保护区脊椎动物多样性在安徽省生物多样性中的比重表

类群	安徽省			牯牛降保护区			
	目	科	种	目	科	种	占安徽省比重
鱼类	–	–	–	4	8	13	–
两栖类	2	9	44	2	8	27	61.36%
爬行类	3	11	72	2	9	40	55.56%
鸟类	19	70	396	15	41	181	45.71%
哺乳类	9	25	96	8	19	55	57.29%

注：安徽省两栖爬行动物资料引自《安徽省两栖爬行动物名录修订》，安徽省鸟类资料引自《安徽鸟类图志》，安徽省哺乳类资料引自《安徽兽类志》。

二、区系成分多样性

1. 植物区系多样性

从植物的区系地理来看，牯牛降保护区分布的蕨类植物在科水平上有6种分布型，在属水平上有可分为13种分布型。牯牛降保护区的蕨类植物以鳞毛蕨科、水龙骨科、蹄盖蕨科、金星蕨科为优势科。以鳞毛蕨属、瓦韦属、卷柏属、耳蕨属、铁角蕨、石韦属、凤尾蕨属、蹄盖蕨属为本区的优势属，这与华东地区蕨类植物区系具有很大的相似性。从蕨类植物优势科、属、种的地理分布类型分析，具有明显的

亚热带特性，同时兼有少量的温带成分，本区蕨类植物起源古老。

牯牛降保护区种子植物145科可划分为11种分布区类型，归并为世界分布科、热带分布科和温带分布科。其中，世界分布科共计50科，占该区种子植物总科数的34.48%；热带分布科共有64科，占该区总科数的44.14%；温带成分科共有31个，占该区总科数的21.38%。从科级水平看，热带成分的科数占优势，表明本区系与热带植物区系的亲缘关系密切。

牯牛降保护区种子植物在属水平上可分为14种分布区类型，包括多种变型，并且各种地理成分相互渗透，充分显示该地区植物区系成分的多样性和复杂性。牯牛降保护区种子植物中，热带分布属共有229属，温带分布属共有358属，温带类型多于热带类型，说明了牯牛降保护区种子植物区系具有亚热带向暖温带过渡的性质。同时，牯牛降保护区种子植物区系与北温带、泛热带、东亚植物区系均有密切的联系。

2. 动物区系多样性

从陆生脊椎动物的区系地理来看，牯牛降保护区分布的27种两栖类动物中，东洋界种类有23种（85.20%），古北界种类有4种（14.80%），东洋界种类占明显优势；爬行动物中，东洋界成分29种（72.50%），古北界成分11种（27.50%），以东洋界种类为主；在181种鸟类中，属于东洋界的有101种（55.80%），属于古北界的有60种（33.15%），广布种有20种（11.05%），显示牯牛降保护区分布的鸟类以东洋种为主，兼有古北种和广布种，表明该区鸟类组成具有明显的混杂和逐渐由东洋界向古北界过渡的特征；兽类的区系与鸟类类似，以东洋种占绝对优势，并呈现东洋种和古北种相混杂的格局，其中东洋界种类有45种（81.80%），古北界种类10种（22.20%）。

三、植被类型多样性

牯牛降保护区位于我国北亚热带森林生态系统向暖温带森林生态系统的过渡地区，自然植被保存较好。由于水热条件充裕，其植物种类丰富，植被类型多样。牯牛降保护区的植被有针叶林、阔叶林、灌丛、草丛和沼泽5个植被型组，10个植被型，34个群系。森林植被主要包括黄山松林、马尾松林、杉木林、枫香林、甜槠林、青冈栎林、栲树林、苦槠林、南酸枣林、茅栗林、竹林等。

四、地带性植被的典型性

植被的地理分布规律取决于温度和湿度条件。牯牛降保护区地处北亚热带向暖温带过渡区，既适宜某些北方成分的生长，又适宜某些南方成分的繁衍，因此植被类型处于北亚热带常绿阔叶林向暖温带落叶阔叶林过渡地带。牯牛降保护区植被以森林植被为主，区内常绿阔叶林、常绿落叶阔叶混交林、落叶阔叶林和针叶林占了绝大多数面积，草丛和灌丛不甚发达，主要在溪边、林缘零星分布，在山顶和山坳呈斑块状分布。

牯牛降保护区的森林植被总体而言在结构上较为复杂，多数群落型建群树种较多，乔木树种成分多样。大多数群落因更新层和演替层较为完备，多为有序演替，但随着演替的进行，一些群落外貌会发生变化，如青冈栎林等常绿阔叶林的落叶树种成分越来越多而逐渐演变为常绿落叶阔叶混交林；草丛和沼泽等生态系统随着树种的侵入而逐渐演替为森林群落。

牯牛降保护区植被的分布规律主要表现在垂直方向上，由于海拔高度相差悬殊，水热条件随着高度变化有较大差别，由低海拔向高海拔依次出现了常绿阔叶林、常绿落叶阔叶混交林带、落叶阔叶林带、针阔混交林、黄山松林和少量的山地矮林和山地草丛。

由此可知，牯牛降保护区植被在水平地带与垂直地带都体现了类型的多样化，与多样化的生境紧密相关。

五、珍稀濒危物种多样性

牯牛降保护区分布有国家Ⅰ级重点保护野生植物银杏和南方红豆杉2种，国家Ⅱ级重点保护野生植物香榧、榉树、长序榆、鹅掌楸、天竺桂、野大豆、香果树等共计10种，国家珍稀濒危植物青钱柳、青檀、天目木兰、天女花、天目木姜子、八角莲、紫茎、黄山花楸、银鹊树等，共计20种。

牯牛降保护区珍稀濒危野生动物种类的稀有性较为突出，共有国家重点保护野生动物34种，其中国家Ⅰ级重点保护野生动物6种，国家Ⅱ级重点保护野生动物28种，安徽省重点保护动物57种。其中，两栖动物中有国家Ⅱ级重点保护野生动物2种，安徽省重点保护动物5种；爬行动物中列入安徽省重点保护的有9种；鸟类有国家Ⅰ级重点保护野生动物2种，国家Ⅱ级重点保护野生鸟类21种，安徽省重点保护鸟类33种；哺乳动物有国家Ⅰ级重点保护野生动物4种，国家Ⅱ级重点保护野生动物5种，另有10种被列入安徽省重点保护野生动物名录。

六、孑遗物种多样性

牯牛降山区成陆历史悠久，地形变化复杂，所以至今还能发现大量曾经生活在距今约7000万至200万以前的第三纪和第四纪早期的古老动植物种类。例如，第三纪前的孑遗树种南方红豆杉、三尖杉、香果树、青钱柳、鹅掌楸等，其中银杏是著名的“活化石”。

七、景观多样性

牯牛降保护区包括林地、草地、湿地、耕地、居民点等多种景观斑块类型，以林地为主，其中林地又分为常绿阔叶林、常绿落叶阔叶混交林、落叶阔叶林和针叶林，具有典型的森林景观生态系统的特征。此外，牯牛降山体雄伟、奇峰叠嶂，奇松怪石、幽谷深潭遍布境内，独特的地理及气候条件形成了瀑布 、云海等奇观，具有独特的自然景观。这些自然环境与完整的自然生态系统 、茂密的森林植被 、多样的植物群落、丰富的生物种类等森林景观一起构成了牯牛降保护区自然景观的多样性。近年来牯牛降保护区的景观类型以及生态类型没有发生明显变化，保护的完整性较好，区内人烟稀少，核心区内无居民，生态系统稳定，景观多样性水平较高。

第二节　牯牛降保护区生物多样性的保护策略

1.建立健全生物多样性保护和管理机构

由于牯牛降保护区地处石台县和祁门县两县交界处，属于不同行政区域管理范围，但作为自然保护区生物多样性保护的完整性，需要建立健全生物多样性管理机构和地方政府生物多样性管理协调机制，加强自然保护区建设的完整性和统一性，建立保护区管理的协商制度，加强保护区建设的统筹规划。同时，建立打击破坏保护区生态和生物多样性的违法行为的跨部门协作机制。

2.提升牯牛降保护区生物多样性和生态保护功能

自1982年建立牯牛降保护区以来，2004年又被批建为国家地质公园，使其成为以保护森林生态系统和珍稀动植物为主的综合型自然保护区。牯牛降保护区自建立约40年以来，没有对保护区进行功能区划及相关调整，随着我国经济社会的快速发展，以及新的国家生态保护政策的实施，保护区周边的环境发生了相应的变化。一方面，经济发展加快，保护区部分周边人类活动趋于频繁；另一方面，保护区多数周边地区生态保护趋好，生物多样性较丰富。因此，根据保护区的具体情况，结合我国在新形势下自然保护区建设的新要求，进行保护区的优化和整合，以便更有利于牯牛降保护区生物多样性和生态保护功能的发挥。

3.开展牯牛降保护区生物多样性本底资源调查和评估

由于牯牛降保护区地形复杂，面积较大，很多地方人迹罕至，人为扰动较小，自然条件优越，生态系统完整，物种丰富，且具有类型的典型性和区域上的代表性。牯牛降保护区是华东地区生物多样性的自然集中地和保存地，是物种的天然"基因库"，因此仍然有必要对牯牛降保护区进行更加充分的考察。

（1）植物资源调查。由于牯牛降保护区所处地理区域的特殊性，新的物种仍在不断被发现，有必要进行更加深入的植物资源调查，特别是苔藓植物等低等植物的调查仍然比较薄弱，但其生态价值不可低估。同时，通过调查掌握关键或重要保护物种的种群数量及其影响物种保护的环境等因素。

（2）无脊椎动物调查。牯牛降保护区虽然组织过两次规模较大的生物多样性调查，但由于各方面因素的限制，昆虫等无脊椎动物资源的调查非常有限。随着人们对无脊椎动物，特别是主要生态类群的认知不断加深，其在自然生态系统中的生态价值显得更加重要。作为牯牛降保护区生物多样性的最大类群，有必要进一步对它们的认知和了解，尤其是重要水生生物、线虫类、环节动物、陆生软体动物、重要类群的昆虫类群等。

（3）脊椎动物物种资源调查。脊椎动物物种资源的调查应广泛运用红外相机、粪便DNA技术、媒介生物DNA技术等手段。通过这些辅助技术深入开展调查工作，进一步弄清牯牛降保护区的脊椎动物资源，掌握关键或重要物种的种群数量，分析影响种群动态的因素。

4.建立牯牛降保护区生物多样性的监测体系

生物多样性监测是自然保护区实施有效保护的工作基础，生物多样性的动态变化是人类—生态—社会的综合反映。掌握生物多样性动态可为牯牛降保护区保护策略的制定和实施提供科学依据。因此，要建立牯牛降保护区生态系统和物种资源的监测标准，推进生物多样性监测工作的标准化和规范化；加大生态系统和不同生物类群监测的现代化设备、设施的建设力度；构建生物多样性监测网络体系，实现数据共享。

（1）牯牛降保护区生物多样性监测的固定样地建设。根据本次调查的情况，在牯牛降保护区的南坡和北坡分别建立若干样线进行定期监测，样线布设还要考虑不同生境类型，如溪流、林地、草甸等，监测时间和样线布设符合国家相关技术标准和规范。同时，在牯牛降保护区的南坡和北坡各建立一个10 hm^2的样方，开展生物多样性的监测和研究。

（2）加强红外相机环境DNA为辅助的生物多样性监测。新的技术手段已经越来越多地运用于生物多样性监测中，如红外相机监测等，因此建议在牯牛降保护区按1km网格布设红外相机对鸟类和哺乳类动物等进行长期监测；运用环境DNA，如粪便DNA、媒介生物DNA等来辅助监测和调查哺乳类动物种群及其动态。

（3）将真菌多样性、动物多样性与植物多样性监测相结合。在进行样线和样方监测过程中，应尽可能地收集牯牛降保护区的各种相关信息，要有效地将动植物监测调查科学地结合起来，提高监测效率，掌握野生动植物种群、分布、栖息地和典型生态系统的现状以及动态变化等。

（4）加强对重点物种、生态指示物种及其类群的监测。根据调查结果，重点加强对国家级重点保护野生动物和植物物种的数量动态监测，同时对具有重要生态指示功能的物种进行动态监测，如蝶类、两栖类、鸟类开展重点监测。

（5）加强牯牛降保护区生物多样性的科学研究。自然保护区生物多样性的保护需要长期的科学研究支撑，如地质、地貌、土壤、气象等自然因子及全球气候变化，以及区内社会、经济状况动态调查和原住居民生计替代等的研究工作。同时，还需要专题开展植物区系组成和特点、植物群组，珍稀濒危植物资源调查、植被分布特征及其动态变化的分析；特别是牯牛降保护区南坡和北坡植物变化及群落演替规律；亚热带类型森林生态系统的功能及生物多样性变化规律；牯牛降保护动物区系组成和特点，种类名录、种群结构、分布、迁徙等要素的研究。自然保护区的试验区是进行生态、遗传和进化等学科研究的理想基地，可以研究关键物种或生态指示物种的生态学、遗传多样性及适应化进化，同时也是野生动植物特殊功能性基因研究的理想区域。此外，应加强牯牛降保护区的国际合作与交流。

5.加强牯牛降保护区生物防治和外来入侵物种监测预警及应急处理机制

牯牛降保护区应加强对外来物种的调查，建立外来入侵物种监测预警机制，将其列入生物多样性的监测内容，在保护区各重要入口设立外来物种野外监测站点，及时发现和处理进入的外来物种。牯牛降保护区应注重预测、预报，搞好检验检疫，重点加强松材线虫的入侵与管控，一旦发生有害生物危害，应以生物措施为主、多种措施相结合积极控制和防治，并研究生物防治相关技术。牯牛降保护区应加强外来物种的快速分子鉴定技术的研究和开发，研究外来入侵物种危害机理，提出有效的监测预警机制和应急处理的技术方法。

6.加强牯牛降保护区生物多样性保护自然教育和宣传教育工作

牯牛降保护区作为安徽省建立的第一个以自然森林生态系统类型的保护区，也是我国建立时间较早的自然保护区。在生物多样性保护自然教育等方面发挥着重要的作用，并起到引领和示范效果。牯牛降保护区应利用国际生物多样性日、成立日等重要时间窗口，宣传《生物多样性公约》及履约责任和义务，同时利用地方电视、广播、网络等媒体，以及宣传册、宣传画、培训班等，组织编写动植物等图谱，普及生物多样性保护知识，让社会公众了解保护区的主要工作职能及生物多样性保护政策，提高全民生物多样性保护意识。此外，还需要引导原住居民主动加入到保护区生物多样性保护中。

为此，牯牛降保护区应该重点加强科普宣传资料和作品的研发，并开展多样化的宣传科教活动，建立以自然教育为主体的功能体系建设。采取多种形式开展宣传教育活动，尤其注重对青少年的生态道德教育，为公众参与保护区的建设管理创造条件，使保护区成为提高全民文化素质、宣扬生态文明理念和开展爱国主义教育的重要基地。

7.加强牯牛降保护区生物多样性保护人才队伍的建设

牯牛降保护区管理部门应该强化管理人员、专业技术人才、技能人才的培养和使用；推行关键岗位培训，加强各类人员的业务培训，鼓励在职学习，不断提高人员素质；不断改革和完善自然保护区人事管理、工资、奖励制度等，激发人才活力。同时，牯牛降保护区要根据需要，吸纳大学生、研究生，改善人才队伍结构。各级林业主管部门要制定人才发展和培训计划，并将人才保障作为自然保护区管理工作考核评估指标之一。

8.发展社区共管与生物多样性保护和监测的联合机制

社区共管是发挥自然保护区保护功能的重要措施，也是实现人与保护区自然和谐共处的有效措施，吸引当地社区积极和充分参与自然保护区管理，尤其是在生物多样性保护和监测体系中。因此，牯牛降保护区可以将一些能够充分认识保护区在自然生态和生物多样性保护重要性的社区原住民，纳入保护区的保护体系内，赋予一些生物多样性常规监测职责，同时弥补保护区管理人员的不足，增强生物多样性保护的系统性。

参考文献

1.GENTRY A H . Changes in plant community diversity and floristic composition on environmental and geographical gradients [J]. Annals of the Missouri Botanical Garden, 1988,75(1):1-34.

2.HURLBERT S H. The non-concept of species diversity: a critique and alternative parameters[J]. Ecology,1971,52: 577-586.

3.LEATHWICK J R, BURNS B R, CLARKSON B D. Environmental correlates of tree alpha-diversity in New Zealand primary forests[J].Ecography,1998,21:235-246.

4.MESSIER C, PARENT S, BERGERON Y. Effects of overstory and understory vegetation on the understory light environment in mixed boreal forests [J]. Journal of Vegetation Science,1998,9(4): 511-520.

5.PAUSAS G.AUSTIN, MIKE P.Austin.Patterns of plant species richness in relation to different environments:an appraisal[J].Journal of Vegetation Science,2001(12):153-166.

6.ROBERTS C, CESKA O, KROEGER P, KENDRICK B. Macrofungi from six habitats over five years in Clayoquot Sound, Vancouver Island [J]. Canadian Journal of Botany, 2004,82 (7): 1518-1538.

7.SCHMIT J P, MURPHY J F, MUELLER G M. Macrofungal diversity of a temperate oak forest: a test of species richness estimators[J]. Canadian Journal of Botany, 1999, 77 (7): 1014-1027.

8.TRUDELL S A, EDMONDS R L. Macrofungus communities correlate with moisture and nitrogen abundance in two old-growth conifer forests, Olympic National Park, Washington, USA[J]. Canadian Journal of Botany,2004,82 (6): 781-800.

9.ZHENG Z M, ZHONG Y L.The genus Alulatettix Liang from China (Orthoptera: Tetrigoidea: Tetrigidae) [J]. Oriental Insects,2001,35:193-202.

10. 安徽植被协作组 . 安徽植被[M]. 合肥:安徽科学技术出版社,1981.

11. 安徽植物志协作组 . 安徽植物志:第一卷[M]. 合肥: 安徽科学技术出版社,1985.

12. 安徽植物志协作组,安徽植物志:第二卷[M]. 北京:中国展望出版社,1986.

13. 安徽植物志协作组,安徽植物志:第三卷[M] . 北京:中国展望出版社,1988.

14. 安徽植物志协作组,安徽植物志:第四卷[M]. 合肥:安徽科学技术出版社,1991.

15. 安徽植物志协作组,安徽植物志:第五卷[M] . 合肥:安徽科学技术出版社,1992.

16. 蔡明章. 福建武夷山保护区的珍稀动物(二)[J]. 生物学通报,1997,32(11):20-21.

17. 陈黎,吴刚. 牯牛降自然保护区观赏植物资源调查[J]. 江苏林业科技,2003,30(1):20-22.

18. 陈水华,黄秦,范忠勇,等. 浙江鸟类名录更新(英文)[J]. 中国鸟类(英文版),2012,3(2):118-136.

19. 戴启培. 牯牛降野生观赏植物资源调查与评价研究[D]. 南京:南京林业大学,2010.

20. 韩也良. 牯牛降科学考察集[M]. 北京: 中国展望出版社,1990.

21. 江胜中. 牯牛降新发现9种野生动植物及其形态和习性初探[J]. 安徽林业科技,2011,37(4):37-40.

22. 蒋志刚,纪力强. 1999. 鸟兽物种多样性测度的 GF 指数方法[J]. 生物多样性,1999,7(3):220-225.

23. 李炳华. 牯牛降自然保护区鸟类区系及若干生态的研究 I 区系组成[J]. 安徽师大学报,1987,2: 50-60.

24. 李炳华. 牯牛降自然保护区鸟类区系及若干生态的研究 II 若干生态资料[J]. 安徽师大学报,1988,1: 51-63.

25. 刘旭东. 中国野生大型真菌彩色图鉴[M]. 北京:中国林业出版社,2002.

26. 马克平. 生物群落多样性的测度方法[M]. 北京: 中国科学技术出版社,1994.

27. 卯晓岚. 中国大型真菌[M]. 郑州:河南科学技术出版社,2000.

28. 孟绪武. 安徽省昆虫名录[M]. 合肥:中国科学技术大学出版社,2003.

29. 倪味咏. 牯牛降的珍奇植物[J]. 中国野生植物资源,2004,23(1): 38-39.

30. 倪味咏. 牯牛降自然保护区建设发展思考[J]. 安徽林业科技,2010,(3): 38-39.

31. 钱迎倩,马克平. 生物多样性研究的原理与方法[M]. 北京:中国科学技术出版社,1994.

32. 沈显生. 苏、浙、皖蕨类植物区系研究[J]. 武汉植物学研究,2001,19(3): 215-219.

33. 沈泽昊,胡志伟,赵俊,等. 安徽牯牛降的植物多样性垂直分布特征——兼论山顶效应的影响[J]. 山地学报,2007,25(2): 160-168.

34. 王岐山,胡小龙. 安徽九华山鸟类调查报告[J]. 安徽大学学报,1978,(1): 56-84.

35. 王岐山,胡小龙,邢庆仁,等. 安徽黄山的鸟兽资源调查报告[J]. 安徽大学学报,1981,(2): 138-158.

36. 王四川. 安徽牯牛降常绿阔叶林种子生态学研究[D]. 南京:南京林业大学,2009.

37. 王挺. 安徽牯牛降保护区常绿阔叶林繁育系统的研究[D]. 南京:南京林业大学,2009.

38. 魏景超. 真菌鉴定手册[M]. 上海:上海科学技术出版社,1979.

39. 吴兆洪,秦仁昌. 中国蕨类植物科属志[M]. 北京: 科学出版社,1991.

40. 吴征镒,周浙昆,李德铢,等. 世界种子植物科的分布区类型系统[J]. 云南植物研究,2003,25(3): 245-257.

41. 吴征镒,周浙昆,孙航,等. 种子植物分布区类型及其起源与分化[M]. 昆明:云南科技出版社,2006.

42. 伊仰东,陈建秀. 中国安徽省刺齿虫兆属一新种(弹属目: 长角虫兆科)(英文)[J]. 昆虫分类学报,1999,21(4):235-238.

43. 郑光美. 中国鸟类分类与分布名录(第二版)[M]. 北京: 科学出版社,2011.

44. 郑作新. 中国鸟类系统检索[M]. 北京: 科学出版社,2002.

45. 郑作新. 中国鸟类种和亚种分类名录大全[M]. 北京: 科学出版社,2000.

46. 郑作新,钱燕文. 安徽黄山的鸟类初步调查[J]. 动物学杂志,1960,4(1): 10-14.

附录1

新　种

牯牛铁线莲

牯牛铁线莲由牯牛降保护区植物专家、高级工程师倪味咏于2017年5月在安徽省祁门县历口镇桶坑村首次发现。此后，安徽师范大学周守标教授和汪荣斌博士、洪欣博士历时2年多对其进行了标本采集、引种栽培、形态观察、信息整理等研究，鉴定为毛茛科铁线莲属新物种，命名为牯牛铁线莲（*Clematis guniuensis* W.Y.Ni, R.B. Wang & S.B.Zhou）。同时，撰写论文“Clematis guniuensis（Ranunculaceae），a new species from Eastern China”2019年7月在*phytokeys*刊出。

牯牛铁线莲为多年生藤本植物，植株幼茎、叶、顶芽密被长柔毛。三出复叶对生；小叶浅裂，卵形到狭卵形；正面深绿色，密被白色柔毛，背面浅绿色，疏生柔毛至无毛，基部脉背面稍突出。聚伞花序腋生，1花；花序梗长3～6 cm，密被柔毛；苞片对生，近无柄，卵形，边缘全缘，两面具柔毛。花直径6～8 cm；花梗长约2 cm，密被柔毛；萼片4，浅绿，卵形或卵状披针形，先端锐尖，正面无毛，背面疏生白色短柔毛；雄蕊多数，长1～3 cm，花丝线形，无毛，花药狭长圆形，长约6 mm，白色，无毛；子房椭圆形，短柔毛，花柱密被黄色长柔毛。瘦果扁平，卵形到宽椭圆形，宽约3 mm，短柔毛；宿存花柱长1.50～2 cm。花期4月到5月，果期6月到11月

秋浦羽叶报春

秋浦羽叶报春（*Primula qiupuensis* J.W.Shao）最初在牯牛降北坡及石台蓬莱洞附近采集到，曾被误标定为安徽羽叶报春（*Primula merrilliana* Schltr.）。经安徽师范大学邵剑文教授课题组深入研究发现：该种在形态上小羽片分裂程度较浅、花粉粒为多沟型与安徽羽叶报春有一定的区别，进一步分子序列分析也支持它为一个独立的

新种。因此将其定名为秋浦羽叶报春，于2020年5月以“Primula qiupuensis, a new species in Primulaceae from China”为题在国际分类期刊*Phytotaxa*描述发表。

秋浦羽叶报春为二年生草本，具多数纤维状须根。叶10～30枚，叶柄长0.50～2cm，叶长1.50～8cm，宽0.80～2cm，羽状全裂，羽片3～7对，椭圆形，边缘多浅裂，偶深裂，5～7齿，具短尖头；顶生羽片略大，常3裂。花葶2～10枚，高2～7cm，伞形花序1～2层，每层通常具3朵花；苞片线状披针形，长3～5mm。花柄纤细长1.50～4cm。花两型或同型，花萼窄钟状，长4～5mm，分裂达中部，裂片披针形。花冠粉红色或淡粉红色，两型花冠檐直径11～21mm，裂片椭圆形或卵状椭圆形，宽约4.50mm，先端圆形。长柱花：花筒长约7mm，花粉囊位于花筒中部，花柱柱头位于筒口；短柱花：花筒长约8mm，花粉囊位于花筒品，花柱柱头位于花筒中部；同型花：冠檐直径7～14mm，裂片宽约2.50mm，花筒长4～7mm，花粉囊和柱头均位于花筒口。花粉粒为多沟型。蒴果近球形，直径约3～4mm。花期3～4月，果期4～5月。

秋浦羽叶报春现零星仅分布于牯牛降保护区北坡及秋浦河流域的丘陵山区，喜生长在阴坡林缘石壁或林下溪边，具有重要的观赏价值，但分布区十分狭窄，应给予关注和保护。

附录2

牯牛降保护区蕨类植物名录

科名		属名		种名		
石杉科	Huperziacea	石杉属	*Huperzia*	黄山石杉	*Huperzia hwangshanensis*	文献、标本
				蛇足石杉	*Huperzia serrata*	文献、标本
				四川石杉	*Huperzia sutchueniana*	文献、标本
		马尾杉属	*Phlegmariurus*	闽浙马尾杉	*Phlegmariurus mingchegensis*	文献、标本
石松科	Lycopodiaceae	石松属	*Lycopodium*	石松	*Lycopdium japonicum*	文献、标本
				劲直树状石松	*Lycopdium obscurum*	文献、标本
				千层塔	*Lycopdium serratum*	文献、标本
卷柏科	Selaginellaceae	卷柏属	*Selaginella*	卷柏	*Selaginella tamariscina*	文献、标本
				异穗卷柏	*Selaginella heterostachys*	文献、标本
				江南卷柏	*Selaginella moellendorffii*	文献、标本
				伏地卷柏	*Selaginella nipponica*	文献、标本
				细叶卷柏	*Selaginella labordei*	文献、标本
				毛枝卷柏	*Selaginella trichoclada*	文献、标本
				小卷柏	*Selaginella helvatica*	文献、标本
				翠云草	*Selaginella uncinata*	文献、标本
木贼科	Equisetaceae	木贼属	*Equisetum*	笔管草	*Equisetum ramosissimum* subsp. *debile*	文献、标本
				节节草	*Equisetum ramosissimum*	文献、标本
阴地蕨科	Botrychiaceae	阴地蕨属	*Scepteridium*	阴地蕨	*Scepteridium ternatum*	文献、标本
				华东阴地蕨	*Scepteridium japonicum*	文献、标本
瓶尔小草科	Ophioglossaceae	瓶尔小草属	*Ophioglossum*	瓶尔小草	*Ophioglossum vulgatum*	文献、标本
				尖头瓶尔小草	*Ophioglossum pedunculosum*	文献、标本
紫萁科	Osmundaceae	紫萁属	*Osmunda*	紫萁	*Osmunda japonica*	文献、标本
瘤足蕨科	Plagiogyriaceae	瘤足蕨属	*Plagiogyria*	华东瘤足蕨	*Plagiogyria japonica*	文献、标本

续 表

科名		属名		种名		
里白科	Gleicheniaceae	芒萁属	*Dicranopteris*	芒萁	*Dicranopteris dichotoma*	文献、标本
		里白属	*Diplopterygium*	里白	*Diplopterygium glaucum*	文献、标本
				光里白	*Diplopterygium laevissimum*	文献、标本
海金沙科	Lygodiaceae	海金沙属	*Lygodium*	海金沙	*Lygodium japonicum*	文献、标本
膜蕨科	Hymenophyllaceae	团扇蕨属	*Gonocormus*	团扇蕨	*Gonocormus minutus*	文献、标本
		假脉蕨属	*Crepidomanes*	翅柄假脉蕨	*Crepidomans late-alatum*	文献、标本
				多脉假脉蕨	*Crepidomans insigne*	文献、标本
		膜蕨属	*Hymenophyllum*	华东膜蕨	*Hymenophyllum barbatum*	文献、标本
				膜蕨	*Hymenophyllum barbatum*	文献、标本
		蕗蕨属	*Mecodium*	小果蕗蕨	*Mecodium microsorum*	文献、标本
				四川蕗蕨	*Mecodium szechuanense*	文献、标本
碗蕨科	Dennstaedtiaceae	碗蕨属	*Dennstaedtia*	细毛碗蕨	*Dennstaedtia hirsuta*	文献、标本
				溪洞碗蕨	*Dennstaedtia wilfordii*	文献、标本
		鳞盖蕨属	*Microlepia*	边缘鳞盖蕨	*Microlepia marginata*	文献、标本
鳞始蕨科	Lindsaeaceae	乌蕨属	*Stenoloma*	乌蕨	*Stenoloma chusana*	文献、标本
蕨科	Pteridaceae	蕨属	*Pteridium*	蕨	*Pteridium aquilinum* var. atiusculum	文献、标本
凤尾蕨科	Pteridaceae	凤尾蕨属	*Pteris*	井口边草	*Pteris multifida*	文献、标本
				刺齿凤尾蕨	*Pteris dispar*	文献、标本
				凤尾蕨	*Pteris cretica* var. intermedia	文献、标本
				半边旗	*Pteris semipinnata*	文献、标本
				蜈蚣草	*Pteris vittata*	文献、标本
中国蕨科	Sinopteridaceae	金粉蕨属	*Onychium*	野雉尾	*Onychium japonicum*	文献、标本
		碎米蕨属	*Cheilosoria*	毛轴碎米蕨	*Cheilosoria chusana*	文献、标本
		粉背蕨属	*Aleuritopteris*	银粉背蕨	*Aleuritopteris argentea*	文献、标本

续 表

科名		属名		种名		
铁线蕨科	Adiantaceae	铁线蕨属	*Adiantum*	铁线蕨	*Adiantum capillus-veneris*	文献、标本
裸子蕨科	Hemionitidaceae	凤丫蕨属	*Coniogramme*	凤丫蕨	*Coniogramme japonica*	文献、标本
				普通凤丫蕨	*Coniogramme intermedia*	文献、标本
				井冈山凤丫蕨	*Coniogramme jinggangshanensis*	文献、标本
睫毛蕨科	Pleurosoriopsidaceae	睫毛蕨属	*Pleurosoriopsis*	睫毛蕨	*Pleurosoriopsis makinoi*	文献、标本
蹄盖蕨科	Athyrisaceae	蹄盖蕨属	*Athyrium*	华中蹄盖蕨	*Athyrium wardii*	文献、标本
				光蹄盖蕨	*Athyrium otophorum*	文献、标本
				中华蹄盖蕨	*Athyrium sinense*	文献、标本
				华东蹄盖蕨	*Athyrium nipponicum*	文献、标本
				禾秆蹄盖蕨	*Athyrium yokoscense*	文献、标本
		菜蕨属	*Callipteris*	菜蕨	*Callipteris esculenta*	文献、标本
		双盖蕨属	*Diplazium*	单叶双盖蕨	*Diplazium subsinuatum*	文献、标本
		介蕨属	*Dryoathyrium*	鄂西介蕨	*Dryoathyrium henryi*	文献、标本
				华中介蕨	*Dryoathyrium okuboanum*	文献、标本
		假蹄盖蕨属	*Athyriopsis*	假蹄盖蕨	*Athyriopsis japonica*	文献、标本
				毛轴假蹄盖蕨	*Athyriopsis peterseni*	文献、标本
		娥眉蕨属	*Lunathyrium*	华中蛾眉蕨	*Lunathyrium centro-chinense*	文献、标本
				陕西蛾眉蕨	*Lunathyrium giraldii*	文献、标本
		羽节蕨属	*Gymnocarpium*	东亚羽结蕨	*Gymnocarpium oyamense*	文献、标本
		短肠蕨属	*Allantodia*	有鳞短肠蕨	*Allantodia squamigera*	文献、标本
		冷蕨属	*Cystopteris*	冷蕨	*Cystopteris fragilis*	文献、标本
肿足蕨科	Hypodematiaceae	肿足蕨属	*Hypodematium*	宜兴肿足蕨	*Hypodematium squamuloso-pilosum*	文献、标本
金星蕨科	Thelypteridaceae	毛蕨属	*Cyclosorus*	渐尖毛蕨	*Cyclosorus acuminatus*	文献、标本

续 表

科名		属名		种名		
		针毛蕨属	*Macrothelypteris*	针毛蕨	*Macrothelypteris oligophlebia*	文献、标本
				假普通针毛蕨	*Macrothelypteris viridifrons*	文献、标本
				短毛针毛蕨	*Macrothelypteris oligophlebia* var. elegans	文献、标本
		金星蕨属	*Parathelypteris*	中华金星蕨	*Parathelypteris chinensis*	文献、标本
				光脚金星蕨	*Parathelypteris japonica*	文献、标本
				中日金星蕨	*Parathelypteris nipponica*	文献、标本
				金星蕨	*Parathelypteris glanduligera*	文献、标本
		凸轴蕨属	*Metathelypteris*	疏羽凸轴蕨	*Metathelypteris laxa*	文献、标本
				林下凸轴蕨	*Metathelypteris hattori*	文献、标本
		卵果蕨属	*Phegopteris*	延羽卵果蕨	*Phegopteris decursive-pinnata*	文献、标本
		假毛蕨属	*Pseudocyclosorus*	普通假毛蕨	*Pseudocyclosorus subochthodes*	文献、标本
铁角蕨科	Aspleniaceae	铁角蕨属	*Asplenium*	铁角蕨	*Asplenium trichomanes*	文献、标本
				虎尾铁角蕨	*Asplenium incisum*	文献、标本
				九龙铁角蕨	*Asplenium jiulungense*	文献、标本
				华中铁角蕨	*Asplenium sarelii*	文献、标本
				倒挂铁角蕨	*Asplenium normale*	文献、标本
				变异铁角蕨	*Asplenium varians*	文献、标本
				长生铁角蕨	*Asplenium prolongatum*	文献、标本
球子蕨科	Onocleaceae	荚果蕨属	*Matteuccia*	东方荚果蕨	*Matteuccia orientalis*	文献、标本
岩蕨科	Woodsiaceae	岩蕨属	*Woodsia*	耳羽岩蕨	*Woodsia polytichoides*	文献、标本
				妙峰岩蕨	*Woodsia oblonga*	文献、标本
				中岩蕨	*Woodsia intermedia*	文献、标本
乌毛蕨科	Blechnaceae	狗脊蕨属	*Woodwardia*	狗脊蕨	*Woodwardia japonica*	文献、标本
鳞毛蕨科	Dryopteridaceae	鳞毛蕨属	*Dryopteris*	两色鳞毛蕨	*Dryopteris bissetiana*	文献、标本
				中华鳞毛蕨	*Dryopteris chinensis*	文献、标本
				阔磷鳞毛蕨	*Dryopteris championi*	文献、标本

续 表

科名	属名		种名		
			黑足鳞毛蕨	*Dryopteris fuscipes*	文献、标本
			暗鳞鳞毛蕨	*Dryopteris atrata*	文献、标本
			迷人鳞毛蕨	*Dryopteris decipiens*	文献、标本
			狭顶鳞毛蕨	*Dryopteris lacera*	文献、标本
			假异鳞毛蕨	*Dryopteris immixta*	文献、标本
			轴鳞鳞毛蕨	*Dryopteris lepidorachis*	文献、标本
			太平鳞毛蕨	*Dryopteris pacifica*	文献、标本
			半岛鳞毛蕨	*Dryopteris peninsulae*	文献、标本
			同形鳞毛蕨	*Dryopteris uniformis*	文献、标本
			黄山鳞毛蕨	*Dryopteris hwangshanensis*	文献、标本
			变异鳞毛蕨	*Dryopteris varia*	文献、标本
	毛枝蕨属	*Leptorumohra*	毛枝蕨	*Leptorumohra miqueliana*	文献、标本
	耳蕨属	*Polystichum*	对马耳蕨	*Polystichum tsus-simense*	文献、标本
			假黑鳞耳蕨	*Polystichum pseudo-makinoi*	文献、标本
			对生耳蕨	*Polystichum deltodon*	文献、标本
			黑鳞耳蕨	*Polystichum makinoi*	文献、标本
			革叶耳蕨	*Polystichum neolobatum*	文献、标本
			三叉耳蕨	*Polystichum tripteron*	文献、标本
			折鳞耳蕨	*Polystichum retroso-peleaceum*	文献、标本
	复叶耳蕨属	*Arachniodes*	刺头复叶耳蕨	*Arachniodes exilis*	文献、标本
			溧阳复叶耳蕨	*Arachniodes liyangensis*	文献、标本
			斜方复叶耳蕨	*Arachniodes rhomboidea*	文献、标本
			长尾复叶耳蕨	*Arachniodes simplicior*	文献、标本
			大片复叶耳蕨	*Arachniodes cavalerii*	文献、标本
	鞭叶蕨属	*Cyrtomidictyum*	普陀鞭叶蕨	*Cyrtomidictyum faberi*	文献、标本
	贯众属	*Cyrtomium*	贯众	*Cyrtomium fortunei*	文献、标本
			镰羽贯众	*Cyrtomium balansae*	文献、标本
			阔羽贯众	*Cyrtomium yamamotoi*	文献、标本

续 表

科名		属名		种名		
				全缘贯众	*Cyrtomium falcatum*	文献、标本
水龙骨科	Polypodiaceae	线蕨属	*Colysis*	线蕨	*Colysis elliptica*	文献、标本
				矩圆线蕨	*Colysis henryi*	文献、标本
		骨牌蕨属	*Lepidogrammitis*	抱石莲	*Lepidogrammitis drymoglossoides*	文献、标本
				骨牌蕨	*Lepidogrammitis rostata*	文献、标本
				披针骨牌蕨	*Lepidogrammitis diversa*	文献、标本
		鳞果星蕨属	*Lepidomicrosorium*	鳞果星蕨	*Lepidomicrosorium subhastatum*	文献、标本
		瓦韦属	*Lepisorus*	庐山瓦韦	*Lepisorus lewisii*	文献、标本
				瓦韦	*Lepisorus thunbergianus*	文献、标本
				阔叶瓦韦	*Lepisorus tosaensis*	文献、标本
				远叶瓦韦	*Lepisorus distans*	文献、标本
				多鳞瓦韦	*Lepisorus oligolepidaus*	文献、标本
				乌苏里瓦韦	*Lepisorus ussuriensis*	文献、标本
				粤瓦韦	*Lepisorus obscure-venulosus*	文献、标本
				黄瓦韦	*Lepisorus macrosphaerus*	文献、标本
				宝华山瓦韦	*Lepisorus paohuashanensis*	文献、标本
		星蕨属	*Microsorum*	江南星蕨	*Microsorum fortunei*	文献、标本
		盾蕨属	*Neolepisorus*	卵叶盾蕨	*Neolepisorus ovatus*	文献、标本
		石韦属	*Pyrrosia*	庐山石韦	*Pyrrosias heareri*	文献、标本
				有柄石韦	*Pyrrosia petiolosa*	文献、标本
				长圆石韦	*Pyrrosia oblonga*	文献、标本
				石韦	*Pyrrosia lingua*	文献、标本
				有柄石韦	*Pyrrosia petiolosa*	文献、标本
				北京石韦	*Pyrrosia davidii*	文献、标本
				三尖石韦	*Pyrrosia tricuspsis*	文献、标本
		假瘤蕨属	*Phymatopteris*	金鸡脚	*Phymatopteris hastata*	文献、标本
		水龙骨属	*Polypodiodes*	水龙骨	*Polypodiodes nipponicum*	文献、标本

续 表

科名		属名		种名		
剑蕨科	Lxogrammaceae	剑蕨属	*Loxogramme*	中华水龙骨	*Polypodiodes pseudoamoenum*	文献、标本
				褐柄剑蕨	*Loxogramme saziran*	文献、标本
				匙叶剑蕨	*Loxogramme grammitoides*	文献、标本
				中华剑蕨	*Loxogramme chinensis*	文献、标本
蘋科	Matsileaceae	蘋属	*Marsilea*	蘋	*Marsilea quadrifolia*	文献、标本
槐叶蘋科	Salviniacae	槐叶蘋属	*Salvinia*	槐叶蘋	*Salvinia natans*	文献、标本
满江红科	Azollaceae	满江红属	*Azolla*	满江红	*Azolla imbricata*	文献、标本

附录3

牯牛降保护区种子植物名录

科名	属名		种名		
银杏科 Ginkgoaceae	银杏属	*Ginkgo*	银杏	*Ginkgo biloba*	文献、标本
松科 Pinaceae	松属	*Pinus*	黄山松	*Pinus taiwanensis*	文献、标本
			马尾松	*Pinus massoniana*	文献、标本
	黄杉属	*Pseudotsuga*	华东黄杉	*Pseudotsuga gaussenii*	标本
杉科 Taxodiaceae	杉木属	*Cunninghamia*	杉木	*Cunninghamia lanceolata*	文献、标本
柏科 Cupressaceae	圆柏属	*Sabina*	圆柏	*Sabina chinensis*	文献、标本
			高山柏	*Sabina squamata*	文献、标本
	刺柏属	*Juniperus*	刺柏	*Juniperus formosana*	文献、标本
三尖杉科 Cephalotaxaceae	三尖杉属	*Cephalotaxus*	三尖杉	*Cephalotaxus fortunei*	文献、标本
			粗榧	*Cephalotaxus sinensis*	文献、标本
红豆杉科 Taxaceae	榧树属	*Torreya*	榧树	*Torreya grandis*	文献、标本
	红豆杉属	*Taxus*	红豆杉	*Taxus chinensis*	文献、标本
			南方红豆杉	*Taxus chinensis* var. *mairei*	文献、标本
杨梅科 Myricaceae	杨梅属	*Myrica*	杨梅	*Myrica rubra*	文献、标本
胡桃科 Juglandaceae	青钱柳属	*Cyclocarya*	青钱柳	*Cyclocarya paliurus*	文献、标本
	胡桃属	*Juglans*	华东野核桃	*Juglans cathayensis* var. *formosana*	文献、标本
	化香树属	*Platycarya*	化香树	*Platycarya strobilacea*	文献、标本
	枫杨属	*Pterocarya*	枫杨	*Pterocarya stenoptera*	文献、标本
杨柳科 Salicaceae	杨属	*Populus*	响叶杨	*Populus adenopoda*	文献、标本
	柳属	*Salix*	银叶柳	*Salix chienii*	文献、标本
			紫柳	*Salix wilsonii*	文献、标本

续 表

科名	属名		种名		
			腺柳	*Salix chaenomeloides*	文献、标本
桦木科 Betulaceae	桤木属	*Alnus*	江南桤木	*Alnus trabeculosa*	文献、标本
	桦木属	*Betula*	亮叶桦	*Betula luminifera*	文献、标本
	鹅耳枥属	*Carpinus*	华千金榆	*Carpinus cordata* var. *chinensis*	文献、标本
			雷公鹅耳枥	*Carpinus viminea*	文献、标本
			鹅耳枥	*Carpinus turczaninowii*	文献、标本
			湖北鹅耳枥	*Carpinus hupeana*	文献、标本
	榛属	*Corylus*	川榛	*Corylus heterophylla* var. *sutchuenensis*	文献、标本
壳斗科 Fagaceae	栗属	*Castanea*	锥栗	*Castanea henryi*	文献、标本
			板栗	*Castanea mollissima*	文献、标本
			茅栗	*Castanea seguinii*	文献、标本
	锥属	*Castanopsis*	苦槠	*Castanopsis sclerophylla*	文献、标本
			米槠	*Castanopsis carlesii*	文献、标本
			甜槠	*Castanopsis eyrei*	文献、标本
			栲	*Castanopsis fargesii*	文献、标本
			秀丽锥	*Castanopsis jucunda*	文献、标本
			钩锥	*Castanopsis tibetana*	文献、标本
	水青冈属	*Fagus*	米心水青冈	*Fagus engleriana*	文献、标本
			光叶水青冈	*Fagus lucida*	文献、标本
	柯属	*Lithocarpus*	石栎	*Lithocarpus glaber*	文献、标本
			绵槠	*Lithocarpus henryi*	文献、标本
			包果柯	*Lithocarpus cleistocarpus*	文献、标本
	青冈属	*Cyclobalanposis*	青冈	*Cyclobalanopsis glauca*	文献、标本
			小叶青冈	*Cyclobalanopsis myrsinifolia*	文献、标本
			云山青冈	*Cyclobalanopsis sessilifolia*	文献、标本
			褐叶青冈	*Cyclobalanopsis stewardiana*	文献、标本

续 表

科名	属名		种名		
			细叶青冈	*Cyclobalanopsis gracilis*	文献、标本
	栎属	*Quercus*	小叶栎	*Quercus chenii*	文献、标本
			枹栎	*Quercus serrata*	文献、标本
			黄山栎	*Quercus stewardii*	文献、标本
			栓皮栎	*Quercus variabilis*	文献、标本
			短柄枹栎	*Quercus serrata* var. *brevipetiolata*	文献、标本
			锐齿槲栎	*Quercus aliena* var. *acutiserrata*	文献、标本
			白栎	*Quercus fabrei*	文献、标本
			乌冈栎	*Quercus phillyraeoides*	文献、标本
榆科 Ulmaceae	糙叶树属	*Aphananthe*	糙叶树	*Aphananthe aspera*	文献、标本
	朴属	*Celtis*	紫弹树	*Celtis biondii*	文献、标本
			黑弹朴	*Celtis bungeana*	标本
			珊瑚朴	*Celtis julianae*	文献、标本
			朴树	*Celtis sinensis*	文献、标本
			西川朴	*Celtis vandervoetiana*	文献、标本
	山黄麻属	*Trema*	山油麻	*Trema cannabina* var. *dielsiana*	文献、标本
	榆属	*Ulmus*	榆	*Ulmus pumila*	文献、标本
			杭州榆	*Ulmus changii*	文献、标本
			榔榆	*Ulmus parvifolia*	文献、标本
			长序榆	*Ulmus elongata*	文献、标本
	刺榆属	*Hemiptelea*	刺榆	*Hemiptelea davidii*	文献、标本
	榉属	*Zelkova*	榉树	*Zelkova serrata*	文献、标本
			大叶榉	*Zelkova schneideriana*	文献、标本
	青檀属	*Pteroceltis*	青檀	*Pteroceltis tatarinowii*	标本
桑科 Moraceae	柘属	*Cudrania*	柘	*Cudrania tricuspidata*	文献、标本
	构属	*Broussonetia*	小构树	*Broussonetia kazinoki*	文献、标本
			构树	*Broussonetia papyrifera*	文献、标本
			藤构	*Broussonetia kaempferi*	文献、标本
	榕属	*Ficus*	珍珠莲	*Ficus sarmentosa* var. *henryi*	文献、标本
			爬藤榕	*Ficus sarmentosa* var. *impressa*	文献、标本

续　表

科名	属名		种名		
			薜荔	*Ficus pumila*	文献、标本
			琴叶榕	*Ficus pandurata*	标本
	葎草属	*Humulus*	葎草	*Humulus scandens*	文献、标本
	桑属	*Morus*	桑	*Morus alba*	文献、标本
			鸡桑	*Morus australis*	文献、标本
			华桑	*Morus cathayana*	文献、标本
荨麻科 Urticaceae	苎麻属	*Boehmeria*	悬铃叶苎麻	*Boehmeria tricuspis*	文献、标本
			苎麻	*Boehmeria nivea*	文献、标本
			海岛苎麻	*Boehmeria formosana*	文献、标本
			大叶苎麻	*Boehmeria longispica*	文献、标本
			青叶苎麻	*Boehmeria nivea* var. *tenacissima*	标本
			细野麻	*Boehmeria gracilis*	标本
	楼梯草属	*Elatostema*	庐山楼梯草	*Elatostema stewardii*	文献、标本
			楼梯草	*Elatostema involucratum*	文献、标本
			锐齿楼梯草	*Elatostema cyrtandrifolium*	文献
			深绿楼梯草	*Elatostema atroviride*	文献
	糯米团属	*Gonostegia*	糯米团	*Gonostegia hirta*	文献、标本
	艾麻属	*Laportea*	珠芽艾麻	*Laportea bulbifera*	标本
	花点草属	*Nanocnide*	花点草	*Nanocnide japonica*	文献、标本
			毛花点草	*Nanocnide lobata*	文献、标本
	赤车属	*Pellionia*	赤车	*Pellionia radicans*	文献、标本
			小赤车	*Pellionia minima*	文献、标本
			蔓赤车	*Pellionia scabra*	文献、标本
	冷水花属	*Pilea*	粗齿冷水花	*Pilea sinofasciata*	文献、标本
			冷水花	*Pilea notata*	文献、标本
			矮冷水花	*Pilea peploides*	文献、标本

科名	属名		种名		
			透茎冷水花	*Pilea pumila*	标本
	荨麻属	*Urtica*	咬人荨麻	*Urtica thunbergiana*	文献、标本
			荨麻	*Urtica fissa*	文献、标本
			裂叶荨麻	*Urtica lobatifolia*	文献、标本
	紫麻属	*Oreocnide*	紫麻	*Oreocnide frutescens*	标本
铁青树科 Olacaceae	青皮木属	*Schoepfia*	青皮木	*Schoepfia jasminodora*	文献、标本
檀香科 Santalaceae	米面蓊属	*Buckleya*	米面蓊	*Buckleya lanceolata*	文献、标本
	百蕊草属	*Thesium*	百蕊草	*Thesium chinense*	文献、标本
桑寄生科 Loranthaceae	槲寄生属	*Viscum*	槲寄生	*Viscum coloratum*	文献、标本
蓼科 Polygonaceae	金线草属	*Antenoron*	金线草	*Antenoron filiforme*	文献、标本
	荞麦属	*Fagopyrum*	荞麦	*Fagopyrum esculentum*	文献、标本
			金荞麦	*Fagopyrum dibotrys*	文献、标本
	蓼属	*Polygonum*	尼泊尔蓼	*Polygonum nepalense*	文献、标本
			头花蓼	*Polygonum capitatum*	文献、标本
			两栖蓼	*Polygonum amphibium*	文献、标本
			萹蓄	*Polygonum aviculare*	文献、标本
			虎杖	*Reynoutria japonica*	文献、标本
			稀花蓼	*Polygonum dissitiflorum*	文献、标本
			水蓼	*Polygonum hydropiper*	文献、标本
			何首乌	*Fallopia multiflora*	文献、标本
			红蓼	*Polygonum orientale*	文献、标本
			杠板归	*Polygonum perfoliatum*	文献、标本
			习见蓼	*Polygonum plebeium*	文献、标本
			刺蓼	*Polygonum senticosum*	文献、标本
			支柱蓼	*Polygonum suffultum*	文献、标本
			粘毛蓼	*Polygonum viscosum*	文献
			赤胫散	*Polygonum runcinatum* var. *sinense*	文献
			箭叶蓼	*Polygonum sieboldii*	文献、标本
			愉悦蓼	*Polygonum jucundum*	标本

续 表

科名	属名		种名		
			酸模叶蓼	*Polygonum lapathifolium*	文献、标本
	酸模属	*Rumex*	酸模	*Rumex acetosa*	文献、标本
			羊蹄	*Rumex japonicus*	文献、标本
			齿果酸模	*Rumex dentatus*	标本
商陆科 Phytolaccaceae	商陆属	*Phytolacca*	商陆	*Phytolacca acinosa*	文献、标本
			美洲商陆	*Phytolacca americana*	标本
番杏科 Aizoaceae	粟米草属	*Mollugo*	粟米草	*Mollugo stricta*	文献、标本
马齿苋科 Portulacaceae	马齿苋属	*Portulaca*	马齿苋	*Portulaca oleracea*	文献、标本
	土人参属	*Talinum*	土人参	*Talinum paniculatum*	文献、标本
石竹科 Caryophyllaceae	无心菜属	*Arenaria*	无心菜	*Arenaria serpyllifolia*	文献、标本
	卷耳属	*Cerastium*	簇生卷耳	*Cerastium fontanum* subsp. *triviale*	标本
			球序卷耳	*Cerastium glomeratum*	文献、标本
	剪秋罗属	*Lychnis*	剪秋罗	*Lychnis fulgens*	标本
	蝇子草属	*Silene*	女娄菜	*Silene aprica*	文献、标本
	孩儿参属	*Pseudostellaria*	孩儿参	*Pseudostellaria heterophylla*	文献、标本
	漆姑草属	*Sagina*	漆姑草	*Sagina japonica*	文献、标本
	繁缕属	*Stellaria*	中国繁缕	*Stellaria chinensis*	文献、标本
			多花繁缕	*Stellaria nipponica*	文献、标本
			箐姑草	*Stellaria vestita*	标本
			繁缕	*Stellaria media*	文献、标本
			禾叶繁缕	*Stellaria graminea*	标本
			雀舌草	*Stellaria uliginosa*	标本
	鹅肠菜属	*Myosoton*	鹅肠菜	*Myosoton aquaticum*	文献、标本
	石竹属	*Dianthus*	瞿麦	*Dianthus superbus*	标本
藜科 Chenopodiaceae	藜属	*Chenogodium*	藜	*Chenopodium album*	标本
			小藜	*Chenopodium serotinum*	文献、标本
			土荆芥	*Chenopodium ambrosioides*	标本

科名	属名		种名		
	甜菜属	*Beta*	厚皮菜	*Beta vulgaris* var. *cicla*	文献、标本
	地肤属	*Kochia*	地肤	*Kochia scoparia*	标本
苋科 Amaranthaceae	牛膝属	*Achyranthes*	牛膝	*Achyranthes bidentata*	文献、标本
	苋属	*Amaranthus*	绿穗苋	*Amaranthus hybridus*	标本
			刺苋	*Amaranthus spinosus*	标本
	青葙属	*Celosia*	青葙	*Celosia argentea*	文献、标本
			鸡冠花	*Celosia cristata*	文献、标本
	莲子草属	*Alternanthera*	喜旱莲子草	*Alternanthera philoxeroides*	标本
			莲子草	*Alternanthera sessilis*	文献、标本
木兰科 Magnoliaceae	鹅掌楸属	*Liriodendron*	鹅掌楸	*Liriodendron chinense*	文献、标本
	木兰属	*Magnolia*	玉兰	*Magnolia denudata*	文献、标本
			凹叶厚朴	*Magnolia officinalis* subsp. *biloba*	文献
			天女木兰	*Magnolia sieboldii*	文献、标本
			黄山木兰	*Magnolia cylindrica*	文献、标本
	木莲属	*Manglietia*	木莲	*Manglietia fordiana*	文献、标本
	含笑属	*Michelia*	野含笑	*Michelia skinneriana*	文献
	五味子属	*Schisandra*	二色五味子	*Schisandra bicolor*	文献、标本
			华中五味子	*Schisandra sphenanthera*	文献、标本
			瘤枝五味子	*Schisandra bicolor* var. *tuberculata*	文献、标本
			翼梗五味子	*Schisandra henryi*	文献、标本
	南五味子属	*Kadsura*	南五味子	*Kadsura longipedunculata*	文献、标本
	八角属	*Illicium*	披针叶茴香	*Illicium lanceolatum*	文献、标本

续 表

科名	属名		种名		
蜡梅科 Calycanthaceae	蜡梅属	*Chimonanthus*	柳叶蜡梅	*Chimonanthus salicifolius*	标本
樟科 Lauraceae	樟属	*Cinnamomum*	樟	*Cinnamomum camphora*	文献、标本
			天竺桂	*Cinnamomum japonicum*	文献、标本
			香桂	*Cinnamomum subavenium*	文献、标本
	山胡椒属	*Lindera*	山胡椒	*Lindera glauca*	文献、标本
			红果山胡椒	*Lindera erythrocarpa*	文献、标本
			黑壳楠	*Lindera megaphylla*	文献、标本
			绿叶甘橿	*Lindera fruticosa* var. *fruticosa*	文献、标本
			乌药	*Lindera aggregata*	文献、标本
			三桠乌药	*Lindera obtusiloba*	文献、标本
			山橿	*Lindera reflexa*	文献、标本
			红脉钓樟	*Lindera rubronervia*	文献、标本
	木姜子属	*Litsea*	豹皮樟	*Litsea coreana* var. *sinensis*	文献、标本
			黄丹木姜子	*Litsea elongata*	文献、标本
			天目木姜子	*Litsea auriculata*	文献、标本
			山鸡椒	*Litsea cubeba*	文献、标本
	新木姜子属	*Neolitsea*	浙江新木姜子	*Neolitsea aurata* var. *chekiangensis*	文献、标本
	润楠属	*Machilus*	华东楠	*Machilus leptophylla*	文献、标本
			红楠	*Machilus thunbergii*	文献、标本
			刨花润楠	*Machilus pauhoi*	文献
	楠属	*Phoebe*	紫楠	*Phoebe sheareri*	文献、标本
			台楠	*Phoebe formosana*	文献
	檫木属	*Sassafras*	檫木	*Sassafras tzumu*	文献、标本
毛茛科 Ranunculaceae	乌头属	*Aconitum*	赣皖乌头	*Aconitum finetianum*	文献、标本
			乌头	*Aconitum carmichaeli*	文献、标本
	升麻属	*Cimicifuga*	升麻	*Cimicifuga foetida*	文献、标本

科名	属名		种名		
	铁线莲属	*Clematis*	女萎	*Clematis apiifolia*	文献、标本
			威灵仙	*Clematis chinensis*	文献、标本
			大花威灵仙	*Clematis courtoisii*	标本
			山木通	*Clematis finetiana*	文献、标本
			扬子铁线莲	*Clematis ganpiniana*	文献、标本
			单叶铁线莲	*Clematis henryi*	文献
			绣球藤	*Clematis montana*	文献、标本
			柱果铁线莲	*Clematis uncinata*	文献、标本
			铁线莲	*Clematis florida*	文献、标本
	黄连属	*Coptis*	短萼黄连	*Coptis chinensis* var. *brevisepala*	文献、标本
	翠雀属	*Delphinium*	还亮草	*Delphinium anthriscifolium*	文献、标本
	獐耳细辛属	*Hepatica*	獐耳细辛	*Hepatica nobilis* var. *asiatica*	文献、标本
	银莲花属	*Anemone*	鹅掌草	*Anemone flaccida*	标本
	毛茛属	*Ranunculus*	毛茛	*Ranunculus japonicus*	文献、标本
			禺毛茛	*Ranunculus cantoniensis*	文献、标本
			石龙芮	*Ranunculus sceleratus*	标本
			扬子毛茛	*Ranunculus sieboldii*	文献、标本
	天葵属	*Semiaquilegia*	天葵	*Semiaquilegia adoxoides*	文献、标本
	唐松草属	*Thalictrum*	华东唐松草	*Thalictrum fortunei*	文献、标本
			唐松草	*Thalictrum aquilegifolium* var. *sibiricum*	文献、标本
			东亚唐松草	*Thalictrum minus* var. *hypoleucum*	文献、标本
芍药科 Paeoniaceae	芍药属	*Paeonia*	草芍药	*Paeonia obovata*	文献、标本
小檗科 Berberidaceae	小檗属	*Berberis*	安徽小檗	*Berberis anhweiensis*	文献、标本

续 表

科名	属名		种名		
			庐山小檗	*Berberis virgetorum*	文献、标本
			豪猪刺	*Berberis julianae*	文献、标本
	淫羊藿属	*Epimedium*	淫羊藿	*Epimedium brevicornu*	文献、标本
	十大功劳属	*Mahonia*	阔叶十大功劳	*Mahonia bealei*	文献、标本
	鬼臼属	*Dysosma*	八角莲	*Dysosma versipellis*	文献、标本
	牡丹草属	*Gymnospermium*	牡丹草	*Gymnospermium microrrhynchum*	标本
	南天竹属	*Nandina*	南天竹	*Nandina domestica*	文献、标本
大血藤科 Sargentodoxaceae	大血藤属	*Sargentodoxa*	大血藤	*Sargentodoxa cuneata*	文献、标本
木通科 Lardizabalaceae	木通属	*Akebia*	木通	*Akebia quinata*	文献、标本
			三叶木通	*Akebia trifoliata*	文献、标本
			白木通	*Akebia trifoliata* subsp. *australis*	文献、标本
	八月瓜属	*Holboellia*	鹰爪枫	*Holboellia coriacea*	文献、标本
			牛姆瓜	*Holboellia grandiflora*	文献、标本
			五月瓜藤	*Holboellia fargesii*	文献、标本
	野木瓜属	*Stauntonia*	野木瓜	*Stauntonia chinensis*	文献、标本
	猫儿屎属	*Decaisnea*	猫儿屎	*Decaisnea insignis*	标本
防己科 Menispermaceae	木防己属	*Cocculus*	木防己	*Cocculus orbiculatus*	文献、标本
	秤钩风属	*Diploclisia*	秤钩风	*Diploclisia affinis*	文献、标本
	千金藤属	*Stephania*	千金藤	*Stephania japonica*	文献、标本
			金线吊乌龟	*Stephania cephalantha*	标本
	汉防己属	*Sinomenium*	汉防己	*Sinomenium acutum*	文献
	蝙蝠葛属	*Menispermum*	蝙蝠葛	*Menispermum dauricum*	文献、标本
睡莲科 Nymphaeaceae	莲属	*Nelumbo*	莲	*Nelumbo nucifera*	文献、标本
金鱼藻科 Ceratophyllaceae	金鱼藻属	*Ceratophyllum*	金鱼藻	*Ceratophyllum demersum*	文献、标本

续 表

科名	属名		种名		
三白草科 Saururaceae	蕺菜属	*Houttuynia*	鱼腥草	*Houttuynia cordata*	文献、标本
	三白草属	*Saururus*	三白草	*Saururus chinensis*	文献、标本
胡椒科 Piperaceae	胡椒属	*Piper*	山蒟	*Piper hancei*	标本
金粟兰科 Chloranthaceae	金粟兰属	*Chloranthus*	及已	*Chloranthus serratus*	文献、标本
			多穗金粟兰	*Chloranthus multistachys*	文献、标本
	草珊瑚属	*Sarcandra*	草珊瑚	*Sarcandra glabra*	标本
马兜铃科 Aristolochiaceae	马兜铃属	*Aristolochia*	马兜铃	*Aristolochia debilis*	文献、标本
			管花马兜铃	*Aristolochia tubiflora*	文献、标本
	细辛属	*Asarum*	细辛	*Asarum sieboldii*	文献、标本
			杜衡	*Asarum forbesii*	文献、标本
			祁阳细辛	*Asarum magnificum*	文献、标本
猕猴桃科 Actinidiaceae	猕猴桃属	*Actinidia*	中华猕猴桃	*Actinidia chinensis*	文献、标本
			葛枣猕猴桃	*Actinidia polygama*	文献、标本
			软枣猕猴桃	*Actinidia arguta*	文献、标本
			黑蕊猕猴桃	*Actinidia melanandra*	文献、标本
			小叶猕猴桃	*Actinidia lanceolata*	文献、标本
			红茎猕猴桃	*Actinidia rubricaulis*	文献、标本
			清风藤猕猴桃	*Actinidia sabiifolia*	文献、标本
山茶科 Theaceae	红淡比属	*Cleyera*	红淡比	*Cleyera japonica*	文献、标本
	厚皮香属	*Ternstroemia*	厚皮香	*Ternstroemia gymnanthera*	文献、标本

续 表

科名	属名		种名		
	山茶属	*Camellia*	毛柄连蕊茶	*Camellia fraterna*	文献、标本
			尖连蕊茶	*Camellia cuspidata*	文献、标本
			油茶	*Camellia oleifera*	文献、标本
			茶	*Camellia sinensis*	文献、标本
	木荷属	*Schima*	木荷	*Schima superba*	文献、标本
	紫茎属	*Stewartia*	紫茎	*Stewartia sinensis*	文献、标本
	杨桐属	*Adinandra*	杨桐	*Adinandra millettii*	文献、标本
	柃木属	*Eurya*	微毛柃	*Eurya hebeclados*	文献、标本
			柃木	*Eurya japonica*	文献、标本
			翅柃	*Eurya alata*	文献、标本
			短柱柃	*Eurya brevistyla*	文献、标本
			格药柃	*Eurya muricata*	文献、标本
			岩柃	*Eurya saxicola*	文献、标本
			红褐柃	*Eurya rubiginosa*	文献、标本
			细枝柃	*Eurya loquaiana*	文献、标本
	石笔木属	*Tutcheria*	石笔木	*Tutcheria championi*	文献
藤黄科 Guttiferae	金丝桃属	*Hypericum*	黄海棠	*Hypericum ascyron*	文献、标本
			小连翘	*Hypericum erectum*	文献、标本
			赶山鞭	*Hypericum attenuatum*	文献、标本
			地耳草	*Hypericum japonicum*	文献、标本
			金丝桃	*Hypericum monogynum*	文献、标本
			元宝草	*Hypericum sampsonii*	文献、标本
茅膏菜科 Droseraceae	茅膏菜属	*Drosera*	茅膏菜	*Drosera peltata*	文献、标本
罂粟科 Papaveraceae	博落回属	*Macleaya*	博落回	*Macleaya cordata*	文献、标本
	紫堇属	*Corydalis*	刻叶紫堇	*Corydalis incisa*	文献、标本
			伏生紫堇	*Corydalis decumbens*	标本
			黄堇	*Corydalis pallida*	文献、标本
			小花黄堇	*Corydalis racemosa*	标本
			蛇果黄堇	*Corydalis ophiocarpa*	标本

科名	属名		种名		
	荷青花属	*Hylomecon*	荷青花	*Hylomecon japonica*	标本
十字花科 Cruciferae	南芥属	*Arabis*	匍匐南芥	*Arabis flagellosa*	文献、标本
	荠属	*Capsella*	荠	*Capsella bursa-pastoris*	文献、标本
	碎米荠属	*Cardamine*	碎米荠	*Cardamine hirsuta*	文献、标本
			光头山碎米荠	*Cardamine engleriana*	文献、标本
			水田碎米荠	*Cardamine lyrata*	文献、标本
			华中碎米荠	*Cardamine urbaniana*	文献、标本
			弯曲碎米荠	*Cardamine flexuosa* var. *flexuosa*	标本
			弹裂碎米荠	*Cardamine impatiens* var. *impatiens*	标本
	臭荠属	*Coronopus*	臭荠	*Coronopus didymus*	标本
	独行菜属	*Lepidium*	北美独行菜	*Lepidium virginicum*	文献、标本
	岩荠属	*Cochlearia*	石生岩荠	*Cochlearia rupicola*	文献、标本
			浙江岩荠	*Cochlearia warburgii*	标本
	蔊菜属	*Rorippa*	蔊菜	*Rorippa indica*	文献、标本
			广州蔊菜	*Rorippa cantoniensis*	文献、标本
			球果蔊菜	*Rorippa globosa*	标本
金缕梅科 Hamamelidaceae	蜡瓣花属	*Corylopsis*	蜡瓣花	*Corylopsis sinensis*	文献、标本
			腺蜡瓣花	*Corylopsis glandulifera*	文献、标本
			灰蜡瓣花	*Corylopsis glandulifera* var. *hypoglauca*	文献、标本
	蚊母树属	*Distylium*	杨梅叶蚊母树	*Distylium myricoides*	文献、标本
	牛鼻栓属	*Fortunearia*	牛鼻栓	*Fortunearia sinensis*	文献、标本
	金缕梅属	*Hamamelis*	金缕梅	*Hamamelis mollis*	文献、标本
	枫香属	*Liquidambar*	缺萼枫香	*Liquidambar acalycina*	文献、标本

续 表

科名	属名		种名		
			枫香	*Liquidambar formosana*	文献、标本
	檵木属	*Loropetalum*	檵木	*Loropetalum chinense*	文献、标本
景天科 Crassulaceae	八宝属	*Hylotelephium*	八宝	*Hylotelephium erythrostictum*	文献、标本
			轮叶八宝	*Hylotelephium verticillatum*	文献、标本
			紫花八宝	*Hylotelephium mingjinianum*	标本
	瓦松属	*Orostachys*	瓦松	*Orostachys fimbriata*	文献、标本
	景天属	*Sedum*	四芒景天	*Sedum tetractinum*	文献、标本
			费菜	*Sedum aizoon*	文献、标本
			细叶景天	*Sedum elatinoides*	文献、标本
			东南景天	*Sedum alfredii*	标本
			凹叶景天	*Sedum emarginatum*	文献、标本
			佛甲草	*Sedum lineare*	文献、标本
			垂盆草	*Sedum sarmentosum*	文献、标本
			四叶景天	*Sedum quaternatum*	文献、标本
			大叶火焰草	*Sedum drymarioides*	文献、标本
			藓状景天	*Sedum dugueyi*	文献、标本
			石台景天	*Sedum shitaiense*	文献、标本
			江南景天	*Sedum kiangnanense*	标本
	火焰草属	*Castilleja*	火焰草	*Castilleja pallida*	标本
虎耳草科 Saxifragaceae	落新妇属	*Astilbe*	落新妇	*Astilbe chinensis*	文献、标本
			大落新妇	*Astilbe grandis*	文献、标本
	金腰属	*Chrysosplenium*	大叶金腰	*Chrysosplenium macrophyllum*	文献、标本
	茶藨子属	*Ribes*	冰川茶藨子	*Ribes glaciale*	文献、标本
	虎耳草属	*Saxifraga*	虎耳草	*Saxifraga stolonifera*	文献、标本
	黄水枝属	*Tiarella*	黄水枝	*Tiarella polyphylla*	文献、标本
	鼠刺属	*Itea*	矩形叶鼠刺	*Itea oblonga*	文献、标本
	草绣球属	*Cardiandra*	草绣球	*Cardiandra moellendorffii*	文献、标本
	溲疏属	*Deutzia*	黄山溲疏	*Deutzia glauca*	文献、标本

续 表

科名	属名		种名		
			宁波溲疏	*Deutzia ningpoensis*	文献、标本
	绣球属	*Hydrangea*	圆锥绣球	*Hydrangea paniculata*	文献、标本
			中国绣球	*Hydrangea chinensis*	文献、标本
			冠盖绣球	*Hydrangea anomala*	文献、标本
			腊莲绣球	*Hydrangea aspera* subsp. *Strigosa*	文献、标本
	山梅花属	*Philadelphus*	牯岭山梅花	*Philadelphus sericanthus* var. *kulingensis*	文献、标本
			山梅花	*Philadelphus incanus*	文献、标本
			绢毛山梅花	*Philadelphus sericanthus*	文献、标本
			疏花山梅花	*Philadelphus laxiflorus*	文献、标本
	钻地风属	*Schizophragma*	钻地枫	*Schizophragma integrifolium*	文献、标本
	冠盖藤属	*Pileostegia*	冠盖藤	*Pileostegia viburnoides*	文献、标本
海桐花科 Pittosporaceae	海桐花属	*Pittosporum*	海金子	*Pittosporum illicioides*	文献、标本
蔷薇科 Rosaceae	绣线菊属	*Spiraea*	粉花绣线菊渐尖叶变种	*Spiraea japonica* var. *acuminata*	文献、标本
			中华绣线菊	*Spiraea chinensis*	文献、标本
			光叶粉花绣线菊	*Spiraea japonica* var. *fortunei*	文献、标本
			珍珠绣球	*Spiraea blumei*	文献
	假升麻属	*Aruncus*	假升麻	*Aruncus sylvester*	文献、标本
	小米空木属	*Stephanandra*	野珠兰	*Stephanandra chinensis*	文献、标本
			小米空木	*Stephanandra incisa*	文献、标本
	白鹃梅属	*Exochorda*	白鹃梅	*Exochorda racemosa*	标本
			绿柄白鹃梅	*Exochorda giraldii* var. *wilsonii*	文献、标本
	栒子属	*Cotoneaster*	平枝栒子	*Cotoneaster horizontalis*	文献、标本

续 表

科名	属名		种名		
			毛灰栒子	*Cotoneaster acutifolius* var. *villosulus*	文献、标本
			华中栒子	*Cotoneaster silvestrii*	文献、标本
	火棘属	*Pyracantha*	火棘	*Pyracantha fortuneana*	标本
	山楂属	*Crataegus*	野山楂	*Crataegus cuneata*	文献、标本
			湖北山楂	*Crataegus hupehensis*	文献、标本
	石楠属	*Photinia*	石楠	*Photinia serrulata*	文献、标本
			中华石楠	*Photinia beauverdiana*	文献、标本
			小叶石楠	*Photinia parvifolia*	文献、标本
			毛叶石楠	*Photinia villosa*	文献、标本
			光叶石楠	*Photinia glabra*	文献、标本
	花楸属	*Sorbus*	黄山花楸	*Sorbus amabilis*	文献、标本
			水榆花楸	*Sorbus alnifolia*	文献、标本
			石灰花楸	*Sorbus folgneri*	文献、标本
			棕脉花楸	*Sorbus dunnii*	文献、标本
	梨属	*Pyrus*	豆梨	*Pyrus calleryana*	文献、标本
			楔叶豆梨	*Pyrus calleryana* var. *koehnei*	文献、标本
	石斑木属	*Raphiolepis*	石斑木	*Rhaphiolepis indica*	文献、标本
	苹果属	*Malus*	湖北海棠	*Malus hupehensis*	文献、标本
			尖嘴林檎	*Malus melliana*	文献、标本
	臭樱属	*Maddenia*	臭樱	*Maddenia hypoleuca*	文献
	唐棣属	*Amelanchier*	东亚唐棣	*Amelanchier asiatica*	标本
	蔷薇属	*Rosa*	软条七蔷薇	*Rosa henryi*	文献、标本
			金樱子	*Rosa laevigata*	文献、标本
			野蔷薇	*Rosa multiflora*	文献、标本
			悬钩子蔷薇	*Rosa rubus*	文献、标本
			小果蔷薇	*Rosa cymosa*	文献、标本
			钝叶蔷薇	*Rosa sertata*	文献、标本
			硕苞蔷薇	*Rosa bracteata*	文献、标本
	龙芽草属	*Agrimonia*	龙芽草	*Agrimonia pilosa*	文献、标本
			黄龙尾	*Agrimonia pilosa* var. *nepalensis*	文献、标本

科名	属名		种名		
			小花龙芽草	*Agrimonia nipponica* var. *occidentalis*	文献、标本
	地榆属	*Sanguisorba*	地榆	*Sanguisorba officinalis*	文献、标本
			长叶地榆	*Sanguisorba officinalis* var. *longifolia*	文献、标本
	棣棠花属	*Kerria*	棣棠花	*Kerria japonica*	文献、标本
	鸡麻属	*Rhodotypos*	鸡麻	*Rhodotypos scandens*	标本
	悬钩子属	*Rubus*	寒莓	*Rubus buergeri*	文献、标本
			山莓	*Rubus corchorifolius*	文献、标本
			湖南悬钩子	*Rubus hunanensis*	文献、标本
			高粱泡	*Rubus lambertianus*	文献、标本
			三花悬钩子	*Rubus trianthus*	文献、标本
			插田泡	*Rubus coreanus*	文献、标本
			太平莓	*Rubus pacificus*	文献、标本
			盾叶莓	*Rubus peltatus*	文献、标本
			周毛悬钩子	*Rubus amphidasys*	文献、标本
			蓬蘽	*Rubus hirsutus*	文献、标本
			白叶莓	*Rubus innominatus*	文献、标本
			茅莓	*Rubus parvifolius*	文献、标本
			掌叶复盆子	*Rubus chingii*	文献、标本
			复盆子	*Rubus idaeus*	文献、标本
			红腺悬钩子	*Rubus sumatranus*	文献、标本
	路边青属	*Geum*	柔毛路边青	*Geum japonicum* var. *chinense*	文献、标本
	蛇莓属	*Duchesnea*	蛇莓	*Duchesnea indica*	文献、标本
	委陵菜属	*Potentilla*	三叶委陵菜	*Potentilla freyniana*	文献、标本

续 表

科名	属名		种名		
			朝天委陵菜	*Potentilla supina*	标本
			蛇含委陵菜	*Potentilla kleiniana*	文献、标本
			中华三叶委陵菜	*Potentilla freyniana* var. *sinica*	文献、标本
			委陵菜	*Potentilla chinensis*	文献、标本
			翻白草	*Potentilla discolor*	文献、标本
	桃属	*Amygdalus*	桃	*Amygdalus persica*	文献、标本
	李属	*Prunus*	李	*Prunus salicina*	文献、标本
	樱属	*Cerasus*	山樱花	*Cerasus serrulata*	文献、标本
			樱桃	*Cerasus pseudocerasus*	文献、标本
			尾叶樱	*Cerasus dielsiana*	文献、标本
			麦李	*Cerasus glandulosa*	文献、标本
			欧李	*Cerasus humilis*	文献、标本
	桂樱属	*Laurocerasus*	刺叶桂樱	*Laurocerasus spinulosa*	文献、标本
	稠李属	*Padus*	橉木	*Padus buergeriana*	文献、标本
			短梗稠李	*Padus brachypoda*	文献、标本
			细齿稠李	*Padus obtusata*	文献、标本
豆科 Leguminosae	合欢属	*Albizia*	山合欢	*Albizia kalkora*	文献、标本
			合欢	*Albizia julibrissin*	文献、标本
	云实属	*Caesalpinia*	云实	*Caesalpinia decapetala*	文献、标本
	皂荚属	*Gleditsia*	皂荚	*Gleditsia sinensis*	文献、标本
	肥皂荚属	*Gymnocladus*	肥皂荚	*Gymnocladus chinensis*	文献、标本
	决明属	*Cassia*	短叶决明	*Cassia leschenaul*	文献、标本
			豆茶决明	*Cassia nomame*	文献、标本
	紫荆属	*Cercis*	紫荆	*Cercis chinensis*	标本
	花榈木属	*Ormosia*	花榈木	*Ormosia henryi*	文献
	马鞍树属	*Maackia*	马鞍树	*Maackia chinensis*	文献、标本
			光叶马鞍树	*Maackia tenuifolia*	文献、标本

科名	属名		种名		
	崖豆藤属	*Millettia*	香花崖豆藤	*Millettia dielsiana*	文献、标本
			网络崖豆藤	*Millettia reticulata*	文献、标本
	槐属	*Sophora*	苦参	*Sophora flavescens*	文献、标本
			槐	*Sophora japonica*	文献、标本
	香槐属	*Cladrastis*	香槐	*Cladrastis wilsonii*	文献、标本
			翅荚香槐	*Cladrastis platycarpa*	文献、标本
	猪屎豆属	*Crotalaria*	野百合	*Crotalaria sessiliflora*	文献、标本
			假地蓝	*Crotalaria ferruginea*	文献、标本
			响铃豆	*Crotalaria albida*	文献、标本
	草木犀属	*Melilotus*	草木犀	*Melilotus officinalis*	文献、标本
	苜蓿属	*Medicago*	南苜蓿	*Medicago hispida*	文献、标本
	鹿藿属	*Rhynchosia*	渐尖叶鹿藿	*Rhynchosia acuminatifolia*	文献、标本
			鹿藿	*Rhynchosia volubilis*	文献、标本
	大豆属	*Glycine*	野大豆	*Glycine soja*	标本
	土圞儿属	*Apios*	土圞儿	*Apios fortunei*	文献、标本
	葛属	*Pueraria*	葛	*Pueraria lobata*	文献、标本
	野豌豆属	*Vicia*	野豌豆	*Vicia sepium*	文献、标本
			小巢菜	*Vicia hirsuta*	文献、标本
			救荒野豌豆	*Vicia sativa*	文献、标本
			歪头菜	*Vicia unijuga*	文献、标本
			窄叶野豌豆	*Vicia angustifolia*	文献、标本
			广布野豌豆	*Vicia cracca*	文献、标本
	木蓝属	*Indigofera*	河北木蓝	*Indigofera bungeana*	文献、标本
			华东木蓝	*Indigofera fortunei*	文献、标本
			苏木蓝	*Indigofera carlesii*	文献、标本
			马棘	*Indigofera pseudotinctoria*	文献、标本

续 表

科名	属名		种名		
			多花木蓝	*Indigofera amblyantha*	标本
	紫藤属	*Wisteria*	紫藤	*Wisteria sinensis*	文献、标本
	刺槐属	*Robinia*	刺槐	*Robinia pseudoacacia*	标本
	锦鸡儿属	*Caragana*	锦鸡儿	*Caragana sinica*	文献、标本
	黄芪属	*Astragalus*	紫云英	*Astragalus sinicus*	文献、标本
	黄檀属	*Dalbergia*	黄檀	*Dalbergia hupeana*	文献、标本
			大金刚藤	*Dalbergia dyeriana*	文献、标本
	合萌属	*Aeschynomene*	合萌	*Aeschynomene indica*	标本
	长柄山蚂蝗属	*Podocarpium*	尖叶长柄山蚂蝗	*Podocarpium podocarpum* var. *oxyphyllum*	文献、标本
			羽叶长柄山蚂蝗	*Podocarpium oldhami*	文献、标本
			长柄山蚂蝗	*Podocarpium podocarpum*	文献、标本
	山蚂蝗属	*Desmodium*	小槐花	*Desmodium caudatum*	文献、标本
			小叶三点金草	*Desmodium floribunda*	文献、标本
	胡枝子属	*Lespedeza*	美丽胡枝子	*Lespedeza formosa*	文献、标本
			多花胡枝子	*Lespedeza floribunda*	文献、标本
			绿叶胡枝子	*Lespedeza buergeri*	文献、标本
			截叶铁扫帚	*Lespedeza cuneata*	文献、标本
			大叶胡枝子	*Lespedeza davidii*	文献、标本
			宽叶胡枝子	*Lespedeza maximowiczii*	文献、标本
			铁马鞭	*Lespedeza pilosa*	文献、标本
			中华胡枝子	*Lespedeza chinensis*	文献、标本

续 表

科名	属名		种名		
			长叶胡枝子	*Lespedeza caraganae*	文献、标本
			绒毛胡枝子	*Lespedeza tomentosa*	文献、标本
			细梗胡枝子	*Lespedeza virgata*	标本
			达呼里胡枝子	*Lespedeza davurica*	文献、标本
	杭子梢属	*Campylotropis*	杭子梢	*Campylotropis macrocarpa*	文献、标本
	鸡眼草属	*Kummerowia*	鸡眼草	*Kummerowia striata*	文献、标本
			长萼鸡眼草	*Kummerowia stipulacea*	标本
	菜豆属	*Phaseolus*	菜豆	*Phaseolus vulgaris*	文献、标本
	豌豆属	*Pisum*	豌豆	*Pisum sativum*	文献、标本
	黧豆属	*Mucuna*	常春油麻藤	*Mucuna sempervirens*	标本
酢浆草科 Oxalidaceae	酢浆草属	*Oxalis*	酢浆草	*Oxalis corniculata*	文献、标本
			山酢浆草	*Oxalis acetosella* subsp. *Griffithii*	文献、标本
			三角酢浆草	*Oxalis acetosella* ssp. *japonica*	文献、标本
牻牛儿苗科 Geraniaceae	老鹳草属	*Geranium*	老鹳草	*Geranium wilfordii*	标本
			野老鹳草	*Geranium carolinianum*	文献、标本
大戟科 Euphorbiaceae	算盘子属	*Glochidion*	算盘子	*Glochidion puberum*	标本
			湖北算盘子	*Glochidion wilsonii*	文献、标本
	叶下珠属	*Phyllanthus*	叶下珠	*Phyllanthus urinaria*	标本
			青灰叶下珠	*Phyllanthus glaucus*	文献、标本

续 表

科名	属名		种名		
			蜜甘草	*Phyllanthus ussuriensis*	文献、标本
	白饭树属	*Flueggea*	一叶荻	*Flueggea suffruticosa*	标本
	秋枫属	*Bischofia*	重阳木	*Bischofia polycarpa*	标本
	油桐属	*Vernicia*	油桐	*Vernicia fordii*	文献、标本
			五月茶	*Antidesma bunius*	文献、标本
	野桐属	*Mallotus*	石岩枫	*Mallotus repandus*	文献、标本
			野桐	*Mallotus japonicus* var. *floccosus*	文献、标本
			白背叶	*Mallotus apelta*	文献、标本
			野梧桐	*Mallotus japonicus*	文献、标本
			粗糠柴	*Mallotus philippensis*	文献、标本
	五月茶属	*Antidesma*	五月茶	*Antidesma bunius*	文献
	山麻杆属	*Alchornea*	山麻杆	*Alchornea davidii*	文献、标本
	铁苋菜属	*Acalypha*	铁苋菜	*Acalypha australis*	文献、标本
	大戟属	*Euphorbia*	大戟	*Euphorbia pekinensis*	文献、标本
			乳浆大戟	*Euphorbia esula*	文献、标本
			泽漆	*Euphorbia helioscopia*	文献、标本
			甘遂	*Euphorbia kansui*	文献、标本
			斑地锦	*Euphorbia maculata*	文献、标本
			地锦	*Euphorbia humifusa*	文献、标本
	乌桕属	*Sapium*	乌桕	*Sapium sebiferum*	文献、标本
			白木乌桕	*Sapium japonicum*	文献、标本
			山乌桕	*Sapium discolor*	文献、标本
虎皮楠科 Daphniphyllaceae	虎皮楠属	*Daphniphyllum*	交让木	*Daphniphyllum macropodum*	文献、标本
			虎皮楠	*Daphniphyllum oldhami*	文献、标本
芸香科 Rutaceae	松风草属	*Boenninghausenia*	松风草	*Boenninghausenia albiflora*	文献、标本
	吴茱萸属	*Evodia*	臭辣吴萸	*Evodia fargesii*	文献、标本
			少果吴茱萸	*Evodia rutaecarpa* var. *officinalis*	文献
	花椒属	*Zanthoxylum*	竹叶花椒	*Zanthoxylum armatum*	文献、标本
			野花椒	*Zanthoxylum simulans*	文献、标本

续 表

科名	属名		种名		
			花椒	*Zanthoxylum bungeanum*	文献、标本
			青花椒	*Zanthoxylum schinifolium*	文献、标本
	臭常山属	*Orixa*	臭常山	*Orixa japonica*	文献、标本
	枳属	*Poncirus*	枳	*Poncirus trifoliata*	文献、标本
	茵芋属	*Skimmia*	茵芋	*Skimmia reevesiana*	文献、标本
苦木科 Simaroubaceae	臭椿属	*Ailanthus*	臭椿	*Ailanthus altissima*	文献、标本
	苦树属	*Picrasma*	苦树	*Picrasma quassioides*	文献、标本
楝科 Meliaceae	楝属	*Melia*	苦楝	*Melia azedarach*	文献、标本
	香椿属	*Toona*	香椿	*Toona sinensis*	文献、标本
			毛红椿	*Toona ciliata* var. *pubescens*	文献
远志科 Polygalaceae	远志属	*Polygala*	瓜子金	*Polygala japonica*	文献、标本
			西伯利亚远志	*Polygala sibirica*	文献、标本
			香港远志	*Polygala hongkongensis*	标本
			远志	*Polygala tenuifolia*	文献、标本
			黄花远志	*Polygala fallax*	文献、标本
			狭叶香港远志	*Polygala hongkongensis* var. *stenophylla*	标本
漆树科 Anacardiaceae	黄连木属	*Pistacia*	黄连木	*Pistacia chinensis*	文献、标本
	南酸枣属	*Choerospondias*	南酸枣	*Choerospondias axillaris*	文献、标本
	盐肤木属	*Rhus*	盐肤木	*Rhus chinensis*	文献、标本
	漆属	*Toxicodendron*	野漆树	*Toxicodendron succedaneum*	文献、标本
			木蜡树	*Toxicodendron sylvestre*	文献、标本
			毒漆藤	*Toxicodendron radicans*	文献、标本
			漆	*Toxicodendron vernicifluum*	文献、标本
			毛漆树	*Toxicodendron trichocarpum*	文献、标本
槭树科 Aceraceae	槭属	*Acer*	阔叶槭	*Acer amplum*	文献、标本
			安徽槭	*Acer anhweiense*	文献、标本
			葛萝槭	*Acer grosseri*	标本
			橄榄槭	*Acer olivaceum*	文献、标本

续 表

科名	属名		种名		
			鸡爪槭	*Acer palmatum*	文献、标本
			天目槭	*Acer sinopurpurascens*	文献、标本
			青榨槭	*Acer davidii*	文献、标本
			苦茶槭	*Acer ginnala* subsp. *theiferum*	文献、标本
			建始槭	*Acer henryi*	文献、标本
			毛果槭	*Acer nikoense*	文献、标本
			色木槭	*Acrer mono*	文献、标本
			三角槭	*Acer buergerianum*	文献、标本
			紫果槭	*Acer cordatum*	文献、标本
			婺源槭	*Acer wuyuanense*	文献、标本
无患子科 Sapindaceae	无患子属	*Sapindus*	无患子	*Sapindus mukorossi*	文献、标本
	栾树属	*Koelreuteria*	全缘叶栾树	*Koelreuteria paniculata* var. *integrifoliola*	文献、标本
清风藤科 Sabiaceae	清风藤属	*Sabia*	清风藤	*Sabia japonica*	文献、标本
			鄂西清风藤	*Sabia campanulata* subsp. *ritchieae*	文献、标本
	泡花树属	*Meliosma*	多花泡花树	*Meliosma myriantha*	文献、标本
			垂枝泡花树	*Meliosma flexuosa*	文献、标本
			羽叶泡花树	*Meliosma pinnata*	文献、标本
			暖木	*Meliosma veitchiorum*	文献、标本
			笔罗子	*Meliosma rigida*	文献、标本
凤仙花科 Balsaminaceae	凤仙花属	*Impatiens*	牯岭凤仙花	*Impatiens davidii*	文献、标本
			凤仙花	*Impatiens balsamina*	文献、标本
			睫毛萼凤仙花	*Impatiens blepharosepala*	文献、标本
			水金凤	*Impatiens balsamina*	文献、标本

续 表

科名	属名		种名		
冬青科 Aquifoliaceae	冬青属	*Ilex*	短梗冬青	*Ilex buergeri*	文献、标本
			冬青	*Ilex chinensis*	文献、标本
			枸骨	*Ilex cornuta*	文献、标本
			大叶冬青	*Ilex latifolia*	文献、标本
			大柄冬青	*Ilex macropoda*	文献、标本
			具柄冬青	*Ilex pedunculosa*	文献、标本
			猫儿刺	*Ilex pernyi*	文献、标本
			小果铁冬青	*Ilex rotunda* var. *microcarpa*	文献、标本
			香冬青	*Ilex suaveolens*	文献、标本
			绿冬青	*Ilex viridis*	文献、标本
			尾叶冬青	*Ilex wilsonii*	文献、标本
			铁冬青	*Ilex rotunda*	文献、标本
			华中枸骨	*Ilex centrochinensis*	文献、标本
卫矛科 Celastraceae	卫矛属	*Euonymus*	卫矛	*Euonymus alatus*	文献、标本
			肉花卫矛	*Euonymus carnosus*	文献、标本
			扶芳藤	*Euonymus fortunei*	文献、标本
			垂丝卫矛	*Euonymus oxyphyllus*	文献、标本
			矩叶卫矛	*Euonymus oblongifolius*	文献、标本
			白杜	*Euonymus meaackii*	文献、标本
			百齿卫矛	*Euonymus centidens*	文献、标本
			大果卫矛	*Euonymus myrianthus*	文献、标本
	假卫矛属	*Microtropis*	福建假卫矛	*Microtropis fokienensis*	文献、标本
	永瓣藤属	*Monimopetalum*	永瓣藤	*Monimopetalum chinense*	文献、标本
	雷公藤属	*Tripterygium*	昆明山海棠	*Tripterygium hypoglaucum*	文献、标本
	南蛇藤属	*Celastrus*	苦皮藤	*Celastrus angulatus*	文献、标本
			大芽南蛇藤	*Celastrus gemmatus*	文献、标本

续 表

科名	属名		种名		
			粉背南蛇藤	*Celastrus hypoleucus*	文献、标本
			显柱南蛇藤	*Celastrus stylosus*	文献、标本
			短梗南蛇藤	*Celastrus rosthornianus*	文献、标本
			南蛇藤	*Celastrus orbiculatus*	文献、标本
省沽油科 Staphyleaceae	省沽油属	*Staphylea*	省沽油	*Staphylea bumalda*	文献、标本
			膀胱果	*Staphylea holocarpa*	文献、标本
	野鸦椿属	*Euscaphis*	野鸦椿	*Euscaphis japonica*	文献、标本
	银鹊树属	*Tapiscia*	瘿椒树	*Tapiscia sinensis*	文献、标本
黄杨科 Buxaceae	黄杨属	*Buxus*	小叶黄杨	*Buxus sinica* var. *parvifolia*	文献
			黄杨	*Buxus sinica*	文献、标本
	板凳果属	*Pachysandra*	顶花板凳果	*Pachysandra terminalis*	标本
鼠李科 Rhamnaceae	雀梅藤属	*Sageretia*	雀梅藤	*Sageretia thea*	文献、标本
	鼠李属	*Rhamnus*	长叶冻绿	*Rhamnus crenata*	文献、标本
			圆叶鼠李	*Rhamnus globosa*	文献、标本
			冻绿	*Rhamnus utilis*	文献、标本
			皱叶鼠李	*Rhamnus rugulosa*	文献
	枳椇属	*Hovenia*	枳椇	*Hovenia acerba*	文献、标本
			毛果枳椇	*Hovenia trichocarpa*	文献、标本
	猫乳属	*Rhamnella*	猫乳	*Rhamnella franguloides*	文献、标本
	勾儿茶属	*Berchemia*	牯岭勾儿茶	*Berchemia kulingensis*	文献、标本
			多花勾儿茶	*Berchemia floribunda*	文献、标本
			大叶勾儿茶	*Berchemia huana*	文献、标本
	马甲子属	*Paliurus*	马甲子	*Paliurus ramosissimus*	文献、标本
			铜钱树	*Paliurus hemsleyanus*	标本

续 表

科名	属名		种名		
葡萄科 Vitaceae	葡萄属	*Vitis*	毛葡萄	*Vitis heyneana*	文献、标本
			刺葡萄	*Vitis davidii*	文献、标本
			葛藟葡萄	*Vitis flexuosa*	文献、标本
			小叶葛藟	*Vitis flexuosae* var. *parvifolia*	文献、标本
	蛇葡萄属	*Ampelopsis*	蛇葡萄	*Ampelopsis sinica*	文献、标本
			牯岭蛇葡萄	*Ampelopsis glandulosa* var. *kul-ingensis*	文献、标本
			广东蛇葡萄	*Ampelopsis cantoniensis*	文献、标本
			大叶蛇葡萄	*Ampelopsis megalophylla*	文献
	乌蔹莓属	*Cayratia*	乌蔹莓	*Cayratia japonica*	文献、标本
	爬山虎属	*Parthenocissus*	异叶爬山虎	*Parthenocissus dalzielil*	文献、标本
			绿叶地锦	*Parthenocissus laetevirens*	文献、标本
	崖爬藤属	*Tetrastigma*	三叶崖爬藤	*Tetrastigma hemsleyanum*	标本
	俞藤属	*Yua*	粉叶爬山虎	*Yua thomsoni*	文献、标本
杜英科 Elaeocarpaceae	杜英属	*Elaeocarpus*	日本杜英	*Elaeocarpus japonicus*	文献、标本
			秃瓣杜英	*Elaeocarpus glabripetalus* var. *glabripetalus*	文献
	猴欢喜属	*Linn*	猴欢喜	*Sloanea sinensis*	文献
椴树科 Tiliaceae	椴树属	*Tilia*	华东椴	*Tilia japonica*	文献、标本
			光叶糯米椴	*Tilia henryana* var. *subglabra*	文献、标本
			粉椴	*Tilia oliveri*	文献、标本
			浆果椴	*Tilia endochrysea*	文献、标本
			短毛椴	*Tilia breviradiata*	文献、标本
	田麻属	*Corchoropsis*	光果田麻	*Corchoropsis psilocarpa*	文献、标本
	扁担杆属	*Grewia*	扁担杆	*Grewia biloba*	文献、标本

续 表

科名	属名		种名		
锦葵科 Malvaceae	苘麻属	*Abutilon*	苘麻	*Abutilon theophrasti*	文献、标本
	蜀葵属	*Althaea*	蜀葵	*Alcea rosea*	文献、标本
梧桐科 Sterculiaceae	梧桐属	*Firmiana*	梧桐	*Firmiana platanifolia*	文献、标本
瑞香科 Thymelaeaceae	荛花属	*Wikstroemia*	光叶荛花	*Wikstroemia glabra*	文献、标本
			紫被光叶荛花	*Wikstroemia glabra f. purpurea*	文献
	瑞香属	*Daphne*	芫花	*Daphne genkwa*	文献、标本
	结香属	*Edgeworthia*	结香	*Edgeworthia chrysantha*	文献、标本
胡颓子科 Elaeagnaceae	胡颓子属	*Elaeagnus*	胡颓子	*Elaeagnus pungens*	文献、标本
			牛奶子	*Elaeagnus umbellata*	文献、标本
			木半夏	*Elaeagnus multiflora*	文献、标本
			蔓胡颓子	*Elaeagnus glabra*	文献、标本
堇菜科 Violaceae	堇菜属	*Viola*	紫花堇菜	*Viola grypoceras*	文献、标本
			蔓茎堇菜	*Viola diffusae*	文献、标本
			犁头草	*Viola japonica*	文献、标本
			鸡腿堇菜	*Viola acuminata*	文献、标本
			南山堇菜	*Viola chaerophylloides*	文献、标本
			紫花地丁	*Viola philippica*	文献、标本
			柔毛堇菜	*Viola principis*	文献、标本
			堇菜	*Viola verecunda*	文献、标本
			心叶堇菜	*Viola concordifolia*	文献、标本
			庐山堇菜	*Viola stewardiana*	文献、标本
			斑叶堇菜	*Viola variegata*	标本
			裂叶堇菜	*Viola dissecta*	标本
大风子科 Flacourtiaceae	山桐子属	*Idesia*	山桐子	*Idesia polycarpa*	文献、标本
			毛叶山桐子	*Idesia polycarpa* var. *vestita*	文献、标本
	山拐枣属	*Poliothyrsis*	山拐枣	*Poliothyrsis sinensis*	文献、标本

续 表

科名	属名		种名		
	柞木属	*Xylosma*	柞木	*Xylosma racemosum*	文献、标本
旌节花科 Stachyuraceae	旌节花属	*Stachyurus*	旌节花	*Stachyurus chinensis*	文献、标本
			宽叶旌节花	*Stachyurus chinensis* var. *latus*	文献、标本
秋海棠科 Begoniaceae	秋海棠属	*Begonia*	中华秋海棠	*Begonia grandis* subsp. *sinensis*	文献、标本
葫芦科 Cucurbitaceae	栝楼属	*Trichosanthes*	王瓜	*Trichosanthes cucumeroides*	文献、标本
			栝楼	*Trichosanthes kirilowii*	文献、标本
	赤瓟属	*Thladiantha*	南赤瓟	*Thladiantha nudiflora*	文献、标本
	盒子草属	*Actinostemma*	盒子草	*Actinostemma tenerum*	文献、标本
	绞股蓝属	*Gynostemma*	绞股蓝	*Gynostemma pentaphyllum*	文献、标本
			三叶绞股蓝	*Gynostemma laxum*	标本
	雪胆属	*Hemsleya*	马铜铃	*Hemsleya graciliflora*	文献、标本
	马[瓜交]儿属	*Zehneria*	马[瓜交]儿	*Zehneria indica*	文献
千屈菜科 Lythraceae	水苋菜属	*Ammannia*	水苋菜	*Ammannia baccifera*	文献、标本
	节节菜属	*Rotala*	节节菜	*Rotala indica*	文献、标本
	紫薇属	*Lagerstroemia*	南紫薇	*Lagerstroemia subcostata*	文献、标本
桃金娘科 Myrtaceae	蒲桃属	*Syzygium*	赤楠	*Syzygium buxifolium*	文献、标本
			三叶赤楠	*Syzygium grijsii*	文献、标本
野牡丹科 Melastomataceae	金锦香属	*Osbeckia*	金锦香	*Osbeckia chinensis*	文献、标本
	野海棠属	*Bredia*	秀丽野海棠	*Bredia amoena*	文献、标本
柳叶菜科 Onagraceae	露珠草属	*Circaea*	高山露珠草	*Circaea alpina*	文献、标本
			露珠草	*Circaea cordata*	文献、标本
			水珠草	*Circaea lutetiana*	文献、标本

续 表

科名	属名		种名		
			南方露珠草	*Circaea mollis*	文献、标本
			谷蓼	*Circaea erubescens*	文献、标本
	柳叶菜属	*Epilobium*	光华柳叶菜	*Epilobium amurense* subsp. *cephalostigma*	文献、标本
			柳叶菜	*Epilobium hirsutum*	文献、标本
			长籽柳叶菜	*Epilobium pyrricholophum*	文献、标本
	丁香蓼属	*Ludwigia*	丁香蓼	*Ludwigia prostrata*	文献、标本
			卵叶丁香蓼	*Ludwigia ovalis*	文献、标本
小二仙草科 Haloragidaceae	小二仙草属	*Haloragis*	小二仙草	*Haloragis micrantha*	文献、标本
	狐尾藻属	*Myriophyllum*	轮叶狐尾藻	*Myriophyllum verticillatum*	文献、标本
蓝果树科 Nyssaceae	蓝果树属	*Nyssa*	蓝果树	*Nyssa sinensis*	文献、标本
			喜树	*Camptotheca acuminata*	标本
八角枫科 Alangiaceae	八角枫属	*Alangium*	八角枫	*Alangium chinense*	文献、标本
			云山八角枫	*Alangium kurzii* var. *handelii*	文献、标本
			伏毛八角枫	*Alangium chinense* subsp. *strigosum*	文献、标本
			毛八角枫	*Alangium kurzii*	文献、标本
			瓜木	*Alangium platanifolium*	文献、标本
			深裂八角枫	*Alangium chinense* subsp. *triangulate*	文献、标本
山茱萸科 Cornaceae	梾木属	*Cornus*	灯台树	*Bothrocaryum controversum*	文献、标本
	四照花属	*Dendrobenthamia*	四照花	*Dendrobenthamia japonica* var. *chinensis*	文献、标本
	青荚叶属	*Helwingia*	青荚叶	*Helwingia japonica*	文献、标本

续 表

科名	属名		种名		
五加科 Araliaceae	五加属	*Acanthopanax*	吴茱萸五加	*Acanthopanax evodiaefolius*	文献、标本
			匍匐五加	*Acanthopanax scandens*	文献、标本
			刚毛五加	*Acanthopanax simonii*	文献、标本
			五加	*Acanthopanax gracilistylus*	文献、标本
			糙叶五加	*Acanthopanax henryi*	文献、标本
			毛梗糙叶五加	*Acanthopanax henryi* var. *faberi*	文献、标本
			藤五加	*Acanthopanax leucorrhizus*	文献、标本
	楤木属	*Aralia*	楤木	*Aralia chinensis*	文献、标本
			毛叶楤木	*Aralia chinensis* var. *dasyphylloides*	文献、标本
			黄毛楤木	*Aralia decaisneana*	文献、标本
			棘茎楤木	*Aralia echinocaulis*	文献、标本
			安徽楤木	*Aralia subcapitata*	文献、标本
	树参属	*Dendropanax*	树参	*Dendropanax dentiger*	文献、标本
	常春藤属	*Hedera*	常春藤	*Hedera nepalensis* var. *sinensis*	文献、标本
	刺楸属	*Kalopanax*	刺楸	*Kalopanax septemlobus*	文献、标本
伞形科 Umbelliferae	天胡荽属	*Hydrocotyle*	天胡荽	*Hydrocotyle sibthorpioides*	文献、标本
			红马蹄草	*Hydrocotyle nepalensis*	文献、标本
			破铜钱	*Hydrocotyle sibthorpioides* var. *batrachium*	文献、标本
	积雪草属	*Centella*	积雪草	*Centella asiatica*	文献、标本
	芫荽属	*Coriandrum*	芫荽	*Coriandrum sativum*	文献、标本
	变豆菜属	*Sanicula*	变豆菜	*Sanicula chinensis*	文献、标本
			天目变豆菜	*Sanicula tienmuensis*	文献、标本
			直刺变豆菜	*Sanicula orthacantha*	文献、标本
	峨参属	*Anthriscus*	峨参	*Anthriscus sylvestris*	文献、标本
	香根芹属	*Osmorhiza*	香根芹	*Osmorhiza aristata*	文献、标本
	窃衣属	*Torilis*	小窃衣	*Torilis japonica*	文献、标本

续表

科名	属名		种名		
			窃衣	*Torilis scabra*	文献、标本
	东俄芹属	*Tongoloa*	牯岭东俄芹	*Tongoloa stewardii*	文献、标本
	白苞芹属	*Nothosmyrnium*	白苞芹	*Nothosmyrnium japonicum*	文献、标本
	棱子芹属	*Pleurospermum*	鸡冠棱子芹	*Pleurospermum cristatum*	文献、标本
	柴胡属	*Bupleurum*	北柴胡	*Bupleurum chinense*	文献、标本
			红柴胡	*Bupleurum scorzonerifolium*	文献、标本
			南方大叶柴胡	*Bupleurum longiradiatum* f. *australe*	文献、标本
			多伞北柴胡	*Bupleurum chinense* f. *chilioscia-dium*	文献、标本
	鸭儿芹属	*Cryptotaenia*	鸭儿芹	*Cryptotaenia japonica*	文献、标本
	泽芹属	*Sium*	泽芹	*Sium suave*	文献、标本
	水芹属	*Oenanthe*	水芹	*Oenanthe javanica*	文献、标本
	蛇床属	*Cnidium*	蛇床	*Cnidium monnieri*	文献、标本
	山芹属	*Ostericum*	山芹	*Ostericum sieboldii*	文献、标本
	前胡属	*Peucedanum*	前胡	*Peucedanum praeruptorum*	文献、标本
	当归属	*Angelica*	紫花前胡	*Angelica decursiva*	标本
	胡萝卜属	*Daucus*	野胡萝卜	*Daucus carota*	文献、标本
鹿蹄草科 Pyrolaceae	鹿蹄草属	*Pyrola*	普通鹿蹄草	*Pyrola decorata*	文献、标本
			鹿蹄草	*Pyrola calliantha*	文献、标本
杜鹃花科 Ericaceae	杜鹃属	*Rhododendron*	云锦杜鹃	*Rhododendron fortunei*	文献、标本
			杜鹃	*Rhododendron simsii*	文献、标本
			满山红	*Rhododendron mariesii*	文献、标本
			马银花	*Rhododendron ovatum*	文献、标本
			黄山杜鹃	*Rhododendron anhweiense*	文献、标本
	南烛属	*Lyonia*	毛果南烛	*Lyonia ovalifolia* var. *hebecarpa*	文献、标本
	吊钟花属	*Enkianthus*	灯笼树	*Enkianthus chinensis*	文献、标本
	马醉木属	*Pieris*	马醉木	*Pieris japonica*	文献、标本
	越橘属	*Vaccinium*	南烛	*Vaccinium bracteatum*	文献、标本

续 表

科名	属名		种名		
			江南越桔	*Vaccinium mandarinorum*	文献、标本
			刺果越桔	*Vaccinium trichocladum*	文献、标本
			无梗越桔	*Vaccinium henryi*	文献、标本
			黄背越橘	*Vaccinium iteophyllum*	文献、标本
			扁枝越橘	*Vaccinium japonicum* var. *sinicum*	文献、标本
紫金牛科 Myrsinaceae	紫金牛属	*Ardisia*	紫金牛	*Ardisia japonica*	文献、标本
			九管血	*Ardisia brevicaulis*	文献、标本
			硃砂根	*Ardisia crenata*	文献、标本
			百两金	*Ardisia crispa* var. *crispa*	文献、标本
			红凉伞	*Ardisia crenata* var. *bicolor*	文献、标本
	铁仔属	*Myrsine*	光叶铁仔	*Myrsine stolonifera*	文献、标本
	杜茎山属	*Maesa*	杜茎山	*Maesa japonica*	标本
报春花科 Primulaceae	珍珠菜属	*Lysimachia*	珍珠菜	*Pogostemon auricularius*	文献、标本
			临时救	*Lysimachia congestiflora*	文献、标本
			轮叶过路黄	*Lysimachia klattiana*	文献、标本
			疏头过路黄	*Lysimachia pseudo-henryi*	文献、标本
			泽珍珠菜	*Lysimachia candida*	文献、标本
			过路黄	*Lysimachia christinae*	文献、标本
			点腺过路黄	*Lysimachia hemsleyana*	文献、标本
			金爪儿	*Lysimachia grammica*	文献、标本
			星宿菜	*Lysimachia fortunei*	文献、标本
			长梗过路黄	*Lysimachia longipes*	文献、标本
			祁门过路黄	*Lysimachia qimenensis*	文献
	点地梅属	*Androsace*	点地梅	*Androsace umbellata*	标本

续 表

科名	属名		种名		
	报春花属	*Primula*	安徽羽叶报春	*Primula merrilliana*	文献、标本
柿科 Ebenaceae	柿属	*Diospyros*	野柿	*Diospyros kaki* var. *silvestris*	文献、标本
			浙江柿	*Diospyros glaucifolia*	文献、标本
			君迁子	*Diospyros lotus*	文献、标本
山矾科 Symplocaceae	山矾属	*Symplocos*	白檀	*Symplocos paniculata*	文献、标本
			四川山矾	*Symplocos setchuensis*	文献、标本
			老鼠矢	*Symplocos stellaris*	文献、标本
			薄叶山矾	*Symplocos anomala*	文献、标本
			尾叶山矾	*Symplocos caudata*	文献、标本
安息香科 Styracaceae	赤杨叶属	*Alniphyllum*	赤杨叶	*Alniphyllum fortunei*	文献、标本
	白辛树属	*Pterostyrax*	小叶白辛树	*Pterostyrax corymbosus*	文献、标本
	野茉莉属	*Styrax*	赛山梅	*Styrax confusus*	文献、标本
			玉铃花	*Styrax obassia*	文献、标本
			芬芳安息香	*Styrax odoratissimus*	文献、标本
			栓叶安息香	*Styrax suberifolius*	文献、标本
			野茉莉	*Styrax japonicus*	文献
木犀科 Oleaceae	流苏树属	*Chionanthus*	流苏树	*Chionanthus retusus*	文献、标本
	连翘属	*Forsythia*	金钟花	*Forsythia viridissima*	文献、标本
	白蜡树属	*Fraxinus*	尖叶梣	*Fraxinus chinensis* var. *acuminata*	文献、标本
			苦枥木	*Fraxinus insularis*	文献、标本
	女贞属	*Ligustrum*	长柄女贞	*Ligustrum longipedicellatum*	文献、标本
			蜡子树	*Ligustrum molliculum*	文献、标本
			小蜡	*Ligustrum sinense*	文献、标本
			女贞	*Ligustrum lucidum*	文献、标本
			长筒女贞	*Ligustrum longitubum*	文献、标本

续 表

科名	属名		种名		
	木犀属	*Osmanthus*	华东木犀	*Osmanthus cooperi*	文献、标本
			牛矢果	*Osmanthus matsumuranus*	文献、标本
	茉莉属	*Jasminum*	清香藤	*Jasminum lanceolarium*	文献、标本
			毛清香藤	*Jasminum lanceolarium*	标本
马钱科 Loganiaceae	蓬莱葛属	*Gardneria*	蓬莱葛	*Gardneria multiflora*	文献、标本
			少花蓬莱葛	*Gardneria nutans*	文献、标本
醉鱼草科 Buddlejaceae	醉鱼草属	*Buddleja*	醉鱼草	*Buddleja lindleyana*	标本
龙胆科 Gentianaceae	龙胆属	*Gentiana*	笔龙胆	*Gentiana zollingeri*	文献、标本
			龙胆	*Gentiana scabra*	文献、标本
			条叶龙胆	*Gentiana manshurica*	文献、标本
			红花龙胆	*Gentiana rhodantha*	标本
	獐牙菜属	*Swertia*	獐牙菜	*Swertia bimaculata*	标本
	双蝴蝶属	*Tripterospermum*	双蝴蝶	*Tripterospermum chinense*	文献、标本
			细茎双蝴蝶	*Tripterospermum filicaule*	文献、标本
睡菜科 Menyanthaceae	莕菜属	*Nymphoides*	金银莲花	*Nymphoides indica*	文献、标本
夹竹桃科 Apocynaceae	络石属	*Trachelospermum*	络石	*Trachelospermum jasminoides*	文献、标本
			紫花络石	*Trachelospermum axillare*	文献、标本
	毛药藤属	*Sindechites*	毛药藤	*Sindechites henryi*	文献、标本
萝藦科 Asclepiadaceae	萝藦属	*Metaplexis*	萝藦	*Metaplexis japonica*	标本
	鹅绒藤属	*Cynanchum*	牛皮消	*Cynanchum auriculatum*	文献、标本
			白薇	*Cynanchum atratum*	文献、标本
			竹灵消	*Cynanchum inamoenum*	文献、标本
			毛白前	*Cynanchum mooreanum*	文献、标本
			柳叶白前	*Cynanchum stauntonii*	文献、标本

续 表

科名	属名		种名		
			徐长卿	*Cynanchum paniculatum*	文献、标本
	秦岭藤属	*Biondia*	青龙藤	*Biondia henryi*	标本
	乳突果属	*Adelostemma*	浙江乳突果	*Adelostemma microcentrum*	标本
	娃儿藤属	*Tylophora*	娃儿藤	*Tylophora ovata*	文献、标本
茜草科 Rubiaceae	水团花属	*Adina*	细叶水团花	*Adina rubella*	文献、标本
			水团花	*Adina pilulifera*	文献、标本
			鸡仔木	*Adina racemosa*	文献、标本
	钩藤属	*Uncaria*	钩藤	*Uncaria rhynchophylla*	标本
	虎刺属	*Damnacanthus*	虎刺	*Damnacanthus indicus*	文献、标本
			短梗虎刺	*Damnacanthus giganteus*	标本
	香果树属	*Emmenopterys*	香果树	*Emmenopterys henryi*	文献、标本
	蛇根草属	*Ophiorrhiza*	日本蛇根草	*Ophiorrhiza japonica*	文献、标本
	耳草属	*Hedyotis*	金毛耳草	*Hedyotis chrysotricha*	标本
			耳草	*Hedyotis auricularia*	文献、标本
			白花蛇舌草	*Hedyotis diffusa*	文献、标本
	粗叶木属	*Lasianthus*	榄绿粗叶木	*Lasianthus japonicus* var. *lancilimbus*	文献、标本
			日本粗叶木	*Lasianthus japonicus*	文献
	玉叶金花属	*Mussaenda*	黐花	*Mussaenda esquirolii*	文献、标本
	狗骨柴属	*Diplospora*	狗骨柴	*Diplospora dubia*	文献、标本
	巴戟天属	*Morinda*	羊角藤	*Morinda umbellata* subsp. *obovata*	文献、标本
	流苏子属	*Coptosapelta*	流苏子	*Coptosapelta diffusa*	文献、标本
	假耳草属	*Neanotis*	薄叶假耳草	*Neanotis hirsuta*	标本
	栀子属	*Gardenia*	栀子	*Gardenia jasminoides*	文献、标本

科名	属名		种名		
	六月雪属	*Serissa*	六月雪	*Serissa japonica*	文献、标本
	鸡矢藤属	*Paederia*	鸡矢藤	*Paederia scandens*	文献、标本
			毛鸡矢藤	*Paederia scandens* var. *tomentosa*	文献、标本
	茜草属	*Rubia*	茜草	*Rubia cordifolia*	文献、标本
	拉拉藤属	*Galium*	四叶葎	*Galium bungei*	文献、标本
			六叶葎	*Galium asperuloides* subsp. *hoff-meisteri*	文献、标本
			猪殃殃	*Galium aparine* var. *tenerum*	文献、标本
	乌口树属	*Tarenna*	白花苦灯笼	*Tarenna mollissima*	标本
旋花科 Convolvulaceae	打碗花属	*Calystegia*	打碗花	*Calystegia hederacea*	文献、标本
			篱天剑	*Calystegia sepium*	文献、标本
			藤长苗	*Calystegia pellita*	文献、标本
	牵牛属	*Pharbitis*	圆叶牵牛	*Pharbitis purpurea*	标本
	旋花属	*Convolvulus*	田旋花	*Convolvulus arvensis*	文献、标本
	菟丝子属	*Cuscuta*	金灯藤	*Cuscuta japonica*	文献、标本
	飞蛾藤属	*Porana*	飞蛾藤	*Porana racemosa*	标本
紫草科 Boraginaceae	紫草属	*Lithospermum*	梓木草	*Lithospermum zollingeri*	文献、标本
			田紫草	*Lithospermum arvense*	文献、标本
	盾果草属	*Thyrocarpus*	盾果草	*Thyrocarpus sampsonii*	文献、标本
	斑种草属	*Bothriospermum*	柔弱斑种草	*Bothriospermum tenellum*	文献、标本
	琉璃草属	*Cynoglossum*	琉璃草	*Cynoglossum furcatum*	文献、标本
	勿忘草属	*Myosotis*	勿忘草	*Myosotis silvatica*	文献、标本
	附地菜属	*Trigonotis*	附地菜	*Trigonotis peduncularis*	文献、标本
	厚壳树属	*Ehretia*	厚壳树	*Ehretia thyrsiflora*	文献、标本
水马齿科 Callitrichaceae	水马齿属	*Callitriche*	水马齿	*Callitriche stagnalis*	文献

续 表

科名	属名		种名		
马鞭草科 Verbenaceae	马鞭草属	*Verbena*	马鞭草	*Verbena officinalis*	文献、标本
	牡荆属	*Vitex*	牡荆	*Vitex negundo* var. *cannabifolia*	文献、标本
	紫珠属	*Callicarpa*	华紫珠	*Callicarpa cathayana*	文献、标本
			白棠子树	*Callicarpa dichotoma*	文献、标本
			老鸦糊	*Callicarpa giraldii*	文献、标本
			日本紫珠	*Callicarpa japonica*	文献、标本
			窄叶紫珠	*Callicarpa japonica* var. *angustata*	文献、标本
			红紫珠	*Callicarpa rubella*	文献、标本
	莸属	*Caryopteris*	兰香草	*Caryopteris incana*	文献、标本
			单花莸	*Caryopteris nepetaefolia*	文献、标本
	大青属	*Clerodendrum*	浙江大青	*Clerodendrum kaichianum*	文献、标本
			海州常山	*Clerodendrum trichotomum*	文献、标本
			臭牡丹	*Clerodendrum bungei*	文献、标本
			大青	*Clerodendrum cyrtophyllum*	文献、标本
	豆腐柴属	*Premna*	豆腐柴	*Premna microphylla*	文献、标本
唇形科 Labiatae	香科科属	*Teucrium*	庐山香科科	*Teucrium pernyi*	文献、标本
			霍山香科科	*Teucrium huoshanense*	标本
	筋骨草属	*Ajuga*	金疮小草	*Ajuga decumbens*	文献、标本
			多花筋骨草	*Ajuga multiflora*	文献、标本
			紫背金盘	*Ajuga nipponensis*	文献、标本
	水棘针属	*Amethystea*	水棘针	*Amethystea caerulea*	标本
	黄芩属	*Scutellaria*	韩信草	*Scutellaria indica*	文献、标本
			光紫黄芩	*Scutellaria laeteviolacea*	文献、标本
			荔枝草	*Salvia plebeia*	文献、标本
			半枝莲	*Scutellaria barbata*	文献、标本
			安徽黄芩	*Scutellaria anhweiensis*	文献、标本
	藿香属	*Agastache*	藿香	*Agastache rugosa*	文献、标本

科名	属名		种名		
	活血丹属	*Glechoma*	活血丹	*Glechoma longituba*	文献、标本
	夏至草属	*Lagopsis*	夏至草	*Lagopsis supina*	文献、标本
	夏枯草属	*Prunella*	夏枯草	*Prunella vulgaris*	文献、标本
	野芝麻属	*Lamium*	宝盖草	*Lamium amplexicaule*	文献、标本
			野芝麻	*Lamium barbatum*	文献、标本
	益母草属	*Leonurus*	益母草	*Leonurus artemisia*	文献、标本
	糙苏属	*Phlomis*	南方糙苏	*Phlomis umbrosa* var. *australis*	文献、标本
	水苏属	*Stachys*	蜗儿菜	*Stachys arrecta*	标本
			水苏	*Stachys japonica*	文献、标本
	鼠尾草属	*Salvia*	华鼠尾草	*Salvia chinensis*	文献、标本
			撒尔维亚	*Salvia officinalis*	标本
			丹参	*Salvia miltiorrhiza*	标本
			皖鄂丹参	*Salvia paramiltiorrhiza*	文献、标本
			荔枝草	*Salvia plebeia*	文献、标本
	风轮菜属	*Clinopodium*	风轮菜	*Clinopodium chinense*	文献、标本
			细风轮菜	*Clinopodium gracile*	文献、标本
	牛至属	*Origanum*	牛至	*Origanum vulgare*	文献、标本
	假糙苏属	*Paraphlomis*	中间假糙苏	*Paraphlomis intermedia*	文献、标本
	薄荷属	*Mentha*	薄荷	*Mentha haplocalyx*	文献、标本
	地笋属	*Lycopus*	硬毛地笋	*Lycopus lucidus* var. *hirtus*	标本
	紫苏属	*Perilla*	白苏	*Perilla frutescens*	文献、标本
			野紫苏	*Perilla frutescens* var. *acuta*	文献、标本
	石荠苎属	*Mosla*	石荠苎	*Mosla scabra*	文献、标本
			小花荠苎	*Mosla cavaleriei*	文献、标本
			华荠苎	*Mosla chinensis*	文献、标本
			长苞荠苎	*Mosla longibracteata*	文献、标本
			小鱼仙草	*Mosla dianthera*	文献、标本
	荆芥属	*Nepeta*	浙荆芥	*Nepeta everardi*	文献、标本
	香薷属	*Elsholtzia*	紫花香薷	*Elsholtzia argyi*	文献
			岩生香薷	*Elsholtzia saxatilis*	文献
			海州香薷	*Elsholtzia splendens*	文献、标本

续　表

科名	属名		种名		
			香薷	*Elsholtzia ciliata*	文献、标本
	绵穗苏属	*Comanthosphace*	绵穗苏	*Comanthosphace ningpoensis*	标本
	香茶菜属	*Rabdosia*	香茶菜	*Rabdosia amethystoides*	文献、标本
			显脉香茶菜	*Rabdosia nervosa*	文献、标本
			溪黄草	*Rabdosia serra*	标本
	四棱草属	*Schnabelia*	四棱草	*Schnabelia oligophylla* var. *oligophylla*	标本
茄科 Solanaceae	曼陀罗属	*Datura*	曼陀罗	*Darura stramonium*	文献、标本
	枸杞属	*Lycium*	枸杞	*Lycium chinense*	文献、标本
	散血丹属	*Physaliastrum*	江南散血丹	*Physaliastrum heterophyllum*	文献、标本
	酸浆属	*Physalis*	苦蘵	*Physalis angulata*	文献、标本
			挂金灯	*Physalis alkekengi* var. *franchetii*	文献、标本
	茄属	*Solanum*	龙葵	*Solanum nigrum*	文献、标本
			野海茄	*Solanum japonense*	文献、标本
			千年不烂心	*Solanum cathayanum*	文献、标本
			白英	*Solanum lyratum*	文献、标本
			海桐叶白英	*Solanum pittosporifolium*	文献、标本
			青杞	*Solanum septemlobum*	文献、标本
	龙珠属	*Tubocapsicum*	龙珠	*Tubocapsicum anomalum*	文献、标本
	红丝线属	*Lycianthes*	中华红丝线	*Lycianthes lysimachioides* var. *sinensis*	标本
玄参科 Scrophulariaceae	泡桐属	*Paulownia*	毛泡桐	*Paulownia tomentosa*	标本
			白花泡桐	*Paulownia fortunei*	标本
	胡麻草属	*Centranthera*	胡麻草	*Centranthera cochinchinensis*	文献

续 表

科名	属名		种名		
	阴行草属	*Siphonostegia*	腺毛阴行草	*Siphonostegia laeta*	文献、标本
			阴行草	*Siphonostegia chinensis*	文献、标本
	山萝花属	*Melampyrum*	山萝花	*Melampyrum roseum*	文献、标本
	松蒿属	*Phtheirospermum*	松蒿	*Phtheirospermum japonicum*	文献、标本
	马先蒿属	*Pedicularis*	江南马先蒿	*Pedicularis henryi*	文献、标本
	通泉草属	*Mazus*	通泉草	*Mazus japonicus*	文献、标本
			匍茎通泉草	*Mazus miquelii*	文献、标本
			弹刀子菜	*Maxus stachydifolius*	文献、标本
	翼萼属	*Torenia*	紫色翼萼	*Torenia violacea*	标本
	沟酸浆属	*Mimulus*	尼泊尔沟酸浆	*Mimulus tenellus* var. *nepalensis*	标本
	母草属	*Lindernia*	泥花草	*Lindernia antipoda*	文献、标本
			母草	*Lindernia crustacea*	文献、标本
			陌上菜	*Lindernia procumbens*	文献、标本
	石龙尾属	*Limnophila*	石龙尾	*Limnophila sessiliflora*	文献、标本
	婆婆纳属	*Veronica*	蚊母草	*Veronica peregrina*	文献、标本
			水蔓青	*Veronica linariifolia*	文献、标本
			阿拉伯婆婆纳	*Veronica persica*	文献、标本
			直立婆婆纳	*Veronica arvensis*	文献、标本
	腹水草属	*Veronicastrum*	爬岩红	*Veronicastrum axillare*	文献、标本
			毛叶腹水草	*Veronicastrum villosulum*	文献、标本
爵床科 Acanthaceae	爵床属	*Rostellularia*	爵床	*Rostellularia procumbens*	文献、标本
	白接骨属	*Asystasiella*	白接骨	*Asystasiella chinensis*	标本
	九头狮子草属	*Peristrophe*	九头狮子草	*Peristrophe japonica*	文献、标本

续 表

科名	属名		种名		
	马蓝属	*Pteracanthus*	少花马蓝	*Strobilanthes oliganthus*	标本
	杜根藤属	*Calophanoides*	杜根藤	*Calophanoides quadrifaria*	标本
列当科 Orobanchaceae	野菰属	*Aeginetia*	中国野菰	*Aeginetia sinensis*	文献、标本
胡麻科 Pedaliaceae	茶菱属	*Trapella*	茶菱	*Trapella sinensis*	文献、标本
苦苣苔科 Gesneriaceae	苦苣苔属	*Conandron*	苦苣苔	*Conandron ramondioides*	文献、标本
	吊石苣苔属	*Lysionotus*	吊石苣苔	*Lysionotus pauciflorus*	文献、标本
	旋蒴苣苔属	*Boea*	猫耳朵	*Phyllagathis wenshanensis*	文献、标本
			大花旋蒴苣苔	*Boea clarkeana*	文献、标本
	半蒴苣苔属	*Hemiboea*	半蒴苣苔	*Hemiboea henryi*	文献、标本
	长蒴苣苔属	*Didymocarpus*	浙皖粗筒苣苔	*Briggsia chienii*	文献、标本
	马铃苣苔属	*Oreocharis*	长瓣马铃苣苔	*Oreocharis auricula*	文献、标本
狸藻科 Lentibulariaceae	狸藻属	*Utricularia*	挖耳草	*Utricularia bifida*	标本
			黄花狸藻	*Utricularia aurea*	标本
透骨草科 Phrymaceae	透骨草属	*Phryma*	透骨草	*Phryma leptostachya* subsp. *asiatica*	文献、标本
车前科 Plantaginaceae	车前属	*Plantago*	车前	*Plantago asiatica*	文献、标本
忍冬科 Caprifoliaceae	荚蒾属	*Viburnum*	宜昌荚蒾	*Viburnum erosum*	文献、标本
			壮大荚蒾	*Viburnum glomeratum* subsp. *magnificum*	文献、标本
			沟核茶荚蒾	*Viburnum setigerum* var. *sulcatum*	文献、标本

续 表

科名	属名		种名		
			饭汤子	*Viburnum setigerum*	文献、标本
			荚蒾	*Viburnum dilatatum*	文献、标本
			蝴蝶戏珠花	*Viburnum plicatum* var. *tomentosum*	文献、标本
			毛枝常绿荚蒾	*Viburnum sempervirens* var. *trichophorum*	文献、标本
	忍冬属	*Lonicera*	苦糖果	*Lonicera fragrantissima*	文献、标本
			忍冬	*Lonicera japonica*	标本
			金银忍冬	*Lonicera maackii*	文献、标本
			下江忍冬	*Lonicera modesta*	文献、标本
			庐山忍冬	*Lonicera modesta* var. *lushanensis*	文献、标本
			毛萼忍冬	*Lonicera trichosepala*	文献、标本
			盘叶忍冬	*Lonicera tragophylla*	文献、标本
	接骨木属	*Sambucus*	接骨草	*Sambucus chinensis*	文献、标本
			接骨木	*Sambucus williamsii*	文献
	锦带花属	*Weigela*	水马桑	*Coriaria nepalensis*	文献、标本
	六道木属	*Abelia*	南方六道木	*Abelia dielsii*	文献、标本
	蝟实属	*Kolkwitzia*	蝟实	*Kolkwitzia amabilis*	标本
败酱科 Valerianaceae	败酱属	*Patrinia*	窄叶败酱	*Patrinia heterophylla* subsp. *angustifolia*	文献、标本
			败酱	*Patrinia scabiosaefolia*	文献、标本
			白花败酱	*Patrinia villosa*	文献、标本
桔梗科 Campanulaceae	沙参属	*Adenophora*	华东杏叶沙参	*Adenophora hunanensis* subsp. *huadungensis*	文献、标本
			石沙参	*Adenophora polyantha*	文献、标本
			沙参	*Adenophora stricta*	文献、标本
	党参属	*Codonopsis*	羊乳	*Codonopsis lanceolata*	文献、标本
	桔梗属	*Platycodon*	桔梗	*Platycodon grandiflorus*	文献、标本
	半边莲属	*Lobelia*	半边莲	*Lobelia chinensis*	文献、标本
			金钱豹	*Campanumoea javanica*	标本

续 表

科名	属名		种名		
菊科 Compositae	泽兰属	*Eupatorium*	泽兰	*Eupatorium japonicum*	文献、标本
			林泽兰	*Eupatorium lindleyanum*	文献、标本
			佩兰	*Eupatorium fortunei*	文献、标本
	牛蒡属	*Arctium*	牛蒡	*Arctium lappa*	文献
	下田菊属	*Adenostemma*	下田菊	*Adenostemma lavenia*	文献、标本
	鬼针草属	*Bidens*	鬼针草	*Bidens pilosa*	文献、标本
			狼杷草	*Bidens tripartita*	文献、标本
			婆婆针	*Bidens bipinnata*	文献、标本
	莶属	*Siegesbeckia*	毛梗豨莶	*Siegesbeckia glabrescens*	文献、标本
	鳢肠属	*Eclipta*	鳢肠	*Eclipta prostrata*	文献、标本
	马兰属	*Kalimeris*	毡毛马兰	*Kalimeris shimadai*	文献、标本
			马兰	*Kalimeris indica*	文献、标本
			全叶马兰	*Kalimeris integrifolia*	文献、标本
	菊属	*Dendranthema*	野菊	*Dendranthema indicum*	文献、标本
	大吴风草属	*Farfuyiun*	大吴风草	*Farfugium japonicum*	文献、标本
	一枝黄花属	*Solidago*	一枝黄花	*Solidago decurrens*	文献、标本
	旋覆花属	*Inula*	旋覆花	*Inula japonica*	文献、标本
			线叶旋覆花	*Inula lineariifolia*	文献、标本
	白酒草属	*Conyza*	小飞蓬	*Conyza canadensis*	文献、标本
			野塘蒿	*Conyza bonariensis*	文献、标本
	飞蓬属	*Erigeron*	一年蓬	*Erigeron annuus*	文献、标本
			飞蓬	*Erigeron acer*	文献、标本
	狗娃花属	*Heteropappus*	狗娃花	*Heteropappus hispidus*	文献、标本
	女菀属	*Turczaninowia*	女菀	*Turczaninowia fastigiata*	文献、标本
	东风菜属	*Doellingeria*	东风菜	*Doellingeria scaber*	文献、标本
	紫菀属	*Aster*	三脉紫菀	*Aster ageratoides*	文献、标本
			琴叶紫菀	*Aster panduratus*	文献、标本
			陀螺紫菀	*Aster turbinatus*	文献、标本
			紫菀	*Aster tataricus*	文献、标本

续 表

科名	属名		种名		
			毛枝三脉紫菀	*Aster ageratoides* var. *lasiocladus*	文献、标本
			宽伞三脉紫菀	*Aster ageratoides* var. *laticorymbus*	文献、标本
			山白菊	*Aster ageratoides*	文献、标本
			高茎紫菀	*Aster prorerus*	文献、标本
	蓝刺头属	*Echinops*	华东蓝刺头	*Echinops grijsii*	文献、标本
	和尚菜属	*Adenocaulon*	和尚菜	*Adenocaulon himalaicum*	文献、标本
	苍耳属	*Xanthium*	苍耳	*Xanthium sibiricum*	文献、标本
	天名精属	*Carpesium*	天名精	*Carpesium abrotanoides*	文献、标本
			烟管头草	*Carpesium cernuum*	文献、标本
			金挖耳	*Carpesium divaricatum*	文献、标本
	石胡荽属	*Centipeda*	石胡荽	*Centipeda minima*	文献、标本
	蒿属	*Artemisia*	矮蒿	*Artemisia lancea*	文献、标本
			黄花蒿	*Artemisia annua*	文献、标本
			牡蒿	*Artemisia japonica*	文献、标本
			宽叶山蒿	*Artemisia stolonifera*	文献、标本
			白莲蒿	*Artemisia sacrorum*	文献、标本
			密毛白莲蒿	*Artemisia sacrorum*	文献、标本
			灰莲蒿	*Artemisia sacrorum* var. *incana*	文献、标本
			魁蒿	*Artemisia princeps*	文献、标本
			猪毛蒿	*Artemisia scoparia*	文献、标本
			奇蒿	*Artemisia anomala*	文献、标本
			茵陈蒿	*Artemisia capillaris*	文献、标本
			青蒿	*Artemisia carvifolia*	文献、标本
			矮蒿	*Artemisia lancea*	文献、标本
			白苞蒿	*Artemisia lactiflora*	文献、标本
			五月艾	*Artemisia indica*	文献、标本
			艾	*Artemisia argyi*	文献、标本
			朝鲜艾蒿	*Artemisia argyi* var. *gracilis*	文献、标本

续 表

科名	属名		种名		
			南牡蒿	*Artemisia eriopoda*	文献、标本
			阴地蒿	*Artemisia sylvatica*	文献、标本
			红足蒿	*Artemisia rubripes*	文献、标本
			蒙古蒿	*Artemisia mongolica*	文献、标本
			南艾蒿	*Artemisia verlotorum*	文献、标本
	苍术属	*Atractylodes*	苍术	*Atractylodes lancea*	文献、标本
			白术	*Atractylodes macrocephala*	文献、标本
	鼠麹草属	*Gnaphalium*	鼠麹草	*Gnaphalium affine*	文献、标本
			秋鼠麹草	*Gnaphalium hypoleucum*	文献、标本
			细叶鼠麹草	*Gnaphalium japonicum*	文献、标本
	香青属	*Anaphalis*	香青	*Anaphalis sinica*	文献、标本
			珠光香青	*Anaphalis margaritacea*	文献、标本
			黄腺香青	*Anaphalis aureopunctata* var. *aureopunctata*	文献、标本
	蟹甲草属	*Parasenecio*	黄山蟹甲草	*Parasenecio hwangshanicus*	文献、标本
			白花蟹甲草	*Parasenecio ainsliiflorus*	文献、标本
			蝙蝠草	*Christia vespertilionis*	文献、标本
	飞廉属	*Carduus*	飞廉	*Carduus nutans*	文献、标本
	帚菊属	*Pertya*	心叶帚菊	*Pertya cordifolia*	文献、标本
	款冬属	*Tussilago*	款冬	*Tussilago farfara*	文献、标本
	橐吾属	*Ligularia*	蹄叶橐吾	*Ligularia fischeri*	文献、标本
	千里光属	*Senecio*	千里光	*Senecio scandens*	文献、标本
			林荫千里光	*Senecio nemorensis*	文献、标本
			额河千里光	*Senecio argunensis*	文献、标本
			蒲儿根	*Sinosenecio oldhamianus*	文献、标本
			九华蒲儿根	*Sinosenecio jiuhuashanicus*	文献、标本

续 表

科名	属名		种名		
	狗舌草属	*Tephroseris*	狗舌草	*Tephroseris kirilowii*	文献、标本
	兔儿风属	*Ainsliaea*	杏香兔儿风	*Ainsliaea fragrans*	文献、标本
			灯台兔儿风	*Ainsliaea macroclinidioides*	文献、标本
	兔儿伞属	*Syneilesis*	兔儿伞	*Syneilesis aconitifolia*	文献、标本
	野茼蒿属	*Crassocephalum*	野茼蒿	*Crassocephalum crepidioides*	文献、标本
	菊三七属	*Gynura*	三七草	*Gynura japonica*	文献、标本
	一点红属	*Emilia*	一点红	*Emilia sonchifolia*	文献、标本
	泥胡菜属	*Hemistepta*	泥胡菜	*Hemisteptia lyrata*	文献、标本
	蓟属	*Cirsium*	牛口刺	*Cirsium shansiense*	文献、标本
			蓟	*Cirsium japonicum*	文献、标本
			刺儿菜	*Cirsium setosum*	文献、标本
	风毛菊属	*Saussurea*	风毛菊	*Saussurea japonica*	文献、标本
	黄鹌菜属	*Youngia*	黄鹌菜	*Youngia japonica*	文献、标本
	苦荬菜属	*Ixeris*	小苦荬	*Ixeridium dentatum*	文献、标本
			窄叶小苦荬	*Ixeridium gramineum*	文献、标本
	苦苣菜属	*Sonchus*	苦苣菜	*Sonchus oleraceus*	文献、标本
			断续菊	*Sonchus asper*	文献、标本
	蒲公英属	*Taraxacum*	蒲公英	*Taraxacum mongolicum*	文献、标本
	稻搓菜属	*Lapsana*	稻槎菜	*Lapsana apogonoides*	文献、标本
	翅果菊属	*Pterocypsela*	台湾翅果菊	*Pterocypsela formosana*	文献、标本
			翅果菊	*Pterocypsela indica*	文献、标本
			多裂翅果菊	*Pterocypsela laciniata*	文献、标本
			高大翅果菊	*Pterocypsela elata*	文献、标本
	虾须草属	*Sheareria*	虾须草	*Sheareria nana*	文献、标本
	大丁草属	*Gerbera*	大丁草	*Gerbera anandria*	文献、标本

续 表

科名	属名		种名		
泽泻科 Alismataceae	泽泻属	*Alisma*	东方泽泻	*Alisma orientale*	文献、标本
			矮慈姑	*Sagittaria pygmaea*	文献、标本
			慈姑	*Sagittaria trifolia* var. *sinensis*	文献、标本
眼子菜科 Potamogetonaceae	眼子菜属	*Potamogeton*	竹叶眼子菜	*Potamogeton malaianus*	文献、标本
			菹草	*Potamogeton crispus*	文献、标本
			尖叶眼子菜	*Potamogeton oxyphyllus*	文献、标本
			小眼子菜	*Potamogeton pusillus*	文献、标本
水鳖科 Hydrocharitaceae	黑藻属	*Hydrilla*	黑藻	*Hydrilla verticillata*	文献、标本
	水鳖属	*Hydrocharis*	水鳖	*Hydrocharis dubia*	文献、标本
	水车前属	*Ottelia*	龙舌草	*Ottelia alismoides*	文献、标本
茨藻科 Najadaceae	茨藻属	*Najas*	草茨藻	*Najas graminea*	文献、标本
	角果藻属	*Zannichellia*	角果藻	*Zannichellia palustris*	文献、标本
百合科 Liliaceae	葱属	*Allium*	小根蒜	*Allium macrostemon*	文献、标本
	天门冬属	*Asparagus*	天门冬	*Asparagus cochinchinensis*	文献、标本
	粉条儿菜属	*Aletris*	粉条儿菜	*Aletris spicata*	文献、标本
	玉簪属	*Hosta*	紫萼	*Hosta ventricosa*	文献、标本
			玉簪	*Hosta plantaginea*	文献、标本
	萱草属	*Hemerocallis*	萱草	*Hemerocallis fulva*	文献、标本
			黄花菜	*Hemerocallis citrina*	文献、标本
	山麦冬属	*Liriope*	山麦冬	*Liriope spicata*	文献、标本
			阔叶山麦冬	*Liriope platyphylla*	文献、标本
			禾叶山麦冬	*Liriope graminifolia*	文献、标本
	沿阶草属	*Ophiopogon*	沿阶草	*Ophiopogon bodinieri*	文献、标本
	油点草属	*Tricyrtis*	油点草	*Tricyrtis macropoda*	文献、标本
	郁金香属	*Tulipa*	老鸦瓣	*Tulipa edulis*	文献、标本

科名	属名		种名		
	黄精属	*Polygonatum*	多花黄精	*Polygonatum cyrtonema*	文献、标本
			玉竹	*Polygonatum odoratum*	文献、标本
			长梗黄精	*Polygonatum filipes*	文献、标本
	鹿药属	*Smilacina*	鹿药	*Smilacina japonica*	文献、标本
	万寿竹属	*Disporum*	宝铎草	*Disporum sessile*	文献、标本
			万寿竹	*Disporum cantoniense*	文献、标本
	藜芦属	*Veratrum*	藜芦	*Veratrum nigrum*	文献、标本
			毛叶藜芦	*Veratrum grandiflorum*	文献、标本
			蒙自藜芦	*Veratrum mengtzeanum*	文献、标本
	大百合属	*Cardiocrinum*	荞麦叶大百合	*Cardiocrinum cathayanum*	文献、标本
	百合属	*Lilium*	百合	*Lilium brownii* var. *viridulum*	文献、标本
	绵枣儿属	*Scilla*	绵枣儿	*Scilla scilloides*	文献、标本
	重楼属	*Paris*	华重楼	*Paris polyphylla* var. *chinensis*	文献、标本
			具柄重楼	*Paris fargegii* var. *petiolata*	文献、标本
	延龄草属	*Trillium*	延龄草	*Trillium tschonoskii*	文献、标本
	万年青属	*Rohdea*	万年青	*Rohdea japonica*	文献、标本
	菝葜属	*Smilax*	菝葜	*Smilax china*	文献、标本
			小果菝葜	*Smilax davidiana*	文献、标本
			黑果菝葜	*Smilax glaucochina*	文献、标本
			白背牛尾菜	*Smilax nipponica*	文献、标本
			牛尾菜	*Smilax riparia*	文献、标本
			华东菝葜	*Smilax sieboldii*	文献、标本
			土茯苓	*Smilax glabra*	文献、标本
	白穗花属	*Speirantha*	白穗花	*Speirantha gardenii*	文献、标本
百部科 Stemonaceae	百部属	*Stemona*	百部	*Stemona japonica*	文献、标本
			直立百部	*Stemona sessilifolia*	文献、标本
	黄精叶钩吻属	*Croomia*	黄精叶钩吻	*Croomia japonica*	标本
石蒜科 Amaryllidaceae	石蒜属	*Lycoris*	中国石蒜	*Lycoris chinensis*	标本

续 表

科名	属名		种名		
			石蒜	*Lycoris radiata*	文献、标本
			稻草石蒜	*Lycoris straminea*	标本
薯蓣科 Dioscoreaceae	薯蓣属	*Dioscorea*	细柄薯蓣	*Dioscorea tenuipes*	文献、标本
			黄独	*Dioscorea bulbifera*	文献、标本
			粉背薯蓣	*Dioscorea collettii* var. *hypoglauca*	文献、标本
			日本薯蓣	*Dioscorea japonica*	文献、标本
			纤细薯蓣	*Dioscorea gracillima*	文献、标本
			穿龙薯蓣	*Dioscorea nipponica*	文献、标本
			薯蓣	*Dioscorea opposita*	文献、标本
雨久花科 Pontederiaceae	雨久花属	*Monochoria*	鸭舌草	*Monochoria vaginalis*	文献、标本
			雨久花	*Monochoria korsakowii*	文献
鸢尾科 Iridaceae	射干属	*Belamcanda*	射干	*Belamcanda chinensis*	文献、标本
	鸢尾属	*Iris*	马蔺	*Iris lactea*	文献、标本
			小鸢尾	*Iris proantha*	文献、标本
灯心草科 Juncaceae	灯心草属	*Juncus*	灯心草	*Juncus effusus*	文献、标本
			野灯心草	*Juncus setchuensis*	文献、标本
			翅茎灯心草	*Juncus alatus*	文献
			小花灯心草	*Juncus articulatus*	文献、标本
	地杨梅属	*Luzula*	羽毛地杨梅	*Luzula plumosa*	文献、标本
			多花地杨梅	*Luzula multiflora*	文献、标本
鸭跖草科 Commelinaceae	鸭跖草属	*Commelina*	鸭跖草	*Commelina communis*	文献、标本
			火柴头	*Commelina benghalensis*	标本
	杜若属	*Pollia*	杜若	*Pollia japonica*	文献、标本
			水竹叶	*Murdannia triquetra*	文献、标本

续 表

科名	属名		种名		
谷精草科 Eriocaulaceae	谷精草属	*Eriocaulon*	谷精草	*Eriocaulon buergerianum*	文献、标本
禾本科 Gramineae	刚竹属	*Phyllostachys*	毛竹	*Phyllostachys heterocycla*	文献、标本
			水竹	*Phyllostachys heteroclada*	文献、标本
			刚竹	*Phyllostachys sulphurea*	文献、标本
			桂竹	*Phyllostachys bambusoides*	文献、标本
			淡竹	*Phyllostachys glaucae*	文献、标本
	大明竹属	*Pleioblastus*	苦竹	*Pleioblastus amarus*	文献、标本
	箬竹属	*Indocalamus*	阔叶箬竹	*Indocalamus latifolius*	文献、标本
			华箬竹	*Sasa sinica*	文献、标本
	玉山竹属	*Yushania*	玉山竹	*Yushania niitakayamensis*	文献、标本
	假稻属	*Leersia*	假稻	*Leersia japonica*	标本
	剪股颖属	*Agrostis*	剪股颖	*Agrostis matsumurae*	文献、标本
	菰属	*Zizania*	菰	*Zizania latifolia*	标本
	淡竹叶属	*Lophatherum*	淡竹叶	*Lophatherum gracile*	文献、标本
			中华淡竹叶	*Lophatherum sinense*	文献、标本
	芦竹属	*Arundo*	芦竹	*Arundo donax*	文献、标本
	芦苇属	*Phragmites*	芦苇	*Phragmites australis*	文献、标本
	类芦属	*Neyraudia*	山类芦	*Neyraudia montana*	文献、标本
	甜茅属	*Glyceria*	甜茅	*Glyceria acutiflora* subsp. *japonica*	文献、标本
	羊茅属	*Festuca*	小颖羊茅	*Festuca parvigluma*	文献、标本
			日本羊茅	*Festuca japonica*	文献、标本
			羊茅	*Festuca ovina*	文献、标本
	早熟禾属	*Poa*	白顶早熟禾	*Poa acroleuca*	文献、标本
			华东早熟禾	*Poa fabri*	文献、标本
			早熟禾	*Poa annua*	文献、标本
	雀麦属	*Bromus*	雀麦	*Bromus japonicus*	文献、标本
			疏花雀麦	*Bromus remotiflorus*	文献、标本

续 表

科名	属名		种名		
	鹅观草属	*Roegneria*	鹅观草	*Roegneria kamoji*	文献、标本
			东瀛鹅观草	*Roegneria mayebarana*	文献、标本
			纤毛鹅观草	*Roegneria ciliaris*	文献、标本
			竖立鹅观草	*Roegneria japonensis*	文献、标本
	三毛草属	*Trisetum*	三毛草	*Trisetum bifidum*	文献、标本
			湖北三毛草	*Trisetum henryi*	文献、标本
	燕麦属	*Avena*	野燕麦	*Avena fatua*	文献、标本
			光稃野燕麦	*Avena fatua var. glabrata*	文献、标本
			燕麦	*Avena sativa*	文献、标本
	梯牧草属	*Phleum*	蜡烛草	*Phleum peniculatum*	文献、标本
	看麦娘属	*Alopecurus*	看麦娘	*Alopecurus aequalis*	文献、标本
			日本看麦娘	*Alopecurus japonicus*	文献、标本
	三芒草属	*Aristida*	黄草毛	*Aristida cumingiana*	文献、标本
	白羊草	*Bothriochloa*	白羊草	*Bothriochloa ischaemum*	文献
	黄金茅属	*Eulalia*	四脉金茅	*Eulalia quadrinervis*	文献
	洽草属	*Koeleria*	洽草	*Koeleria cristata*	文献
	野青茅属	*Deyeuxia*	长舌野青茅	*Deyeuxia arundinacea* var. *ligulata*	文献、标本
			疏花野青茅	*Deyeuxia arundinacea* var. *laxiflora*	文献、标本
			野青茅	*Deyeuxia arundinacea*	文献、标本
	拂子茅属	*Calamagrostis*	拂子茅	*Calamagrostis epigeios*	文献、标本
	棒头草属	*Polypogon*	棒头草	*Polypogon fugax*	文献、标本
	菵草属	*Beckmannia*	菵草	*Beckmannia syzigachne*	文献、标本
	短颖草属	*Brachyelytrum*	短颖草	*Brachyelytrum erectum*	文献、标本
	画眉草属	*Eragrostis*	知风草	*Eragrostis ferruginea*	文献、标本

科名	属名		种名		
			大画眉草	*Eragrostis cilianensis*	文献、标本
			画眉草	*Eragrostis pilosa*	文献、标本
			小画眉草	*Eragrostis minor*	文献、标本
	隐子草属	*Cleistogenes*	北京隐子草	*Cleistogenes hancei*	文献、标本
			朝阳青茅	*Cleistogenes hackelii*	文献、标本
	千金子属	*Leptochloa*	千金子	*Leptochloa chinensis*	文献、标本
	穇属	*Eleusine*	牛筋草	*Eleusine indica*	文献、标本
	狗牙根属	*Cynodon*	狗牙根	*Cynodon dactylon*	文献、标本
	鼠尾粟属	*Sporobolus*	鼠尾粟	*Sporobolus fertilis*	文献、标本
	显子草属	*Phaenosperma*	显子草	*Phaenosperma globosa*	文献、标本
	野古草属	*Arundinella*	野古草	*Arundinella anomala*	文献、标本
			刺芒野古草	*Arundinella setosa*	文献、标本
	求米草属	*Oplismenus*	求米草	*Oplismenus undulatifolius*	文献、标本
	稗属	*Echinochloa*	稗子	*Echinochloa crusgalli*	文献、标本
			光头稗	*Echinochloa colona*	文献、标本
	雀稗属	*Paspalum*	雀稗	*Paspalum thunbergii*	文献、标本
			双穗雀稗	*Paspalum paspaloides*	标本
	马唐属	*Digitaria*	红尾翎	*Digitaria radicosa*	文献、标本
			紫马唐	*Digitaria violascens*	文献、标本
			升马唐	*Digitaria ciliaris*	文献、标本
			毛马唐	*Digitaria chrysoblephara*	文献、标本
			马唐	*Digitaria sanguinalis*	文献、标本
	狗尾草属	*Setaria*	狗尾草	*Setaria viridis*	文献、标本
			大狗尾草	*Setaria faberi*	文献、标本
			金色狗尾草	*Setaria glauca*	文献、标本
	狼尾草属	*Pennisetum*	狼尾草	*Pennisetum alopecuroides*	文献、标本
	芒属	*Miscanthus*	芒	*Miscanthus sinensis*	文献、标本
			五节芒	*Miscanthus floridulus*	文献、标本
	荻属	*Triarrhena*	荻	*Triarrhena sacchariflora*	文献、标本

续 表

科名	属名		种名		
	白茅属	*Imperata*	白茅	*Imperata cylindrica*	文献、标本
	甘蔗属	*Saccharum*	斑茅	*Saccharum arundinaceum*	文献、标本
	油芒属	*Eccoilopus*	油芒	*Eccoilopus cotulifer*	文献、标本
	大油芒属	*Spodiopogon*	大油芒	*Spodiopogon sibiricus*	文献、标本
	大麦属	*Hordeum*	大麦	*Hordeum vulgare*	文献、标本
	鸭嘴草属	*Ischaemum*	鸭嘴草	*Ischaemum aristatum* var. *glaucum*	文献、标本
	牛鞭草属	*Hemarthria*	牛鞭草	*Hemarthria altissima*	文献、标本
	蜈蚣草属	*Eremochloa*	假俭草	*Eremochloa ophiuroides*	文献、标本
	高粱属	*Sorghum*	光高粱	*Sorghum nitidum*	文献、标本
	荩草属	*Arthraxon*	荩草	*Arthraxon hispidus*	文献、标本
			矛叶荩草	*Arthraxon lanceolatus*	文献、标本
	细柄草属	*Capillipedium*	细柄草	*Capillipedium parviflorum*	文献、标本
	香茅属	*Cymbopogon*	橘草	*Cymbopogon goeringii*	文献、标本
	菅属	*Themeda*	黄背草	*Themeda japonica*	文献、标本
	薏苡属	*Coix*	薏苡	*Coix lacryma-jobi*	文献、标本
棕榈科 Palmae	棕榈属	*Trachycarpus*	棕榈	*Trachycarpus fortunei*	文献、标本
天南星科 Araceae	菖蒲属	*Acorus*	石菖蒲	*Acorus tatarinowii*	文献、标本
			金钱蒲	*Acorus gramineus*	文献、标本
	芋属	*Colocasia*	野芋	*Colocasia antiquorum*	文献、标本
	磨芋属	*Amorphophallus*	磨芋	*Amorphophallus rivieri*	文献
	天南星属	*Arisaema*	天南星	*Arisaema heterophyllume*	文献、标本
			灯台莲	*Arisaema sikokianum* var. *serratum*	文献、标本
			一把伞南星	*Arisaema erubescens*	文献、标本
			云台南星	*Arisaema dubois-reymondiae*	文献
	半夏属	*Pinellia*	半夏	*Pinellia ternata*	文献、标本
			虎掌	*Pinellia pedatisecta*	文献、标本
			滴水珠	*Pinellia cordata*	文献、标本
浮萍科 Lemnaceae	紫萍属	*Spirodela*	紫萍	*Spirodela polyrrhiza*	文献、标本
	浮萍属	*Lemna*	浮萍	*Lemna minor*	文献、标本

科名	属名		种名		
			品藻	*Lemna trisulca*	文献
	芜萍属	*Wolffia*	芜萍	*Wolffia arrhiza*	文献
香蒲科 Typhaceae	香蒲属	*Typha*	水烛	*Typha angustifolia*	文献、标本
			香蒲	*Typha orientalis*	文献、标本
莎草科 Cyperaceae	藨草属	*Scirpus*	茸球藨草	*Scirpus asiaticus*	文献、标本
			水葱	*Scirpus validus*	文献
	荆三棱属	*Bolboschoenus*	荆三棱	*Bolboschoenus yagara*	文献、标本
	磚子苗属	*Mariscus*	磚子苗	*Mariscus umbellatus*	文献、标本
	飘拂草属	*Fimbristylis*	扁鞘飘拂草	*Fimbristylis complanata*	文献、标本
			宜昌飘拂草	*Fimbristylis henryi*	文献、标本
			东南飘拂草	*Fimbristylis pierotii*	文献、标本
	莎草属	*Cyperus*	异型莎草	*Cyperus difformis*	文献、标本
			毛轴莎草	*Cyperus pilosus*	文献、标本
			香附子	*Cyperus rotundus*	文献、标本
			旋鳞莎草	*Cyperus michelianus*	文献、标本
			碎米莎草	*Cyperus iria*	文献、标本
			具芒碎米莎草	*Cyperus microiria*	文献、标本
			窄穗莎草	*Cyperus tenuispica*	文献、标本
			阿穆尔莎草	*Cyperus amuricus*	文献、标本
	薹草属	*Carex*	青绿薹草	*Carex breviculmis*	文献、标本
			宽叶薹草	*Carex siderosticta*	文献、标本
			舌叶薹草	*Carex ligulata*	文献、标本
			条穗薹草	*Carex nemostachys*	文献、标本
			阿齐薹草	*Carex argyi*	文献、标本
			亚澳薹草	*Carex brownii*	文献、标本
			相仿薹草	*Carex simulans*	文献、标本
			柄果薹草	*Carex stipitinux*	文献、标本

续 表

科名	属名		种名		
			牯牛薹草	*Carex guniuensis*	文献、标本
			截鳞薹草	*Carex truncatigluma* subsp. *truncatigluma*	文献、标本
			显穗薹草	*Carex infossa* var. *extensa*	文献、标本
姜科 Zingiberaceae	姜属	*Zingiber*	蘘荷	*Zingiber mioga*	文献、标本
兰科 Orchidaceae	杓兰属	*Cypripedium*	扇脉杓兰	*Cypripedium japonicum*	文献、标本
	独花兰属	*Changnienia*	独花兰	*Changnienia amoena*	标本
	石斛属	*Dendrobium*	石斛	*Dendrobium nobile*	文献、标本
	毛兰属	*Eria*	高山毛兰	*Eria reptans*	标本
	厚唇兰属	*Epigeneium*	单叶厚唇兰	*Epigeneium fargesii*	标本
	头蕊兰属	*Cephalanthera*	金兰	*Cephalanthera falcata*	文献、标本
	兰属	*Cymbidium*	春兰	*Cymbidium goeringii*	文献、标本
			建兰	*Cymbidium ensifolium*	文献、标本
			蕙兰	*Cymbidium faberi*	文献、标本
	白及属	*Bletilla*	白及	*Bletilla striata*	文献、标本
	斑叶兰属	*Goodyera*	斑叶兰	*Goodyera schlechtendaliana*	文献、标本
	绶草属	*Spiranthes*	绶草	*Spiranthes sinensis*	文献、标本
	带唇兰属	*Tainia*	带唇兰	*Tainia dunnii*	标本
	沼兰属	*Malaxis*	小沼兰	*Malaxis microtatantha*	标本
	羊耳蒜属	*Liparis*	福建羊耳蒜	*Liparis dunnii*	文献、标本
			见血青	*Liparis nervosa*	标本
	无柱兰属	*Amitostigma*	细葶无柱兰	*Amitostigma gracile*	文献、标本
	舌唇兰属	*Platanthera*	小舌唇兰	*Platanthera minor*	文献、标本
	玉凤花属	*Habenaria*	鹅毛玉凤花	*Habenaria dentata*	文献、标本
			裂瓣玉凤花	*Habenaria petelotii*	文献、标本
	兜被兰属	*Neottianthe*	二叶兜被兰	*Neottianthe cucullata*	文献、标本

续 表

科名	属名		种名		
	虾脊兰属	*Calanthe*	虾脊兰	*Calanthe discolor*	文献、标本
	独蒜兰属	*Pleione*	独蒜兰	*Pleione bulbocodioides*	文献、标本
	叠鞘兰属	*Chamaegastrodia*	叠鞘兰	*Chamaegastrodia shikokiana*	文献、标本
	盂兰属	*Lecanorchis*	多花盂兰	*Lecanorchis multiflora*	文献、标本
	开唇兰属	*Anoectochilus*	金线兰	*Anoectochilus roxburghii*	标本
	石豆兰属	*Bulbophyllum*	莲花卷瓣兰	*Bulbophyllum quadrangulum*	文献、标本

附录4

牯牛降保护区大型真菌名录

科	属	种	生境	经济价值
白蘑科 Tricholomataceae	小皮伞属 *Marasmius*	盾状小皮伞 *Marasmius personatus* (Bolt. : Fr.) Fr.	杂草,石壁	食用
		马鬃小皮伞 *Marasmius crinisequi* Fr.	枯枝落叶	未知
		雪白小皮伞 *Marasmius niveus* Mons.	枯枝落叶	未知
		褐红小皮伞 *Marasmius pulcherripes* Peck.	枯枝落叶	未知
		安络小皮伞 *Marasmius androsaceus*(L.:Fr.)Fr.	枯枝落叶	食用、药用、抗癌
		污黄小皮伞 *Marasmius epidryas* KUhn	土生、杂草	未知
		紫红小皮伞 *Marasmius pulcherripes* Peck	枯枝落叶	未知
		柳小皮伞 *Marasmius salicicolas* (L:Fr)	枯枝落叶	未知
		无柄小伞 *Marasmius neosessilis* Sing.	小枝落叶	未知
		绒柄小皮伞 *Marasmius confuens* (Pers. : Fr.) Karst.	枯枝、杂草、落叶	食用
		栎小皮伞 *Marasmius dryophilus* (Bolt.) Karst.	土生	食用、毒菌
		叶生皮伞 *Marasmius epiphyllus* (Pers.Fr.) Fr.	枯枝落叶	未知
		干小皮伞 *Marasmius siccus* (Schw.) Fr.	枯枝落叶	未知
		膜盖小皮伞 *Marasmius cohortalis* Bael.	枯枝小段	未知

科	属	种	生境	经济价值
		硬柄皮伞 *Marasmius oreades* (Bolt. : Fr.) Fr.	枯枝落叶	未知
		毛腿皮伞 *Marasmius confluens* Pers. ex Fr.	枯枝落叶	未知
	微皮伞属 *Marasmiellus*	枝生微皮伞 *Marasmiellus ramealis* (Bull. : Fr.) Sing.	枯枝落叶	食用、药用、抗癌
		黑柄微皮伞 *Marasmiellus nigripes*（Schwein.） Sing.	小枯枝	未知
		纯白微皮伞 *Marasmiellus candidus*(Bolt.) Sing.	枯枝落叶	未知
	小菇属 *Mycena*	褐小菇 *Mycena alcalina* (Fr.) Qul.	土生	抗癌
		铅灰色小菇 *Mycena leptocephala*(Pers.:Fr.)Gillet	小枯枝	未知
	球果伞属 *Strobilurus*	绒松果伞 *Strobilurus tenacellus* (Pers.: Fr.) Sing.	枯枝落叶	食用、木腐菌
	蜜环菌属 *Armillariella*	假蜜环菌 *Armillariella tabescens*(Scop.:Fr.) Sing.	枯枝	食用、药用、抗癌、木腐菌、外生菌根菌
	蜡蘑属 *Laccaria*	紫蜡蘑 *Laccaria amethystea* (Bull. ex Gray) Murr.	土生	食用、抗癌
		红蜡蘑 *Laccaria laccata* (Scop. : Fr.) Berk. et Br.	土生	可食用、可药用
	香菇属 *Lentinula*	香菇 *Lentinus edodes* (Berk.)sing.	木生	可食用、可药用
		翘鳞香菇 *Lentinus squarrosulus* Mont.	枯木	未知
		豹皮香菇 *lentinus lepidesus*Fr.	木生	食用、药用
	杯伞属 *Clitocybe*	条缘灰杯伞 *Clitocybe expallens* (Pers. : Fr.) Kummer.	水	食用

续 表

科	属	种	生境	经济价值
		小白杯伞 *Clitocybe candicans* (Pers.: Fr.) Kummer	枯枝落叶	未知
		红蜡盘 *Clitocybe laccata* (Scop. ex Fr.) Berk. et Br.	枯枝落叶	可食用
		水银伞 *Clitocybe opaca* (Sow. : Fr.) Gill.	枯枝落叶	可食用
		白杯蕈 *Clitocybe phyllophila* (Pers. : Fr.) Kummer.	土生	毒菌
		黄杯蕈 *Clitocybe splendens*(Pers.:Fr.)Gill.	土生	未知
	口蘑属 *Tricholoma*	棕灰口蘑 *Tricholoma terreum*(Schaeff. ex Fr.) Quil.	土生	食用，外生菌根
木耳科 Auricullariaceae	木耳属 *Auricularia*	毛木耳 *Auricularia polytricha* (Mont.)Sacc.	枯枝	食用、药用、抗癌、木腐菌
		褐黄木耳 *Auricularia fuslosuccinea* (Mont.) Fari.	枯木	食用、木腐菌
		盾形木耳 *Auricularia peltata* Lloyd.	枯木	食用、药用、木腐菌
		黑皱木耳 *Auricularia moellellerii* Lloyd.	大枯枝段	食用、药用、木腐菌
		黑木耳 *Auricularia auriculajudae* (Bull.) Quél.	木头	可食用、可药用
		木耳 *Auricularia polytricha* (Mont.)Sacc.	木头	可食用、可药用
钉菇科 Gomphaceae	陀螺菌属 *Gomphus*	喇叭菌 *Gomphus floccosus* (Schw.) Sing.	土生	未知
裂褶菌科 Schizophyllaceae	裂褶菌属 *Schizophyllum*	裂褶菌 *Schizphylhls commne* Fr.	枯枝	药用、食用、抗癌、外生菌根

续 表

科	属	种	生境	经济价值
皱孔菌科 Meruliaceae	玉齿菌属 *Mycoleptodonides*	艾类小齿菌 *Mycoleptodonoides aitchisonii* (Berk.) Maas.	枯枝	木腐菌
多孔菌科 Polyporaceae	革盖菌属 *Coriolus*	云芝 *Coriolus versicolor* (L.:Fr.)Quél.	枯木	药用、抗癌、木腐菌
		毛云芝 *Coriolus hirsutus* (Fr. ex Wulf.) Qul.	枯木	药用、抗癌、木腐菌
	粘褶菌属 *Gloeophyllum*	蜜粘褶菌 *Gloeophyllum trabeum*(Pers.:Fr.) Murr.	木头	抗癌、木腐菌
	干酪菌属 *Tyromyces*	绒盖干酪菌 *Tyromyces pubescens* (Schum.:) Imaz.	枯木	抗癌、木腐菌
		毛蹄干酪菌 *Tyromyces galactinus*(Berk.) Bond.	枯木	未知
		薄皮干酪菌 *Tyromyces chioneus*(Fr.) Karst.	枯木	药用
		裂干酪菌 *Tyromyces fissilis* (Berk. et Cart.) Donk.	枯枝	木腐菌
		毛盖干酪菌 *Tyromyces pubescens* (Schum.:) Imaz.	木生	未知
		环带干酪菌 *Tyromyces zonatulus* (Lloyd) Imaz.	木生	未知
		硬干酪菌 *Tyromyces spraguei*(Bull.) Fr.	木生	未知
		污白干酪菌 *Tyromyces amygdalinus* (Pers.Fr.) Koti.&Pouz.	枯木	木腐菌
	栓菌属 *Trametes*	血红栓菌 *Trametes sanquinea* (L. : Fr.) Lloyd.	枯木	药用、抗癌、木腐菌
		香栓菌 *Trametes suaveloens*(L.)Fr.	大枯枝段	木腐菌
		绒毛栓菌 Tyromyces pubescens (Schum. : Fr.) Imaz.	枯枝	木腐菌

续 表

科	属	种	生境	经济价值
		乳白栓菌 *Trametes lactinea* (Berk.) Pat.	木生	木腐菌
		毛栓菌 *Trametes trogii* Berkeley.	枯枝	木腐菌
		肉色栓菌 *Trametes dickinsii* Berk.	木生	未知
		白栓菌 *Trametes Lactinea* (Bers.) pat.	木生	未知
		灰硬栓菌 *Trametes griseodura* (Lloyd)Teng.	死树桩	木腐菌
	茯苓属 *Wolfiporia*	茯苓 *Wolfiporia cocos*(Schw.) Ryv.et Gilbn.	木生	药用
	干酪孔菌属 *Oligoporus*	乳白稀孔菌 *Oligoporus tephroleucus* (Fr.) Cilbn. et Ryv.	小枯枝	木腐菌
		灰蓝干酪菌 *Oligoporus caesius* (Schrad:Fr.) Gilbn.et Ryv.	枯木	木腐菌
	大孔菌属 *Favolus*	漏斗大孔菌 *Favolus arcularius* (Batsch : Fr.) Ames.	枯枝	食用、抗癌、木腐菌
		大孔菌 *Favolus alveolaris* (DC.: Fr.) Quél.	木生	未知
		棱盖大孔菌 *Favolus junghunii* Lév.	木生	未知
		宽鳞大孔菌 *Favolus sguamosus* (Huds ex Fr.) Ams.	木生	未知
		宽鳞大孔菌 *Favolus squamosus* (Huds.:Fr) Ames.	木生	食用
	拟迷孔菌属 *Daedeleopsis*	条带拟迷孔菌 *Daedaleopsis tricolor* (Bull. : Fr.) Bond. et Sing.	枯木	木腐菌

科	属	种	生境	经济价值
		红拟迷孔菌 *Daedaleopsis rubescens* (Alb. et Schw. : Fr.) Imaz.	枯枝	木腐菌
		紫带拟迷孔菌 *Daedaleopsis purpurea* (Cke.) Imaz. et Aoshima.	枯枝	木腐菌
	黑孔菌属 *Nigroporus*	薄黑孔菌 *Nigroporus ussuriensis* Berk. Murrill	枯木	木腐菌
		紫褐黑孔菌 *Nigroporus vinosus* Berk. Murrill	小枯枝	木腐菌
	小孔菌属 *Microporus*	黄柄小孔菌 *Microporus xanthopus* (Fr.) Pat.	枯枝	木腐菌
		扇形小孔菌 *Microporus flabelliformis* (Fr.)Kuntze.	枯木	木腐菌
		褐红小孔菌 *Microporus affinis* Bull.ex Nees.	枯枝	木腐菌
		漆柄小孔菌 *Microporu svernicipes* (B.) Kunt.	枯木段	木腐菌
	褶孔菌属 *Lenzites*	桦褶孔菌 *Lenzites betulina* (L.)Fr.	枯枝	药用、抗癌、毒菌、木腐菌
	黑管菌属 *Bjerkandera*	黑管孔菌 *Bjerkandera scanica* (Fr.) P. Karst.	枯木	药用、抗癌、木腐菌
		烟色烟孔菌 *Bjerkandera fumosa* (Pers. : Fr.) Karst.	枯木	药用、抗癌、木腐菌
	多孔菌属 *Polyporus*	暗绒盖多孔菌 *Polyporus ciliatus* Fr.	枯枝	木腐菌
		猪苓 *Polyporus umbellatus* (Pers. : Fr.)	木生	药用
		黄多孔菌 *Polyporus elegans* (Bull.) Fr.	木生	未知
	粉孢菌属 *Amylosporus*	洁粉孢菌 *Amylosporus campbellii* (Berk.) Ryvarden.	枯枝	木腐菌

续 表

科	属	种	生境	经济价值
	木层孔菌属 *Phellinus*	淡黄木层孔菌 *Phillinus gilvus* (Schw. : Fr.) Pat.	枯枝	药用、抗癌、木腐菌
	纤孔菌属 *Inonotus*	中华纤孔菌 *Inonotus sinensis* (Lloyd) Teng.	枯枝	木腐菌
	皱皮菌属 *Isochnoderma*	皱皮孔菌 *Ischnoderma resinosum* (Schaeff.Fr.) Karst.	植物根部	食用、抗癌、木腐菌
	多年卧孔菌属 *Perenniporia*	艾氏多年卧孔菌 *Perenniporia fraxinea*(Bull.:Fr) Ryvarden.	枯木段	木腐菌
	粘褶菌属 *Gloeophyllum*	小褐粘褶菌 *Gloeophyllum abietinum* (Bull.:Fr.) Karst.	枯木段	木腐菌
		褐褶孔菌 *Glocophyllum sepiarium* (Wulf.:Fr.) Karst.	木生	木腐菌
	隐孔菌属 *Cryptoporus*	隐孔菌 *Cryptoporus voluatus* (peck.) Hubb.	枯枝	药用、抗癌、木腐菌
	芝菌属 *Polystictus*	毛芝 *Polystictus fibula* (Sow.) Fr.	木生	可药用
		白扇芝 *Polystictus lamii* Lloyd.	木生	可药用
		齿毛芝 *Coriolus unicolor* (L.:Fr.) pat.	木生	可药用
	硫磺菌属 *Laetiporus*	硫磺菌 *Laetiporus sulphureus* (Fr.) Murr.	木生	未知
	层孔菌属 *Fomes*	木蹄层孔菌 *Fomes fomentarius* (L.Fr.) Kickx.	木生	可药用
		粉肉层孔菌 *Fome cajanderi* Karst.	木生	木腐菌
盘菌科 Pezizaceae	盘菌属 *Peziza*	泡质盘菌 *Peziza vesiculosa* Bull.:Fr.	小枯枝	食用、毒菌
	绿僵菌属 *Metarhizium*	绿僵菌 *Metarhizium anisopliae* Metsch.	虫体	药用

科	属	种	生境	经济价值
炭角菌科 Xylariaceae	炭角菌属 *Xylaria*	多形炭角菌 *Xylaria polymorpha* (Pers. : Fr.)	大枯木	药用、木腐菌
		团炭角菌 *Xylaria hypoxylon* (L.)Grev.	枯木	未知
	炭球菌属 *Daldinia*	亮陀螺炭球菌 *Daldinia vernicosa* (Schw.) Ces. &de Not.	枯枝	木腐菌
		炭球菌 *Daldinia concentrica* (Bolt. : Fr.) Ces. & dr Not.	枯枝	木腐菌
银耳科 Tremellaceae	银耳属 *Tremella*	银耳 *Tremella fuciformis* Berk	木生	食用、药用、抗癌、木腐菌
		茶银耳 *Tremella foliace* Pers.:Fr.	枯木	食用、药用
鸡油菌科 Cantharellaceae	鸡油菌属 *Cantharellus*	薄黄鸡油菌 *Cantharellus lateritius* (Berk.) Sing.	枯木	食用、外生菌根
		小鸡油菌 *Cantharellus minor* Peck.	活木	食用、抗癌、外生菌根菌
		红鸡油菌 *Cantharellus cinnabarius* Schw.	土生	食用,外生菌根菌
		鸡油菌 *Cantharellus cibarius* Fr.	土生、枯枝落叶	食用、药用、抗癌、外生菌根菌
		漏斗鸡油菌 *Cantharellus infundibuliformis* (Scop.:Fr) Fr.	土生	食用,外生菌根菌
		白鸡油菌 *Cantharellus albidus* Fr.	枯枝落叶	未知
	喇叭菌属 *Craterellus*	灰号角 *Craterellus cornucopioides* (L.:Fr.) Pers.	枯枝落叶	食用
		芳香喇叭菌 *Craterellus odoratus* (Schw.)Fr.	土生	食用
侧耳科 Pleurotaceae	扇菇属 *Panellus*	鳞长扇菇 *Panellus stypticus* (Bull. :Fr.) Karst.	枯木	药用、毒菌、抗癌

续 表

科	属	种	生境	经济价值
	革耳属 *Panus*	革耳 *Panus rudis* Fr.	木生	食用、药用
	侧耳属 *Pleurotus*	小白侧耳 *Pleurotus limpidus* (Fr.) Gill.	枯枝	食用、木腐菌
		黄白侧耳 *Pleurotus cornucopiae* Paul.:Pers) Roll.	枯木	食用、药用
		扇形侧耳 *Pleurotus flabellatus* (Berk. et Br.) Sacc.	枯枝	食用、木腐菌
		侧耳 *Pleurotus ostreatus* (Fr.) Quel.	木生	未知
	网孔菌属 *Dictyopanus*	小网孔菌 *Dictyopanus gloeocystidiatus* Corner.	枯枝	木腐菌
韧革菌科 Stereaceae	韧革菌属 *Stereum*	皱韧革菌 *Stereum rugosum*(Pers.)Fr.	枯枝	木腐菌
丛梗孢科 Moniliaceae	白僵菌属 *Beauveria*	白僵菌 *Beauveria bassiana*(Bals.)Vuill.	虫体	药用
马勃科 Lycopereaceae	马勃属 *Lyciperdon*	梨形马勃 *Lycoperdon pyriforme* Schaeff. : Pers.	石壁	食用、抗癌
	脱皮马勃属 *Lasiosphaera*	马勃 *Lasiosphaera fenzlii* Reichb.	土生	可药用
	秃马勃属 *Calvatia*	头状马勃 *Calvatia craniiformis*(Schw.)Fr.	土生	可药用
球盖菇科 Strophariaceae	环锈伞属 *Pholiota*	光滑环锈伞 *Pholiota nameko* (T. Ito) S. Ito & Imai.	土生	食用、药用、抗癌、木腐菌
牛肝菌科 Boletaceae	粉孢牛肝菌属 *Tylopilus*	粉褐粉孢牛肝菌 *Tylopilus indecisus* (Peck) Murr.	枯枝落叶	食用、外生菌根菌
	牛肝菌属 *Boletus*	牛肝菌 *Boletus speciosus* Frost	土生	可食用、可药用
		网纹牛肝菌 *Boletus reticulatus* Schaeff.	土生	可食用

科	属	种	生境	经济价值
		美柄牛肝菌 *Boletus calopus* Fr.	土生	可食用、可药用
		美味牛肝菌 *Boletus edulis* Bull ex Franch.	土生	可食用
	粘盖牛肝菌属 *Suillus*	乳牛肝菌 *Suillus bovinus* (L.:Fr.) Kuntze.	木生	可食用、可药用
发网菌科 Stemonitidaceae	发网菌属 *Stemonitis*	发网菌 *Stemonitis fusca* Roth.	枯枝	未知
灵芝科 Ganodermataceae	灵芝属 *Ganoderma*	有柄树舌灵芝 *Ganoderma gibbosum*(Nees)Pat.	枯木	木腐菌
		树舌 *Ganoderma applanatum* (Pers. Ex Wallr) Pat.	木生	可药用
		黄孔树舌 *Ganoderma oroflavum*(Lloyd) Teng.	木生	可药用
		灵芝 *Ganoderma Lucidum* Karst.	木生	可药用
		紫芝 *Ganoderma sinense* Zhao,Xu et Zhang.	木生	可药用
块菌科 Tuberaceae	块菌属 *Tuber*	印度块菌 *Tuber indicum* Cooke et Massee.	枯枝	食用、外生菌根菌
锈耳科 Crepidotaceae	锈耳属 *Crepidotus*	平盖锈耳 *Crpidotus applanatus* (pers. : pers.) kummer.	枯枝	木腐菌
小脆柄菇科 Psathyrellaceae	假鬼伞属 *Pseudocoprinus*	小假鬼伞 *Pseudocoprinus disseminatus*(Pers. : Fr.) Kuhner.	土生、枯枝落叶	食用
	小脆柄菇属 *Psathyrella*	草地小脆柄菇 *Psathyrella campestris*(Earl.)Smith.	枯枝落叶	未知
		白黄小脆柄菇 *Psathyrella candolleana* (Fr.) A. H. Smith.	枯枝落叶	食用
		小脆柄菇 *Psathyrella velutina* (Pers. : Fr.)	枯枝落叶	未知

续 表

科	属	种	生境	经济价值
鬼伞科 Coprinaceae	鬼伞属 *Coprinus*	小射纹鬼伞 *Coprinus leiocephalus* P.D.Orton.		
		毛头鬼伞 *Coprinus comatus* (Mull.:Fr.) Gray.	枯枝落叶	木腐菌
		墨汁鬼伞 *Coprinus atramentarius* (Bull.) Fr.	土生	有毒
松塔牛肝菌科 Strobilomyceae	条孢牛肝菌属 *Boletellus*	凤梨条孢牛肝菌 *Boletellus ananas* (Curt.) Murr.	土生	毒菌、外生菌根菌
	松塔牛肝菌属 *Strobilomyces*	松塔牛肝菌 *Strobilomyces strobilaceus* (scop. : fr.) Berk.	土生	食用、药用、外生菌根菌
粉褶菌科 Entolomataceae	粉褶菌属 *Entoloma*	灰褐粉褶菌 *Entoloma grayanus* (Bull. : Fr.).	土生	未知
		粉褶菌 *Entoloma abortivum* (Berk. curt.)	木生	未知
		毒粉褶菌 *Entoloma lividum* (Bull. : Fr.).	木生	未知
		香港粉褶菌 *Entoloma aongkongense* Liu et Tao.		
丝膜菌科 Cortinariaceae	丝膜菌属 *Cortinarius*	烟灰褐丝膜菌 *Cortinarius anomalus* (Pers.) Fr.	土生	未知
		草黄丝膜菌 *Cortnarius colymbadius* Fr.	枯枝落叶	未知
蘑菇科 Agaricaceae	伞菌属 *Agaricus*	大肥蘑菇 *Agaricus bitorquis* (Quél.) Sacc.	土生	食用
		球基蘑菇 *Agaricus abruptibulbus* Peck.	土生	食用
		林地蘑菇 *Agaricus silvaticus* Schaeff. : Fr.	土生	可食用
	环柄菇属 *Lepiota*	褐顶环柄菇 *Lepiota promineus* (Fr.) Sacc.	土生	食用
红菇科 Russulaceae	乳菇属 *Lactarius*	绒白乳菇 *Lactarius vellereus* Fr.	土生	食用、药用、抗癌、毒菌、外生菌根菌

续 表

科	属	种	生境	经济价值
		松乳菇 *Lactarius deliciosus* (L. ex Fr.) Gray.	土生	可食用、可药用
		多汁乳菇 *Lactarius volemus* Fr.	土生	未知
		暗褐乳菇 *Lactarius fuliginosus* Fr.	土生	药用
		黑乳菇 *Lactarius lignyotus* Fr.	土生	未知
		白乳菇 *Lactarius piperatus* (L.:Fr.) Gray.	土生	食用
	红菇属 *Russula*	毒红菇 *Russula emetica* (Schaeff. : Fr.) Pers. ex S. F. Gray.	土生	抗癌、毒菌、外生菌根菌
		革质红菇 *Russula alutacea* (Pers.)Fr.	土生	食用、外生菌根菌
		乳白绿菇 *Russula galochroa* Fr.	土生	食用、外生菌根菌
		正红菇 *Russula vinosa* Lindbl.	土生	可食用、可药用
		变绿红菇 *Russula virescens*(Schaeff.) Fr.	土生	未知
		黄红菇 *Russula lutea* (Huds.) Fr.	土生	未知
		密褶黑菇 *Russula densifolia* (Secr.) Gill.	土生	可药用
		臭黄菇 *Russula fotens* Pedrs .:Fr.	土生	未知
		变色红菇 *Russula integra* (L.) Fr.	土生	食用
		黄菇 *Russula lutea* (Huds.) Fr.	土生	未知
		金红菇 *Russula aurata* (With.) Fr.	土生	食用

续 表

科	属	种	生境	经济价值
鹅膏菌科 Amanitaceae	鹅膏菌属 *Amanita*	粉红菇 *Russula subdepallens* Peck.	土生	未知
		密褶黑菇 *Russula densifolia* (Secr.)Gill.	土生	有毒
		橙盖鹅膏 *Amanita caesarea* (Scop. : Fr.) Pers. ex Schw.	土生	未知
		小托柄鹅膏 *Amanita farinosa* Schw.	土生	毒菌
		圈托鳞鹅膏菌 *Amanita ceciliae* (Berk. Br.) Bas.	土生	食用、药用、外生菌根
		黄絮鳞鹅膏菌 *Amanita chrysoleuca* Pegler.	土生	外生菌根
		灰花纹鹅膏菌 *Amanita fuliginea* Hongo.	土生、落叶	毒菌、外生菌根菌
		灰托柄菇 *Amanita vaginata* (Bull. : Fr.) Vitt.	土生	未知
		红托鹅膏 *Amanita rubrovolvata* Imai.	土生	毒菌
		褐托柄菇 *Amanita fulva* (Bull.:Fr.) Quel.	土生	食用
		黄盖伞 *Amanita junquillea* Quel.	土生	外生菌根
		白托柄菇 *Amanita nivalis* Grev.	土生	食用
		豹斑鹅膏 *Amanita pantherina* (DC.:Fr.) Schumm.	土生	有毒
		角鳞白伞 *Amanita solitaria* (Bull.:Fr)Karst.	土生	有毒
		纹缘鹅膏 *Amanita spreta* (Peck)Sacc.	土生	有毒
		白毒伞 *Amanita verna* (Bull.:Fr) Pers.:Vit.	土生	有毒

科	属	种	生境	经济价值
粪锈伞科 Bolbitiaceae	田蘑属 *Agrocybe*	杨树菇 *Agrocybe aegerita*(Brig.ex Fr.) Sing.	土生	可食用、可药用
	罗鳞伞属 *Pholiota*	皱皮环锈伞 *Pholiota caperata* (pers. : fr.)	土生	可食用、可药用
		白环锈伞 *Pholiota praecox* (Pers. : Fr.) Kummer.	枯枝落叶	可食用、可药用
	锥盖伞属 *Conocybe*	土黄锥盖菇 *Conocybe subovalis* Kuhner & Watling	土生	未知
	田蘑属 *Agrocybe*	田头菇 *Agrocybe praecox* (Pers. : Fr.) Fayod).	土生	食用、抗癌
猴头菌科 Hericiaceae	猴头菌属 *Hericium*	猴头菌 *Hericium erinaceus*(Rull ex F.)Pers.	木头	食用、药用、抗癌、木腐菌
		假猴头菌 *Hericium laciniatum* (leers) Banker.	大枯枝段	食用、木腐菌
竹黄菌科 Shiraiaceae	竹黄菌属 *Shiraia*	竹黄 *Shiraia bambusicola* P.Henn.	竹上	可药用
蜡伞科 Hygrophoraceae	湿伞属 *Hygrocybe*	小红蜡伞 *Hygrocybe miniatus* (Fr.) Kummer.	枯枝落叶	未知
	蜡伞属 *Hygrophorus*	美味蜡伞 *Hygrophorus agathosmus* Fr.	枯枝落叶	未知
		草地蜡伞 *Hygrophorus pratensis* Fr.	枯枝落叶	未知
光柄菇科 Pleuteaceae	光柄菇属 *Pluteus*	小灰光柄菇 *Pluteus cervinus* (Schaeff.) Fr.	枯枝落叶	未知
		暗色光柄菇 *Pluteus atricapillus* (Batsch) Fayod.	枯枝落叶	可食用
鬼笔科 Phallaceae	鬼笔属 *Phallus*	白鬼笔 *Phallus inpudicus* L. ex. Pers.	土生	可食用、可药用
麦角菌科 Clavicipitaceae	虫草属 *Cordyceps*	蝉花 *Cordyceps sobolifera* (Hill.) Berk. Et Broome	虫体	药用
		淡黄鳞蛹虫草 Cordyceps takaomontana Yukusiji et Kumazawa.	昆虫	药用

附录5

牯牛降保护区昆虫名录

目	科	种	来源
弹尾目 Collembola	长角虫兆科 Entomobryidae	祁门刺齿虫兆 *Homidia qimenensis*, sp. Nov.（新种）	伊仰东和陈建秀,1999
蜻蜓目 Odonata	色蟌科 Agriidae	色蟌 *Agrion* sp.	孟绪武,2003
		阔翅豆娘 *Calopteryx virgo* Selys	韩也良,1990
	溪蟌科 Euphaeidae	暗溪蟌 *Euphaea* sp.	韩也良,1990
	蟌科 Coenagriidae	横纹蟌 *Ercion plagiosum* Needham	孟绪武,2003
		七条蟌 *Cercion plagiosum*（Needham）	韩也良,1990
	箭蜓科 Gomphidae	因太棘尾箭蜓 *Trigomphus interruptus* Aslys	韩也良,1990
	蜻科 Libellulidae	大黄赤蜻 *Sympetrum uniforme* Selys	孟绪武,2003；韩也良,1990
		闪绿宽腹蜻 *Lyriothemis pachygastra*（Selys）	孟绪武,2003；韩也良,1990
		黄蜻 *Pantala flavescens* Fabricius	采集标本
		玉带蜻 *Pseudothemis zonata*（Burmeister）	采集标本
		晓褐蜻 *Trithemis aurora*（Burmeister）	采集标本
		纹蓝小蜻 *Diplacodes trivialis*（Rambur）	采集标本
		锥腹蜻 *Acisoma panorpoides* Rambur	采集标本
		异色灰蜻 *Orthetrum melania*（Selys）	采集标本
		白尾灰蜻 *Orthetrum albistylum* Selys	采集标本
		红蜻 *Crocothemis servilia* Drury	韩也良,1990
	春蜓科 Gomphidae	小团扇春蜓 *Ictinogomphus rapax*（Rambur, 1842）	采集标本
		帕维长足春蜓 *Merogomphus paviei* Martin	采集标本
		联纹小叶春蜓 *Gomphidia confluens* Selys	采集标本
蜚蠊目 Blattaria	蜚蠊科 Blattidae	澳洲大蠊 *Periplaneta australasiae*（Fabricius）	韩也良,1990

目	科	种	来源
	姬蠊科 Blattellidae	日本姬蠊 *Blattella nipponica* Asahina	孟绪武,2003;韩也良,1990
		双纹姬蠊 *Blattella bisignata* Brunner	采集标本
螳螂目 Mantedea	螳螂科 Mantidea	中华绿螳螂 *Paratenodera sinensis* Saussure	采集标本
		广腹螳螂 *Hierodula patellifera* Serville	采集标本
		姬黑蜚蠊 *Lupparia nigra* Shiraki	韩也良,1990
等翅目 Blattaria	鼻白蚁科 Rhinotermitidae	大别山散白蚁 *Reticulitermes dabieshanensis* Wang et Li	张之华等,2001
		长翅散白蚁 *Reticulitermes longipennis* Wang et Li	张之华等,2000
		细额散白蚁 *Reticulitermes leptomandibularis* Hsiaet Fan	张之华等,2000
		平江散白蚁 *Reticulitermes pingjiangensis* Tsai et Peng	张之华等,2000
		圆唇散白蚁 *Reticulitermes labralis* Hsia et Fan	张之华等,2000
		云寺散白蚁 *Reticulitermes yunsiensis*(Li et Huang)	张之华等,2000
		端明散白蚁 *Reticulitermes translucens* Ping et Xu	张之华等,2000
		尖唇散白蚁 *Reticulitermes aculabialis* Tsai et Hwang	张之华等,2000
		黑胸散白蚁 *Reticulitermes chinensis* Snyder	张之华等,2000
		栖北散白蚁 *Reticulitermes speratus*(Kolbe)	张之华等,2000
		柠黄散白蚁 *Reticulitermes citrinus* Ping et Li	张之华等,2000
		直缘散白蚁 *Reticulitermes rectis* Xia et Fan	张之华等,2000
		弯颚散白蚁 *Reticulitermes curuatus* Xia et Fan	张之华等,2000
		肖若散白蚁 *Reticulitermes affinis* Hsia et Fan	张之华等,2000
		黄胸散白蚁 *Reticulitermes flaviceps*(Oshima)	张之华等,2000

续 表

目	科	种	来源
		毛唇散白蚁 *Reticulitermes tricholabralis* Ping et Li	张之华等,2000
		湖南散白蚁 *Reticulitermes hunanensis* Tsai et Peng	张之华等,2000
		长头散白蚁 *Reticulitermes longicephalus* Tsai et Cheng	张之华等,2000
		近园唇散白蚁 *Reticulitermes perilabralis* Ping et Xu	张之华等,2000
		清江散白蚁 *Reticulitermes qingjiangensis* Gao et Wang	张之华等,2000
		拟尖唇散白蚁 *Reticulitermes pseudculabialis* Gao et Shi	张之华等,2000
		武宫散白蚁 *Reticulitermes wugongensis* Li et Huang	张之华等,2000
	白蚁科 Termitidae	黑翅土白蚁 *Odontotermes formosanus* Shiraki	张之华等,2000
		囟土白蚁 *Odontotermes fontanellus* Kemner	张之华等,2000
		浦江土白蚁 *Odontotermes pujiangensis* Fan	张之华等,2000
		扬子江近歪白蚁 *Pericapritermes jangtsekiangensis* (Kemner)	张之华等,2000
		黄翅大白蚁 *Macrotermes barneyi* Light	张之华等,2000
		三型大白蚁 *Macrotermes trimorphus* Li et Ping	张之华等,2000
		台华歪白蚁 *Sinocapritermes mushae* (Oshima)	张之华等,2000
		中华象白蚁 *Nasutitermes sinensis* Gao & Tian	张之华等,2000
		小象白蚁 *Nasutitermes parvonasutus* (Shiraki) (	张之华等,2000
		圆头象白蚁 *Nasutitermes communis* Cai et Chen	张之华等,2000
		祥云钝额白蚁 *Ahmaditermes xiangyunensis* Gao & Gong	张之华等,2000
		屏南钝颚白蚁 *Ahmaditermes pingnanensis* Li	张之华等,2000
		鄞县夏氏象白蚁 *Xiaitermes yinxianensis* Gao et He	张之华等,2000

目	科	种	来源
		祁门奇象白蚁 *Mironasutitermes qimenensis* Gao et Chen sp. Nov.	张之华等,2000
革翅目 Dermaptera	蠼螋科 Labiduridae	蠼螋 *Labidura riparia* Pallas	孟绪武,2003;韩也良,1990
直翅目 Orthoptera	刺翼蚱科 Terigoidea	弯刺佯鳄蚱 *Paragavialidium curvispinum*, sp. Nov.(新种)	郑哲民,1994
	蚱科 Tetrigidae	安徽微翅蚱 *Alulatettix anhuiensis* Zheng(新种)Zheng Z M.	郑哲民,1994
	蝗科 Acrididae	短额负蝗 *Atractomorpha sinensis* Bolivar	采集标本
	蟋蟀科 Gryllidae	黄脸油葫芦 *Teleogryllus emma* (Ohmachi & Matsuura)	采集标本
	螽斯科 Tettigoniidae	山陵丽叶螽 *Orophyllus montanus* Beier	采集标本
		绿背覆翅螽 *Tegra novaehollandiae* viridinotata (Stal)	采集标本
		褐斜缘螽 *Deflorita deflorita* (Brunner)	采集标本
		显沟平背螽 *Isopsera sulcata* Bey-Bienko	采集标本
		细齿平背螽 *Isopsera denticulate* Ebner	采集标本
		四川华绿螽 *Sinochlora szechwanensis* Tinkham	采集标本
		中国华绿螽 *Sinochlora sinensis* Tinkham	采集标本
		掩耳螽 *Elimaea* sp.	采集标本
		黑带副缘螽 *Parapsyra nigrovittata* Xia & Liu	采集标本
		日本条螽 *Ducetia japonica* (Thunberg)	采集标本
		截叶糙颈螽 *Rudicollaris truncatolobata* (Brunner)	采集标本
		草螽 *Conocephalus* sp.	采集标本
		栖螽 *Xizicus* sp.	采集标本
	蝼蛄科 Gryllotalpidae	东方蝼蛄 *Gryllotalpa orientalis* Burmeister	采集标本
同翅目 Homoptera	蝉科 Cieadidae	红蝉(红娘子)*Huechys sanguinea* De Geer	采集标本
		草蝉 *Mongannia* sp.	孟绪武,2003;韩也良,1990

续 表

目	科	种	来源
		黄蟪蛄 *Platypleura hilpa* Walker	韩也良,1990
		螗蝉 *Tanna japonensis* Distant	韩也良,1990
		日本夜蝉 *Terpnosia vacua* Olivier	孟绪武,2003; 韩也良,1990
		黑蚱蝉 *Cryptotympana atrata* Fabricius	采集标本
		绿草蝉 *Mogonnis hebes*(Walker)	采集标本
	角蝉科 Membracidae	中华高冠角蝉 *Hypsauchenia chinensis* Chou	孟绪武,2003; 韩也良,1990
	巢沫蝉科 Machaerotidae	托氏巢沫蝉 *Machaerota takeuchii* Kato	孟绪武,2003; 韩也良,1990
	沫蝉科 Cereopidae	斑带丽沫蝉 *Cosmoscarta bispecularis* White	孟绪武,2003
	叶蝉科 Cicadellidae	斜脊叶蝉 *Bundera* sp.	韩也良,1990
		斜脊叶蝉 *Bundera* sp.	孟绪武,2003
		柔角顶叶蝉 *Deltocephalus infirmus* Melichar	孟绪武,2003
		一点木叶蝉 *Phlogotettix cyclops* Mulsant et Rey	孟绪武,2003; 韩也良,1990
		斑叶蝉 *Erythroneura* sp.	孟绪武,2003; 韩也良,1990
		猩红小绿叶蝉 *Empoasca rufa* Melichar	韩也良,1990
		白头小板叶蝉 *Oniella leucocephala* Matsumura	孟绪武,2003; 韩也良,1990
		茶脊翅叶蝉 *Parabolopona guttata* Uhler	孟绪武,2003; 韩也良,1990
		斑胸小眼叶蝉 *Xestocephalus ishidae* Matsumura	孟绪武,2003; 韩也良,1990
		短头叶蝉 *Bythoscopus* sp.	孟绪武,2003
		凹缘菱纹叶蝉 *Hishimonus sellatus* (Uhler)	韩也良,1990
		柔角顶叶蝉 *Jassargus infirmus* (Melichar)	韩也良,1990
		黑带田叶蝉 *Limotettix striola* Fallen	韩也良,1990
		黑尾叶蝉 *Nephotettix cincticeps* Uhler	采集标本
		条沙叶蝉 *Psammotettix striatus* (L.)	韩也良,1990

续表

目	科	种	来源
		红缘拟隐脉叶蝉 *Pseudonirvana rubrolimbata* Kuoh	韩也良,1990
		水稻电光叶蝉 *Inazuma dorsalis*(Motschulsky)	采集标本
		桃一点叶蝉 *Erythroneura sudra*(Distan)	采集标本
		假眼小绿叶蝉 *Empoasca vitis* Gothe	采集标本
	大叶蝉科 Tettigellidae	黑尾大叶蝉 *Bothrogonia ferruginea* Fabricius	孟绪武,2003
		日本大叶蝉 *Bothrogonia japonica* Ishihara	韩也良,1990
	片角叶蝉科 Idioceridae	扁喙叶蝉属 *Idioscopus* sp.	韩也良,1990
	耳叶蝉科 Ledridae	窗耳胸叶蝉 *Ledra auditura* Walker	韩也良,1990
		四脊耳叶蝉 *Ledra quadricarina* Walker	韩也良,1990
	飞虱科 Delphacidae	黄褐飞虱 *Kakuna paludosus*(Flor)	韩也良,1990
		褐飞虱 *Nilaparvata lugens* Stal	韩也良,1990
		白背飞虱 *Sogatella furcifera*(Horvath)	韩也良,1990
		白带长唇基飞虱 *Sogata hakonensis* Matsumura	孟绪武,2003;韩也良,1990
	蜡蝉科 Fulgoridae	斑衣蜡蝉 *Lycorma delicatula*(White)	采集标本
		粗菱蜡蝉 *Cixius scrupeus* Fennah, 1956	(郭宏伟,2011)
	袖蜡蝉科 Derbidae	甘蔗长袖蜡蝉 *Zoraida pterophoroides* Westwood	孟绪武,2003;韩也良,1990
	蛾蜡蝉科 Flatidae	碧蛾蜡蝉 *Geisha distinctissima* Walker	采集标本
	木虱科 Psyllidae	梧桐木虱 *Thysanogyna limbata* Enderlein	韩也良,1990
	粉虱科 Aleyrodidae	柑桔粉虱 *Dialeurodes citri* Ashmead	采集标本
		黑刺粉虱 *Aleurocanthus spiniferus*(Quaintanca)	采集标本
	绵蚧科 Margarodidae	草履蚧 *Drosicha corpulenta* Kuwana	韩也良,1990
		吹绵蚧 *Icerya purchasi* Maskell	采集标本

续 表

目	科	种	来源
	粉蚧科 Pseudococcidae	竹扁粉蚧 *Chaetococcus bambusae* Maskell	孟绪武,2003;韩也良,1990
		柑橘粉蚧 *Planococcus citri* (Risso)	采集标本
	蚧科 Coccidae	龟蜡蚧 *Ceroplastes floridensis* Comstock	采集标本
		红蜡蚧 *Ceroplastes rubens* Maskell	采集标本
	仁蚧科 Aclerdiae	箭竹日仁蚧 *Nipponaclerda triumpha*, sp.nov.	张学范,1998
	绒蚧科 Pseudococcidae	紫薇绒蚧 *Eriococcus legerstroemiae* Kuwana	采集标本
半翅目 Hemiptera	龟蝽科 Plataspidae	筛豆龟蝽 *Megacopta cribraria* (Fabricius)	韩也良,1990
	土蝽科 Cydnidae	大鳖土蝽 *Adrisa magna* Uhler	韩也良,1990
	蝎蝽科 Nepidae	日壮蝎蝽 *Laccotrephes robustus* Stal	采集标本
	蝽科 Pentatomidae	华麦蝽 *Aelia fieberi* Scott	韩也良,1990
		辉蝽 *Carbula obtusangula* Reuter	韩也良,1990
		绿岱蝽 *Dalpada smargdina* Walker	韩也良,1990
		斑须蝽 *Dalycoris baccarum* (Linnaeus)	韩也良,1990
		麻皮蝽 *Erthesina fullo* Thunberg	采集标本
		硕蝽 *Eurostus validus* Dallas	采集标本
		黄蝽 *Euryaspis flavescens* Distant	韩也良,1990
		赤条蝽 *Graphosoma rubrolineata* Westwood	韩也良,1990
		菜蝽 *Eurydema dominulus* (Socopoli)	采集标本
		卵圆蝽 *Hippotiscus dorsalis* (stal)	韩也良,1990
		宽曼蝽 *Menida lata* Yang	韩也良,1990
		大臭蝽 *Metonymia glandulosa* (Wolff)	韩也良,1990
		稻绿蝽 *Nezara viridula* (Linnaeus)	韩也良,1990
		碧蝽 *Palomena angulosa* (Hori)	孟绪武,2003;韩也良,1990
		绿点益蝽 *Picromerus viridipunctatus* Yang	韩也良,1990
		珀蝽 *Plautia fimbriata* (Fabricius)	韩也良,1990
		二星蝽 *Stollia guttiger* (Thunberg)	韩也良,1990
		荔蝽 *Tessaratoma papillosa* (Drury)	采集标本
	同蝽科 Acanthosomatidae	铗同蝽 *Acanthosoma forcipatum* Reuter	韩也良,1990

续 表

目	科	种	来源
		伊锥同蝽 *Sastragala esakii* Hasegawa	韩也良,1990
	异蝽科 Urostylidae	亮壮异蝽 *Urochela distincta* Distant	韩也良,1990
		角突娇异蝽 *Urostylis chinai* Maa	孟绪武,2003;韩也良,1990
	长蝽科 Lygaeidae	东亚毛肩长蝽 *Neolethaeus dallasi* (Scott)	韩也良,1990
		白边刺胫长蝽 *Horridipamera lateralis* (Scott)	韩也良,1990
	缘蝽科 Coreidae	宽棘缘蝽 *Cletus rusticus* Stal	孟绪武,2003;韩也良,1990
		长角岗缘蝽 *Gonocerus longicornis* Hsiao	韩也良,1990
		光纹同缘蝽 *Homoeocerus laevilineus* (Stal)	韩也良,1990
		一点同缘蝽 *Homoeocerus unipunctatus* (Thunberg)	韩也良,1990
		瓦同缘蝽 *Homoeocerus walkerianus* Lethierry et Severin	韩也良,1990
		暗黑缘蝽 *Hygia opaca* Unler	韩也良,1990
		满辟缘蝽 *Prionolomia mandarina* Distant	韩也良,1990
		点蜂缘蝽 *Riptortus pedestris* (Fabricius)	韩也良,1990
	猎蝽科 Reduviidae	黑哎猎蝽 *Ectomocoris atrox* (Stal)	韩也良,1990
		环足普猎蝽 *Oncocephalus annulipes* Stal	孟绪武,2003;韩也良,1990
		短斑普猎蝽 *Oncocephalus confusus* Hsiao	孟绪武,2003;韩也良,1990
		宽额锥绒猎蝽 *Opistoplatys seclusus* Miller	韩也良,1990
		半黄足猎蝽 *Sirthenea dimidiata* Horvath	韩也良,1990
		环斑猛猎蝽 *Sphedanolestes impressicollis* (Stal)	孟绪武,2003;韩也良,1990
		斑缘猛猎蝽 *Sphedanolestes subtilis*(Jakovlev)	孟绪武,2003;韩也良,1990
	网蝽科 Tingidae	樟脊冠网蝽 *Stephanitis macaona* Drake	采集标本
		悬铃木方翅网蝽 *Corythucha ciliata* (Say)	采集标本
鞘翅目 Coleoptera	虎甲科 Cicindelidae	中华虎甲 *Cicindela chinensis* De Geer	韩也良,1990

续 表

目	科	种	来源
	步甲科 Carabidae	桦太虎甲 *Cicindela sachalinensis* Morawitz	韩也良,1990
		Ticondyla sp.	韩也良,1990
		九州步甲 *Carabus kyushuensis* Nakane	韩也良,1990
		中华步甲 *Carabus maderae chinensis* Kirby	韩也良,1990
		黄缘青步甲 *Chlaenius spoliatus* Rossi	采集标本
	水龟虫科 Hydrophilidae	尖突水龟虫 *Hydrophilus acuminatus* Motschulsky	采集标本
	吉丁甲科 Buprestidae	彩艳吉丁虫 *Chrysochroa fulgidissima*	采集标本
	萤科 Lampyridae	窗萤 *Pyrocoelia rufa* Olivier	孟绪武,2003;韩也良,1990
		胸窗萤 *Pyrocoelia pectoralis* Olivier	采集标本
		大端黑萤 *Luciola anceyi* Olivier	采集标本
		赤腹栉角萤 *Vesta impressicollis*	采集标本
		锯角萤 *Lucidina sp.*	采集标本
	红萤科 Lycidae	*Dictyoptera sp.*	韩也良,1990
	隐翅虫科 Staphylinidae	*Pinophilus javanus* Erichson	韩也良,1990
		牯牛降四齿隐翅虫 *Nazeris guniujiangensis sp. nov*(新种)	胡佳耀,2006
		胡氏四眼隐翅虫 *Omalium hui sp. nov*(新种)	钟妙,2010
		毕氏出尾蕈甲 *Scaphidium biwenxuani* He et al., 2008	何文佳,2009
		吴氏出尾蕈甲 *Scaphidium wuyongxiangi* He et al., 2008	何文佳,2009
		Pselaphodes tianmuensis Yin, Li & Zhao	Yin et al., 2013
		舌四齿隐翅虫 *Nazeris lingulatus* Hu & Li, 2009	Assing, 2013
		Nazeris hisamatsui Hu & Li, 2010	Assing, 2013
	葬甲科 Silphidae	双色丽葬甲 *Calosilpha brunnicollis* Kraatz	韩也良,1990
		四斑葬甲 *Nicrophorus quadripunctatus* Kraatz	韩也良,1990
	芫菁 Meloidae	毛角豆芫菁 *Epicauta hirticornis* Haay-Rutenbery	韩也良,1990

续 表

目	科	种	来源
		Zonitis japonica Pic	韩也良,1990
		红头豆芫菁 *Epicauta ruficeps* Illiger	采集标本
	大蕈甲科 Erotylidae	波鲁莫蕈甲 *Megalodacne bellula* Lewis	韩也良,1990
	瓢虫科 Coccinellidae	黄斑盘瓢虫 *Coelophora saucia* Mulsant	韩也良,1990
		龟纹瓢虫 *Propylea japonica* Thunberg	韩也良,1990
		瓜茄瓢虫 *Epilachna admirabilis* Crotch	采集标本
		红肩瓢虫 *Harmonia dimidiata* (Fabricius)	采集标本
		异色瓢虫 *Harmonia axyridis* (Pallas)	采集标本
		六斑月瓢虫 *Cheilmenes sexmachlata* (Fabricius)	采集标本
		菱斑食植瓢虫 *Epilachna insignis* Gorham	采集标本
		黄宝盘瓢虫 *Pania luteopustulata* (Mulsant)	采集标本
		四斑裸瓢虫 *Calvia muiri* (Timberlake)	采集标本
	金龟甲科 Scarabaeidae	铜绿丽金龟 *Anomala corpulenta* Motschulsky	采集标本
		古铜异丽金龟 *Anomala cuprea* Hope	韩也良,1990
		丽金龟 *Anomala sp.*	韩也良,1990
		鳞花金龟 *Cosmiomorpha sp.*	韩也良,1990
		鳞花金龟 *Cosmiomorpha sp.*	孟绪武,2003
		大白金龟 *Cyphochilus insulanus* Moser	孟绪武,2003
		大黑鳃金龟 *Holotrichia diomphalia* Bates	韩也良,1990
		棕色鳃金龟 *Holotrichia titanis* Reitter	韩也良,1990
		小青花金龟 *Oxycetonia jucunda* Falderman	韩也良,1990
		斑青花金龟 *Oxycetonia bealiae* Gorget Percheron	韩也良,1990
		琉璃弧丽金龟 *Popillia atrocoerulea* Bates	韩也良,1990
		无斑弧丽金龟子 *Popillia mutans* Newman	韩也良,1990
		曲带弧丽金龟 *Popillia pustulata* Fairmaire	韩也良,1990
		白星花金龟 *Potosia brevitarsis* Lewis	韩也良,1990
		黑绒金龟 *Maladera orientalis* Motschulsky	韩也良,1990
		小阔玛娟金龟 *Maladera ovatula* Fairmaire	韩也良,1990
		暗黑鳃金龟 *Holotrichia parallela* Motschulsky	采集标本

续 表

目	科	种	来源
	犀金龟科 Dynastidac	分枝犀金龟 *Xylotruper uciho Linnacus*	孟绪武,2003;韩也良,1990
		双叉犀金龟 *Allomyrina dichotoma* (Linnaeus)	采集标本
	臂金龟科 Euchiridae	阳彩长臂金龟 *Cheirotonus jansoni* Jordan	采集标本
	花金龟科 Cetoniidae	鹿角花金龟 *Dicranocephalus sp.*	采集标本
	锹甲科 Lucanidae	*Eurytrachelus platymelus Saundera*	韩也良,1990
		锹甲 *Lucanus sp.*	韩也良,1990
		锹甲 *Lucanus sp.*	孟绪武,2003
		无鳃锹甲 *Orgotes rhenocoos* Linnaeus	韩也良,1990
		细齿扁锹甲 *Dorcus consentaneus* Albers	采集标本
	天牛科 Cerambycidac	绒锦天牛 *Acalolepta basiplagiata* Breuning	韩也良,1990
		红足缨天牛 *Allotraeus grahami* Gressitt	孟绪武,2003;韩也良,1990
		光肩星天牛 *Anoplophora glabripennis* Motschulsky	采集标本
		星天牛 *Anoplophora chinensis* Forster	采集标本
		瘤胸天牛 *Aristobia hispida* Saunders	韩也良,1990
		桃红颈天牛 *Aromia bungii* Faldermann	采集标本
		竹虎天牛 *Chlorophorus annularis* Fabricius	韩也良,1990
		栎蓝红胸天牛 *Dere thoracia* White	孟绪武,2003;韩也良,1990
		榆楔天牛 *Glenea relicta* Pascoe	韩也良,1990
		麻斑尖天牛 *Lychrosis zebrinus* Pascoe	韩也良,1990;孟绪武,2003
		薄翅锯天牛 *Megopis sinica* White	采集标本
		缘翅苹天牛 *Nupserha marginella* Bates	韩也良,1990
		台湾筒天牛 *Oberea formosana* Pic	采集标本
		黑腹筒天牛 *Oberea nigriventris* Bates	孟绪武,2003;韩也良,1990
		短足筒天牛 *Oberea ferruginea* Thunberg	采集标本

目	科	种	来源
		黑点粉天牛 *Olenecamptus clarus* Pascoe	韩也良,1990
		苎麻双脊天牛 *Paraglenea fortunei* Saunders	采集标本
		葱绿多带天牛 *Polyzonus prasinus* White	孟绪武,2003; 韩也良,1990
		白带坡天牛 *Pterolophia albanina* Gressitt	韩也良,1990
		四星栗天牛 *Stenygrinum quadrinotatum* Bates	韩也良,1990
		蚤瘦花天牛 *Strangalia fortunei* Pascoe	韩也良,1990
		双条合欢天牛 *Xystrocera globosa* Olivier	韩也良,1990
		中华锯花天牛 *Apatophysis sinica* Semenov Tian Shanskij	孟绪武,2003
		灰翅粉天牛 *Olenecamptus griseipennis* Pic	孟绪武,2003
		金绒锦天牛 *Acalolepta permutans* Pascoe	采集标本
		黄星天牛 *Psacothea hilaris* (Pascoe)	采集标本
		云斑天牛 *Batocera horsfieldi* Hope	采集标本
		狭胸天牛 *Philus antennatus* (Gyllenhal)	采集标本
		裂纹绿虎天牛 *Chlorophorus separatus* Gressitt	采集标本
		斜斑齿胫天牛 *Paraleprodera itzingeri* Breuning	采集标本
		麻竖毛天牛 *Thyestilla gebleri* (Faldermann)	采集标本
		双纹薄翅天牛 *Embric-Strandia bimaculata* (White)	采集标本
	负泥虫科 Crioceridae	短角负泥虫 *Lema crioceroides* Jacoby	韩也良,1990; 孟绪武,2003
	叶甲科 Chrysomelidae	黑鞘隐盾叶甲 *Adiscus nigripennis* Jacoby	孟绪武,2003; 韩也良,1990
		樟萤叶甲 *Atysa marginata* cinnamomi Chen	采集标本
		黄守瓜 *Aulacophora femopalis* Wotschulsky	采集标本
		泡桐叶甲 *Basiprionota bisignata* (Boheman)	孟绪武,2003; 韩也良,1990
		杨叶甲 *Chrysomela populi* Linnacus	孟绪武,2003; 韩也良,1990
		紫胸宽角叶甲 *Parheminodes collaris* Chen	孟绪武,2003; 韩也良,1990

续 表

目	科	种	来源
		黑额光叶甲 *Smaragdina nigrifrons* Hope	韩也良,1990
		黄色凹缘跳甲 *Podontia lutea* (Olivier)	采集标本
	三锥象甲科 Brenthidae	锥象 *Baryrrhynchus sp.*	孟绪武,2003;韩也良,1990
	象甲科 Curculionidae	茶丽纹象甲 *Myllocerinus aurolineatus* Voss	韩也良,1990;孟绪武,2003
		松瘤象 *Sipalus gigas* (Fabricius)	采集标本
	卷叶象甲科 Attelabidae	小黄卷象 *Apoderus rubidus* Motsch	韩也良,1990
		Phymatapoderus pavens Voss	韩也良,1990
广翅目 Megaloptera	鱼蛉科 Corydalidae	黑头斑鱼蛉 *Neochauliodes nigris* Liu et Yang	采集标本
	齿蛉科 Corydalidae	普通齿蛉 *Neoeuromus ignobilis* Navás	采集标本
		炎黄星齿蛉 *Protohermes xanthodes* Navás	采集标本
脉翅目 Neuroptera	蝶角蛉科 Ascalaphidae	脊蝶角蛉 *Hybris sp.*	韩也良,1990
		黄脊蝶角蛉 *Hybris subjacens* (Walker)	采集标本
		原完眼蝶角蛉 *Protidricerus sp.*	韩也良,1990
	蚁蛉科 Myrmeleontidae	褐纹树蚁蛉 *Dendroleon pantherius* Fabricius	采集标本
长翅目 Mecoptera	蝎蛉科 Panorpida	蠍蛉 *Panorpa sp.*	韩也良,1990
		蠍蛉 *Panorpa sp.*	孟绪武,2003
		斑翅蝎蛉 *Panorpa communis* (Linnaeus)	采集标本
毛翅目 Trichoptera	原石蛾科 Rhyacophilidae	原石蛾 *Rhyacophila sp.*	韩也良,1990
		原石蛾 *Phyacophila sp.*	孟绪武,2003
鳞翅目 Lepidoptera	木蠹蛾科 Cossidae	六星黑点豹蠹蛾 *Zeuzera leuconotum* Butler	韩也良,1990;孟绪武,2003
	长角蛾科 Adelidae	*Nemophora paradisea* Butler	韩也良,1990
	巢蛾科 Yponomeutipae	巢蛾 *Yponomeuta sp.*	韩也良,1990
		巢蛾 *Yponomeuta sp.*	孟绪武,2003

续 表

目	科	种	来源
	草蛾科 Ethmiidae	*Ethmia lapidella* Walsingham	韩也良,1990
	卷蛾科 Tortricidae	棉褐带卷蛾 *Adoxophyes orana* Fischer von Roslerstamrn	韩也良,1990
		苹果大卷叶蛾 *Choristoneura longicellana* Walsingham	韩也良,1990
		茶长卷蛾 *Homona magnanima* Diakonoff	采集标本
		松针小卷蛾 Epinotia rubiginosana Herrich-Schaffermuller	胡维华等,1997;张宏,1995
		松黄卷蛾 *Archips similis*(Butler , 1879)	江胜中,2011
		樟子松顶小卷蛾 *Blastesthia turionella*(Linnaeus, 1758)	江胜中,2011
		波环卷蛾 *Charitographa mikadonis* (Stringer, 1930)	江胜中,2011
		忍冬双斜卷蛾 *Clepsis rurinana* Linnaeus	采集标本
	螟蛾科 Pyralidae	接骨木尖须野螟 *Pagyda amphisalis* (Walker)	韩也良,1990;孟绪武,2003
		黑环尖须野螟 *Pagyda salvalis* Walker	孟绪武,2003;韩也良,1990
		珍洁水螟 *Parthenodes prodigalis* (Leech)	孟绪武,2003;韩也良,1990
		泡桐卷叶野螟 *Pycnarmon cribrata* Fabricius	韩也良,1990
		枇杷卷叶野螟 *Sylepta balteata* (Fabricius)	韩也良,1990
		四目卷叶野螟 *Sylepta inferior* Hampson	孟绪武,2003;韩也良,1990
		棉卷叶野螟 *Sylepta derogate* Fabricius	韩也良,1990
		葡萄卷叶野螟 *Sylepta luctuosalis* Guenfe	韩也良,1990
		斑点卷叶野螟 *Sylepta maculalis* Leech	韩也良,1990
		朱硕螟 *Toccolosida rubriceps* Walker	孟绪武,2003;韩也良,1990
		黄黑纹野螟 *Tyspanodes hypsalis* Warren	韩也良,1990
		橙黑纹野螟 *Tyspanodes striata*(Butler)	孟绪武,2003;韩也良,1990
		竹织叶野螟 *Algedonia coclesalis* Walker	采集标本

续 表

目	科	种	来源
		褐切叶野螟 *Psara rudis* (Warren)	孟绪武,2003
		稻巢草螟 *Ancylolomia japonica* Zeller	韩也良,1990
		白斑翅野螟 *Bocchoris inspersalis* (Zeller)	韩也良,1990
		稻暗水螟 *Bradina admixtalis* (Walker)	韩也良,1990
		桃白条紫斑螟 *Calguia defiguralis* Walker	韩也良,1990
		黑斑草螟 *Crambus atrosignatus* Zeller	孟绪武,2003;韩也良,1990
		竹绒野螟 *Crocidophora evenoralis* Walker	韩也良,1990
		瓜绢野螟 *Diaphania indica* Saunders	采集标本
		黑基绢野螟 *Diaphania nigribasalis* (Caradja)	孟绪武,2003;韩也良,1990
		褐纹翅野螟 *Diasemia accalis* Walker	采集标本
		目斑纹翅野螟 *Diasemia distinctalis* Leech	孟绪武,2003;韩也良,1990
		白腊拟绢野螟 *Palpita warrenalis* (Swinhoe).	采集标本
		甜菜野螟 *Hymenia recurvalis* (Fabricius)	采集标本
		三条蛀野螟 *Dichocrocis chlorophanta* Butler	韩也良,1990
		桃蛀螟 *Dichocrocis punctiferalis* Guenée	韩也良,1990
		Endotricha hypogrammalis Hampson	韩也良,1990
		纹歧角螟 *Endotricha icelusalis* Walker	韩也良,1990
		豆荚螟 *Etiella zinckenella* (Treitschke)	韩也良,1990
		Eurhodope dichromella Ragonot	韩也良,1990
		白条谷螟 *Fujimacia bicocoralis* Leech	韩也良,1990
		黄犁角野螟 *Goniorhynchus marginalis* Walker	孟绪武,2003;韩也良,1990
		赤双纹螟 *Herculia pelasgalis* Walker	韩也良,1990
		葡萄切叶野螟 *Herpetogramma luctuosalis* (Guenée)	韩也良,1990
		蜂巢螟 *Hypsopygia mauritalis* Boisduval	韩也良,1990
		棕巢螟 *Hypsopygia regina* Butler	孟绪武,2003;韩也良,1990
		Lamprosema tampiusalis (Walker)	采集标本
		缀叶丛螟 *Locastra muscosais* Walker	采集标本

目	科	种	来源
		饰光水螟*Luma ornatalis* (Leech)	韩也良,1990
		锈纹云斑螟*Nephopteryx intercisella* Wileman	韩也良,1990
		梨云翅斑螟 *Nephopteryx pirivorella* Matsumura	韩也良,1990
		Nomis albopedalis Motschulsky	韩也良,1990
		茶须野螟*Nosophora semitritalis*(Leech)	孟绪武,2003; 韩也良,1990
		Notarcha lophophoralis Hampson	韩也良,1990
		叉纹水螟*Nymphula bifurcalis* Wileman	韩也良,1990
		楸蠹野螟*Omphisa plagialis* Wileman	韩也良,1990
		盐肤木瘤丛螟*Orthaga euadrusalis* Walker	孟绪武,2003; 韩也良,1990
		灰直纹螟*Orthopygia glaucinalis* Linnaeus	韩也良,1990
		金双点螟*Orybina flaviplaga* Walker	孟绪武,2003; 韩也良,1990
		艳双点螟*Orybina regalis* Leech	孟绪武,2003; 韩也良,1990
		亚洲玉米螟Ostrinia furnacalis (Guenée)	韩也良,1990
		粉斑螟*Ephestia cautella*(Walker)	江胜中,2011
	透翅蛾科 Aegeriidae	粗腿透翅蛾*Melittia bombyliformis* Gramer	孟绪武,2003; 韩也良,1990
		白杨透翅蛾*Parathrene tabaniformis* Rottenberg	采集标本
	袋蛾科 Psychidae	桉袋蛾*Acanthopsyche subferalbata* Hampson	韩也良,1990; 孟绪武,2003
		白囊袋蛾*Chalioides kondonis* Matsumura	采集标本
		茶袋蛾*Clania minuscula* Butler	采集标本
		大袋蛾*Clania variegata* Snellen	采集标本
	斑蛾科 Zygaenidae	竹小斑蛾*Artona funeralis* Butler	孟绪武,2003; 韩也良,1990
		马尾松旭锦斑蛾*Campylotes desgodinsi* Oberthur	孟绪武,2003; 韩也良,1990
		小黑斑蛾*Clelea fusca* Leech	韩也良,1990
		茶柄脉锦斑蛾*Eterusia aedea* Linnaeus	韩也良,1990

续 表

目	科	种	来源
		重阳木帆锦斑蛾 *Histia rhodope* Cramer	采集标本
		透翅硕斑蛾 *Piarosoma hyalina* thibetana Oberthür	孟绪武,2003;韩也良,1990
		萱草带锦斑蛾 *Pidorus gemina* Walker	孟绪武,2003;韩也良,1990
	刺蛾科 Limacodidae	黄刺硪 *Cnidocampa flavescens* Walker	采集标本
		枣奕刺硪 *Iragoides conjuncta* Walker	韩也良,1990
		小刺蛾 *Microleon longipalpis* Butter	孟绪武,2003;韩也良,1990
		迹银纹刺蛾 *Miresa inornata* Walker	孟绪武,2003;韩也良,1990
		梨娜刺蛾 *Narosoideus flavidorsalis* (Staudinger)	孟绪武,2003;韩也良,1990
		狡娜刺蛾 *Narosoideus vulpinus* Wileman	韩也良,1990
		波眉刺蛾 *Norosa corusca* Wileman	韩也良,1990
		茶淡黄刺蛾 *Orthocraspeda trima* Moore	韩也良,1990
		褐边绿刺蛾 *Latoia consocia* Walker	采集标本
		卵斑绿刺蛾 *Latoia convexa* Hering	孟绪武,2003;韩也良,1990
		双齿绿刺蛾 *Latoia hilarata* Staudinger	韩也良,1990
		中国绿刺蛾 *Latoia sinica* Moore	采集标本
		迹斑绿刺蛾 *Latoia pastoralis* Butler	韩也良,1990
		显脉球须刺蛾 *Scopelodes venosa* Walker	孟绪武,2003;韩也良,1990
		素刺蛾 *Susica pallida* Walker	韩也良,1990
		褐刺蛾 *Thosea postornata* Hampson	韩也良,1990
		扁刺蛾 *Thosea sinensis* Walker	采集标本
	网蛾科 Thyrididae	树形网蛾 *Camptochilus aurea* Butler	孟绪武,2003;韩也良,1990
		蝉网蛾 *Glanycus foochowensis* Chu et Wang	孟绪武,2003;韩也良,1990
		Rhodoneura vitulla Guenee	韩也良,1990

目	科	种	来源
	蛱蛾科 Epiplemidae	白蛱蛾 *Epiplema exornata* Eversmann	孟绪武,2003;韩也良,1990
	钩蛾科 Drepanidae	姬卑钩蛾 *Betalbara manleyi* (Leech)	韩也良,1990
		褐斑黄钩蛾 *Callidrepana argenteola* Moore	孟绪武,2003;韩也良,1990
		点丽钩蛾 *Callidrepana patrana* palleolus (Motschulsky)	韩也良,1990
		赭黑钩蛾 *Cyclidia orciferaria* Walker	孟绪武,2003;韩也良,1990
		哑铃带钩蛾 *Macrocilix mysticata* Walker	孟绪武,2003;韩也良,1990
		眼斑钩蛾 *Pseudalbara parvula* Leech	韩也良,1990
		接骨木钩蛾 *Psiloreta loochooana* Swinhoe	孟绪武,2003;韩也良,1990
		荚蒾钩蛾 *Psiloreta pulchripes* Butler	孟绪武,2003;韩也良,1990
		白星黄钩蛾 *Tridrepana crocea* Leech	孟绪武,2003;韩也良,1990
	尺蛾科 Geometridae	大叶黄杨尺蛾 *Abraxas miranda* Butler	韩也良,1990;孟绪武,2003
		萝藦艳青尺蛾 *Agathia carissima* Butler	孟绪武,2003;韩也良,1990
		鹿尺蛾 *Alcis sp.*	采集标本
		枯尺蛾 *Amblychia angeronaria* Guenée	韩也良,1990;孟绪武,2003
		灰星尺蛾 *Arichanna jaguarinaria* Guenée	孟绪武,2003;韩也良,1990
		黄星尺蛾 *Arichanna melanaria* fraterna Butler	采集标本
		大造桥虫 *Ascotis selenaria* Schiffermüller et Denis	采集标本
		娴尺蛾 *Auaxa cesadaria* Butler	韩也良,1990
		油茶尺蛾 *Biston marginata* Shiraki	韩也良,1990

续 表

目	科	种	来源
		皱霜尺蛾 *Boarmia displiscens* Butler	孟绪武,2003;韩也良,1990
		掌尺蠖 *Buzura recursaria* superans Butler	孟绪武,2003;韩也良,1990
		油桐尺蛾 *Buzura suppressaria* Guenée	韩也良,1990
		常春藤洄纹尺蛾 *Callygris compositata* Guenée	韩也良,1990
		丝棉木金星尺蛾 *Calospilos suspecta* Warren	采集标本
		榛金星尺蛾 *Calospilos sylvata* Scopoli	孟绪武,2003;韩也良,1990
		亚四目绿尺蛾 *Comostola subtiliaria* Butler	韩也良,1990
		木橑尺蛾 *Culcula panterinaria* Bremer et Grey	采集标本
		赤线尺蛾 *Culpinia diffusa* Walker	孟绪武,2003;韩也良,1990
		枞灰尺蛾 *Deileptenia ribeata* Clerck	韩也良,1990
		Ectropis aigneri Prout	韩也良,1990
		Ectropis consonaria Hübner	韩也良,1990
		大鸢茶枝尺蛾 *Ectropis excellens* Butler	韩也良,1990
		灰茶尺蛾 *Ectropis grisecens* Warren	韩也良,1990
		兀尺蛾 *Elphos insueta* Butlcr	孟绪武,2003;韩也良,1990
		截端尺蛾 *Endropiodes indictinaria* Bremer	韩也良,1990
		尖尾尺蛾 *Gelasma illiturata* Walker	孟绪武,2003;韩也良,1990
		浅尖尾尺蛾 *Gelasma protrusa* Butler	孟绪武,2003;韩也良,1990
		枣尽蠖 *Chihuo zao* Yang	孟绪武,2003
		乌苏里青尺蛾 *Geometra ussuriensis* Sauber	韩也良,1990
		细线无缰青尺蛾 *Hemistola tenuilinea* Alpheraky	韩也良,1990
		青颜锈腰青尺蛾 *Hemithea marina* Butler	孟绪武,2003;韩也良,1990
		青突尾尺蛾 *Jodis lactearia* Linnaeus	孟绪武,2003;韩也良,1990

续 表

目	科	种	来源
		中国巨青尺蛾 *Limbatochlamys rosthorni* Rsthschild	韩也良,1990
		褐烟钩尺蛾 *Luxiaria amasa amasa* Butler	韩也良,1990
		清波皎尺蛾 *Myrteta tinagmaria* Guenee	韩也良,1990
		择长翅尺蛾 *Obeidia tigrata neglecta* Thierry-Mieg	韩也良,1990
		枯斑翠尺蛾 *Ochrognesia difficta* Walker	韩也良,1990
		核桃星尺蛾 *Ophthalmodes albosignaria* juglandaria Oberthur	韩也良,1990
		四星尺蛾 *Ophthalmodes irrorataria* Bremer et Grey	孟绪武,2003;韩也良,1990
		赭尾尺蛾 *Ourapteryx aristidaria* Oberthur	韩也良,1990
		四川尾尺蛾 *Ourapteryx ebuleata* szechuana Wehrli	孟绪武,2003;韩也良,1990
		雪尾尺蛾 *Ourapteryx nivea* Butler	孟绪武,2003;韩也良,1990
		Petelia albifrontaria Leech	韩也良,1990
		桑尺蛾 *Phthonandria atrilineata* Butler	韩也良,1990
		槭烟尺蛾 *Phthonosema invenustaria* Leech	韩也良,1990
		黄基粉尺蛾 *Pingasa ruginaria* Guenee	孟绪武,2003;韩也良,1990
		槐尺蛾 *Semiothisa cinerearia* Bremer et Grey	韩也良,1990
		合欢庶尺蛾 *Semiothisa defixaria* Walker	孟绪武,2003;韩也良,1990
		Sibatania mactata Felder & Rogenhofer	韩也良,1990
		镰翅绿尺蛾 *Tanaorhinus reciprocatus* Walker	孟绪武,2003;韩也良,1990
		金星垂耳尺蛾 *Terpna amplificata* Walker	孟绪武,2003;韩也良,1990
		次粉垂耳尺蛾 *Terpna pratti* Prout	韩也良,1990
		樟翠尺蛾 *Thalassodes quadraria* Guenee	采集标本
		三角尺蛾 *Trigonoptila latimarginaria* Leech	韩也良,1990
		中国虎尺蛾 *Xanthabraxas hemionata* Guenee	韩也良,1990

续 表

目	科	种	来源
		黑玉臂尺蛾尺蛾 *Xandramesdholaria* Moore	采集标本
		小用克尺蛾 *Jankowskiafuscaria*（Leech, 1891）	采集标本
	波纹蛾科 Thyatiridae	台波波纹蛾 *Bombycia alternata* Moore	孟绪武,2003;韩也良,1990
		阿泊波纹蛾 *Bombycia ampliata* Butler	孟绪武,2003;韩也良,1990
	舟蛾科 Notodontidae	著蕊尾舟蛾 *Dudusa nobilis* Walker	孟绪武,2003;韩也良,1990
		黑蕊尾舟蛾 *Dudusa sphingiformis* Moore	韩也良,1990
		新奇舟蛾 *Neophyta sikkima* Moore	韩也良,1990
		朴娜舟蛾 *Norracoides basinotata* Wilemen	韩也良,1990
		栎掌舟蛾 *Phalera assimilis* Bremer et Grey	韩也良,1990
		榆掌舟蛾 *Phalera fuscescens* Butler	韩也良,1990
		槐羽舟蛾 *Pterostoma sinicum* Moore	韩也良,1990
		绮涟舟蛾 *Shachia circumscripta*（Butler）	孟绪武,2003;韩也良,1990
		核桃美舟蛾 *Uropyia meticulodina* Oberthür	韩也良,1990
		斜带新林舟蛾 *Neodrymonia obliquiplaga* Moore	韩也良,1990;孟绪武,2003
	毒蛾科 Lymantriidae	茶白毒蛾 *Arctornis alba* Bremer	采集标本
		轻白毒蛾 *Arctornis cloanges* Collenette	孟绪武,2003;韩也良,1990
		白毒蛾 *Arctornis l-nigrum*（Müller）	孟绪武,2003;韩也良,1990
		白线肾毒蛾 *Cifuna jankowskii* Oberthür	孟绪武,2003;韩也良,1990
		肾毒蛾 *Cifuna locuples* Walker	韩也良,1990
		点茸毒蛾 *Dasychira angulata* Hampson	孟绪武,2003;韩也良,1990
		茶茸毒蛾 *Dasychira baibarana* Matsumura	韩也良,1990
		华茸毒蛾 *Dasychira chinensis* Swinhoe	孟绪武,2003;韩也良,1990

续 表

目	科	种	来源
		蔚茸毒蛾*Dasychira glaucinoptera* Collenette	孟绪武,2003;韩也良,1990
		黄毒蛾*Euproctis chrysorrhoea*(Linnseus)	采集标本
		折带黄毒蛾*Euproctis flava* Bremer	韩也良,1990
		污黄毒蛾*Euproctis hunanensis* Collenette	韩也良,1990
		幻带黄毒蛾*Euproctis varians*(Walker)	采集标本
		茶黄毒蛾*Euproctis pseudocouspersa* Strand	韩也良,1990
		素毒蛾*Laelia coenosa* Hubner	孟绪武,2003;韩也良,1990
		瑕素毒蛾*Laelia monoscola* Collenette	孟绪武,2003;韩也良,1990
		模毒蛾*Lymantria monacha* Linnaeus	韩也良,1990
		黄斜带毒蛾*Numenes disparilis* separata Leech	孟绪武,2003;韩也良,1990
		盗毒蛾*Porthesia similis*(Fueszly)	韩也良,1990
		双线盗毒蛾*Porthesia scintillans*(Walker)	孟绪武,2003;韩也良,1990
		鹅点足毒蛾*Redoa anser* Collenette	孟绪武,2003;韩也良,1990
	灯蛾科 Arctiidae	褐点粉灯蛾*Alphaea phasma* Leech	孟绪武,2003;韩也良,1990
		红缘灯蛾*Amsacta lactinea*(Cramer)	韩也良,1990
		八点灰灯蛾 Creatonotus transiens Walker	韩也良,1990
		大丽灯蛾*Callimorpha histrio* Walker	韩也良,1990
		花布灯蛾*Camptoloma interiorata* Walker	韩也良,1990
		粉蝶灯蛾*Nyctemera adversata* Schaller	韩也良,1990
		肖浑黄灯蛾*Rhyparioides amurensis* Bremer	孟绪武,2003;韩也良,1990
		火焰污灯蛾*Spilarctia flammeola* Moore	韩也良,1990
		淡黄污灯蛾*Spilarctia jankowskii* Oberthur	孟绪武,2003;韩也良,1990
		尘污灯蛾*Spilarctia obliqua* Walker	韩也良,1990
		人纹污灯蛾*Spilarctia subcarnea* Walker	采集标本

续 表

目	科	种	来源
		星白雪灯蛾 *Spilosoma menthastri* (Esper)	韩也良,1990
	鹿蛾科 Amatidae	广鹿蛾 *Amata emma* Butler	韩也良,1990
		蕾鹿蛾 *Amata germana* Felder	采集标本
		闪光鹿蛾 *Amata hoenei* Obraztsov	孟绪武,2003;韩也良,1990
		明鹿蛾 *Amata lucerna* Wileman	孟绪武,2003;韩也良,1990
		中华鹿蛾 *Amata sinensis* Rothschild	孟绪武,2003;韩也良,1990
	苔蛾科 Lithosiidae	白黑华苔蛾 *Agylla ramelana* Moore	孟绪武,2003
		俏美苔蛾 *Miltochrista convexa* Wileman	孟绪武,2003
		圆斑土苔蛾 *Eilema signata* Walker	韩也良,1990;孟绪武,2003
		橙痣苔蛾 *Stigmatophora acerba* Leech	韩也良,1990;孟绪武,2003
		玫痣苔蛾 *Stigmatophora rhodophila* Walker	韩也良,1990;孟绪武,2003
		异美苔蛾 *Miltochrista aberrans* Butler	韩也良,1990
		俏美苔蛾 *Miltochrista convexa* Wileman	韩也良,1990
		黑缘美苔蛾 *Miltochrista delineata* Walker	韩也良,1990
		优美苔蛾 *Miltochrista striata* Bremer et Grey	韩也良,1990
		之美苔蛾 *Miltochrista ziczac* Walker	韩也良,1990
		白黑华苔蛾 *Agylla ramelana* Moore	韩也良,1990
		美雪苔蛾 *Chionaema distincta* Rothschild	韩也良,1990
		锈斑雪苔蛾 *Chionaema effracta* Walker	韩也良,1990;孟绪武,2003
		优雪苔蛾 *Chionaema hamata* Walker	韩也良,1990
		红束雪苔蛾 *Chionaema fasciola* (Elwes)	韩也良,1990;孟绪武,2003
		条纹艳苔蛾 *Asura strigipennis* (Herrich-Schäffer)	采集标本
	夜蛾科 Noctuidae	果剑纹夜蛾 *Acronicta strigosa* Schiffermüller	韩也良,1990
		梨剑纹夜蛾 *Acronicta rumicis* Linnaeus	韩也良,1990

续 表

目	科	种	来源
		甘薯卷绮夜蛾 *Cretonia vegata* Swinhoe	孟绪武,2003
		枯叶夜蛾 *Adris tyrannus* Guenée	韩也良,1990
		大地老虎 *Agrotis tokionis* Butler	韩也良,1990
		小地老虎 *Agrotis ypsilo* Rottembery	韩也良,1990
		紫黑扁身夜蛾 *Amphipyra livida* Schiffermüller	韩也良,1990
		小造桥夜蛾 *Anomis flava* Fabricius	韩也良,1990
		超桥夜蛾 *Anomis fulvida* Guenée	韩也良,1990
		白条夜蛾 *Argyrogramma albostriata* Bremer et Grey	韩也良,1990
		点爆夜蛾 *Badiza notigera* Butler	韩也良,1990
		爆夜蛾 *Badiza simplex* Butler	韩也良,1990
		寒锉夜蛾 *Blasticorhinus ussuriensis*(Bremer)	韩也良,1990;孟绪武,2003
		白线尖须夜蛾 *Bleptina albolinealis* Leech	韩也良,1990
		四叉尖须夜蛾 *Bleptina ambigua* Leech	韩也良,1990;孟绪武,2003
		并线尖须夜蛾 *Bleptina parallela* Leech	孟绪武,2003;韩也良,1990
		满卜馍夜蛾 *Bomolocha mandarina* Leech	孟绪武,2003;韩也良,1990
		张卜馍夜蛾 *Bomolocha rhombalis* Guenee	孟绪武,2003;韩也良,1990
		阴卜馍夜蛾 *Bomolocha stygiana* Butler	孟绪武,2003;韩也良,1990
		中带三角夜蛾 *Chalciope geometrica* Fabricius	韩也良,1990
		双带胸须夜蛾 *Cidariplura bilineata* Moore	韩也良,1990;孟绪武,2003
		微胸须夜蛾 *Cidariplura signata* Butler	韩也良,1990;孟绪武,2003
		甘薯卷绮夜蛾 *Cretonia vegeta* Swinhoe	韩也良,1990
		肖毛翅夜蛾 *Dermaleipa juno* Dalman	韩也良,1990
		两色夜蛾 *Dichromia trigonalis* Guenée	韩也良,1990

续 表

目	科	种	来源
		星狄夜蛾 *Diomea cremata* Butler	韩也良,1990;孟绪武,2003
		粉绿钻夜蛾 *Earias pudicana* Staudinger	韩也良,1990
		钩白肾夜蛾 *Edessena hamada* Felder et Felde	韩也良,1990;孟绪武,2003
		朴变色夜蛾 *Enmonodia feniseca* Guenée	韩也良,1990;孟绪武,2003
		变色夜蛾 *Enmonodia vespertilia* Fabricius	韩也良,1990
		Epizeuxis curvipalpis Butler	韩也良,1990
		灰尾夜蛾 *Eutelia chalybsa* Felder	韩也良,1990;孟绪武,2003
		漆尾夜蛾 *Eutelia geyeri* Felder	韩也良,1990;孟绪武,2003
		斜线哈夜蛾 *Hamodes butleri* Leech	韩也良,1990;孟绪武,2003
		全须夜蛾 *Hyblaea puera* Cramer	孟绪武,2003;韩也良,1990
		肖长须夜蛾 *Hypena iconicalis* Walker	韩也良,1990;孟绪武,2003
		柿梢鹰夜蛾 *Hypocala moorei* Butler	韩也良,1990;孟绪武,2003
		苹梢鹰夜蛾 *Hypocala subsatura* Guenée	韩也良,1990
		甜菜夜蛾 *Laphygma exigua* Hubner	韩也良,1990
		间纹德夜蛾 *Lepidodelta intermedia* Bremer	韩也良,1990
		缤夜蛾 *Moma alpium* (Osbeck)	韩也良,1990;孟绪武,2003
		雪疸夜蛾 *Nodaria niphona* Butler	韩也良,1990
		竹笋夜蛾 *Oligia vulgaris* Butler	韩也良,1990;孟绪武,2003
		鸟嘴壶夜蛾 *Oraesia excavata* Butler	韩也良,1990
		Pangrapta indentalit Leech	韩也良,1990
		点眉夜蛾 *Pangrapta vasava* Butler	韩也良,1990

目	科	种	来源
		淡眉夜蛾*Pangrapta umbrosa* Leech	韩也良,1990;孟绪武,2003
		银纹夜蛾*Plusia agnata* Staudinger	韩也良,1990
		连纹夜蛾*Plusia crassisigna* Warren	韩也良,1990
		红棕灰夜蛾*Polia illoba* Butler	韩也良,1990
		斜纹夜蛾*Prodenia litura* Fabricius	韩也良,1990
		寡夜蛾*Sideridis velutina* Eversmam	韩也良,1990;孟绪武,2003
		扇夜蛾*Sineugraphe disgnosta* Boursin	韩也良,1990
		旋目夜蛾*Speiredonia retorta* Linnaeus	韩也良,1990
		蓝纹夜蛾*Stenoloba jankowskii* Oberthfir	韩也良,1990;孟绪武,2003
		大闪夜蛾*Sypna amplifascia* Warren	韩也良,1990;孟绪武,2003
	天蛾科 Sphingidae	芝麻鬼脸天蛾*Acherontia styx* Westwood	韩也良,1990
		平背天蛾*Cechenena minor* Butler	韩也良,1990
		豆天蛾*Clanis bilineata* tsingtauica Mell	采集标本
		青背长喙天蛾*Macroglossum bombylans* Boisduval	韩也良,1990
		小豆长喙天蛾 *Macroglossum stellatarum* Linnaeus	采集标本
		霜天蛾*Psilogramma menephron* Cramer	采集标本
		白肩天蛾*Rhagastis mongoliana* Butler	韩也良,1990
		蓝目天蛾*Smerithus planus* Walker	韩也良,1990
		斜纹天蛾*Theretra clotho* clotho Drury	韩也良,1990
		雀纹天蛾*Theretra japonica*（Orza）	韩也良,1990
	大蚕蛾科 Saturniidae	长尾大蚕蛾*Actias dubernardi* Oberthur	采集标本
		绿尾大蚕蛾*Actias selene* ningpoana Felder	采集标本
		乌桕大蚕蛾*Attacus atlas*（Linnaeus）	采集标本
		黄豹大蚕蛾*Loepa katinka* Westwood	孟绪武,2003;韩也良,1990

续 表

目	科	种	来源
		樟蚕 *Eriogyna pyretorum* Westwood	孟绪武,2003;韩也良,1990
		樗蚕 *Philosamia cynthia* Walker et Felder	采集标本
		蓖麻蚕 *Philosamia cynthia* ricina Donovan	孟绪武,2003;韩也良,1990
	箩纹蛾科 Brahmaeidae	黄褐箩纹蛾 *Brahmaea certhia* Fabricius	韩也良,1990
		紫光箩纹蛾 *Brahmaea porphyrio* Chu et Wang	韩也良,1990
		枯球箩纹蛾 *Brahmophthalma* wallichii Grey	孟绪武,2003;韩也良,1990
	枯叶蛾科 Lasiocampidae	波纹杂毛虫 *Cyclophragma undans*(Walker)	孟绪武,2003;韩也良,1990
		赭色松毛虫 *Dendrolimus kikuchii* ochraeus Tsai et Liu	孟绪武,2003;韩也良,1990
		杨枯叶蛾 *Gastropacha populifolia* Esper	韩也良,1990
		李枯叶蛾 *Gastropacha quercifolia* Linnaeus	韩也良,1990
		苹果枯叶蛾 *Odonestis pruni* Linnaeus	韩也良,1990
		栗黄枯叶蛾 *Trabala vishnou* Lefebure	韩也良,1990
双翅目 Diptera	瘿蚊科 Cecidomyiidae	日本鞘瘿蚊 *Thecodiplosis japonensis* Uchida & Inouye	江胜中,2011
膜翅目 Hymenoptera	叶蜂科 Tethradinidae	松黄叶蜂 *Neodiprion sertifer* Geoffroy	江胜中,2011
	广肩小蜂科 Eurytomidae	粘虫广肩小蜂 *Eurytoma verticillata* (Fabricius)	采集标本
		天蛾广肩小蜂 *Eurytoma manilensis* Ashmead	采集标本
		种子广肩小蜂属 *Bruchophagus sp.*	采集标本
		竹瘿广肩小蜂 *Aiolomorphus rhopaloides* Walker	采集标本
		分泰广肩小蜂 *Tetramesa distincta* Narendran	采集标本
	金小蜂科 Pteromalidae	金小蜂属 *Pteromalus sp.*	采集标本
		尖角小蜂属 *Callitula sp.*	采集标本
		娜金小蜂属 *Lariophagus sp.*	采集标本

目	科	种	来源
		Peridesmia sp.	
		黑俑小蜂 *Spalangia nigra* Latreille	采集标本
		蝇蛹金小蜂 *Pachycrepoideus vindemmiae* (Rondani)	采集标本
	大腿小蜂科 Chalcididae	壮角凹头小蜂 *Antrocephalus validicornis* (Holmgren)	采集标本
	旋小蜂科 Eupelmidae	克什米尔平腹小蜂 *Anastatus kashmirensis* Mathur	采集标本
		格氏旋小蜂 *Eupelmus grayi* Girault	采集标本
	跳小蜂科 Encyrtidae	扁角跳小蜂属 *Anicetus sp.*	采集标本
		角胚跳小蜂属 *Copidosomopsis sp.*	采集标本
	蚜小蜂科 Aphelinidae	异足蚜小蜂 *Aphelinus varipes* (Föerster)	采集标本
	缨小蜂科 Mymaridae	柄翅缨小蜂属 *Gonatocerus sp.*	采集标本
	姬小蜂科 Eulophidae	*Elasmus dalhousieanus* Mani & Saraswat	采集标本
	长尾小蜂科 Torymidae	伪长尾小蜂属 *Pseudotorymus sp.*	采集标本
	榕小蜂科 Agaonidae	匍茎榕小蜂 *Wiebesia called* (Grandi)	采集标本
		薜荔榕小蜂 *Blastophaga pumilae* (Linnaeus)	采集标本
	蜾蠃科 Eumenidae	黄缘蜾蠃 *Anterhynchium flavomarginatum-Smith*	孟绪武,2003;韩也良,1990
		蜾蠃 *Eumenes sp.*	采集标本
	胡蜂科 Vespidae	黄边胡蜂 *Vespa crabro* Linnaeus	韩也良,1990
		黑尾胡蜂 *Vespa tropica ducalis* Smith	韩也良,1990
		金环胡蜂 *Vespa mandarinia* mandarinia Smith	韩也良,1990
		墨胸胡蜂 *Vespa nigrithorax* Buysson	韩也良,1990
	马蜂科 Polistidae	台湾马蜂 *Polistes formosanus* Sonan	韩也良,1990
		亚非马蜂 *Polistes hebraeus* Fabricius	韩也良,1990
	木蜂科 Xylocopidae	木蜂 *Xylocopa sp.*	韩也良,1990

续 表

目	科	种	来源
		木蜂 *Xylocopa sp.*	孟绪武,2003
		中华木蜂 *Xylocopa sinensis* Smith	采集标本
	熊蜂科 Bombidae	斯熊蜂 *Bombus speciosus* Smith	孟绪武,2003;韩也良,1990
	蜜蜂科 Apidae	蜜蜂 *Apis sp.*	韩也良,1990
		中华蜜蜂 *Apis cerana* Fabricius	采集标本
	蚁科 Formicidae	黑蚁 *Lasius niger* Linnaeus	孟绪武,2003;韩也良,1990
	青蜂科 Chrysididae	上海青蜂 *Chrysis shanghalensis* Smith	采集标本

附录6

牯牛降保护区蝶类名录

编号	科名	种名	数量	备注
	凤蝶科 Papilionidae			
1		金裳凤蝶 *Troides aeacus*	2	"三有"
2		中华麝凤蝶 *Byasa confusus*	18	
3		灰绒麝凤蝶 *Byasa mencius*	2	
4		红珠凤蝶 *Pachliopta aristolochiae*	104	
5		美凤蝶 *Papilio memnon*	1	
6		蓝凤蝶 *Papilio protenor*	112	
7		美姝凤蝶 *Papilio macilentus*	3	
8		玉带凤蝶 *Papilio polytes*	2	
9		碧凤蝶 *Papilio bianor*	217	
10		穹翠凤蝶 *Papilio dialis*	1	
11		绿带翠凤蝶 *Papilio maackii*	3	
12		柑橘凤蝶 *Papilio xuthus*	223	
13		金凤蝶 *Papilio machaon*	34	
14		宽尾凤蝶 *Agehana elwesi*	98	"三有"
15		青凤蝶 *Graphium sarpedon*	349	
16		黎氏青凤蝶 *Graphium leechi*	2	
17		宽带青凤蝶 *Graphium cloanthus*	211	
18		升天剑凤蝶 *Pazala eurous*	2	
19		丝带凤蝶 *Sericinus montelus*	2	
	绢蝶科 Parnassiidae			
20		冰清绢蝶 *Parnassius glacialis*	1	"三有"
	粉蝶科 Pieridae			
21		斑缘豆粉蝶 *Colias erate*	2	
22		尖角黄粉蝶 *Eurema laeta*	1	

续 表

编号	科名	种名	数量	备注
23		宽边黄粉蝶 *Eurema hecabe*	401	
24		尖钩粉蝶 *Gomepteryx mahaguru*	5	
25		圆翅钩粉蝶 *Gonepteryx amintha*	8	
26		菜粉蝶 *Pieris rapae*	425	
27		东方菜粉蝶 *Pieris canidia*	302	
28		黑纹粉蝶 *Pieris erutae*	1	
29		黄尖襟粉蝶 *Anthocharis scolymus*	2	
30		橙翅襟粉蝶 *Anthocharis bambusarum*	1	
	环蝶科 Amathusiidae			
31		灰翅串珠环蝶 *Faunis aerope*	1	
32		箭环蝶 *Stichophthalma howqua*	2	“三有”
	眼蝶科 Satyridae			
33		曲纹黛眼蝶 *Lethe chandica*	1	
34		连纹黛眼蝶 *Lethe syrcis*	8	
35		苔娜黛眼蝶 *Lethe diana*	1	
36		蛇神黛眼蝶 *Lethe satyrina*	1	
37		布莱荫眼蝶 *Neope bremeri*	3	
38		蒙链荫眼蝶 *Neope muirheadi*	110	
39		蓝斑丽眼蝶 *Mandarinia regalis*	2	
40		小眉眼蝶 *Mycalesis mineus*	1	
41		稻眉眼蝶 *Mycalesis gotama*	4	
42		拟稻眉眼蝶 *Mycalesis francisca*	1	
43		白斑眼蝶 *Penthema adelma*	3	
44		矍眼蝶 *Ypthima baldus*	1	
45		东亚矍眼蝶 *Ypthima motschulskyi*	118	
46		密纹矍眼蝶 *Ypthima multistriata*	206	
47		大波矍眼蝶 *Ypthima tappana*	1	新记录
	蛱蝶科 Nymphalidae			
48		二尾蛱蝶 *Polyura narcaea*	221	
49		白带螯蛱蝶 *Charaxes bernardus*	1	

续 表

编号	科名	种名	数量	备注
50		柳紫闪蛱蝶 *Apatura ilia*	1	
51		迷蛱蝶 *Mimathyma chevana*	1	
52		猫蛱蝶 *Timelaea maculata*	1	
53		白裳猫蛱蝶 *Timelaea albescens*	2	
54		黄帅蛱蝶 *Sephisa princeps*	2	
55		银白蛱蝶 *Helcyra subalba*	1	
56		傲白蛱蝶 *Helcyra superba*	5	
57		黑脉蛱蝶 *Hestina assimilis*	2	
58		大紫蛱蝶 *Sasakia charonda*	1	
59		素饰蛱蝶 *Stibochiona nicea*	5	
60		电蛱蝶 *Dichorragia nesimachus*	2	
61		绿豹蛱蝶 *Argynnis paphia*	2	
62		斐豹蛱蝶 *Argyreus hyperbius*	4	
63		云豹蛱蝶 *Nephargynnis anadyomene*	1	
64		青豹蛱蝶 *Damora sagana*	1	
65		珀翠蛱蝶 *Euthalia pratti*	1	
66		黄翅翠蛱蝶 *Euthalia kosempona*	2	
67		西藏翠蛱蝶 *Euthalia thibetana*	1	
68		雅翠蛱蝶 *Euthalia yasuyukii*	1	
69		折线蛱蝶 *Limenitis sydyi*	1	
70		扬眉线蛱蝶 *Limenitis helmanni*	1	
71		断眉线蛱蝶 *Limenitis doerriesi*	2	
72		残锷线蛱蝶 *Limenitis sulpitia*	1	
73		虬眉带蛱蝶 *Athyma opalina*	1	
74		新月带蛱蝶 *Athyma selenophora*	1	新记录
75		孤斑带蛱蝶 *Athyma zeroca*	4	
76		玉杵带蛱蝶 *Athyma jina*	1	
77		幸福带蛱蝶 *Athyma fortuna*	1	
78		小环蛱蝶 *Neptis sappho*	3	
79		中环蛱蝶 *Neptis hylas*	1	
80		阿环蛱蝶 *Neptis ananta*	2	
81		折环蛱蝶 *Neptis beroe*	1	

续 表

编号	科名	种名	数量	备注
82		玛环蛱蝶 *Neptis manasa*	1	
83		链环蛱蝶 *Neptis pryeri*	2	
84		枯叶蛱蝶 *Kallima inachus*	5	"三有"
85		大红蛱蝶 *Vanessa indica*	4	
86		小红蛱蝶 *Vanessa cardui*	1	
87		琉璃蛱蝶 *Kaniska canace*	4	
88		黄钩蛱蝶 *Polygonia c-aureum*	1	
89		白钩蛱蝶 *Polygonia c-album*	1	
90		美眼蛱蝶 *Junonia almana*	2	
91		翠蓝眼蛱蝶 *Junonia orithya*	1	
92		黄豹盛蛱蝶 *Symbrenthia brabira*	1	
93		曲纹蜘蛱蝶 *Araschnia doris*	6	
94		大卫绢蛱蝶 *Calinaga davidis*	1	
	珍蝶科 Acraeidae			
95		苎麻珍蝶 *Acraea issoria*	330	
	喙蝶科 Libytheinae			
96		朴喙蝶 *Libythea lepita*	5	
	蚬蝶科 Riodinidae			
97		白点褐蚬蝶 *Abisara burnii*	1	
98		波蚬蝶 *Zemeros flegyas*	10	
	灰蝶科 Lycaenidae			
99		蚜灰蝶 *Taraka hamada*	1	
100		尖翅银灰蝶 *Curetis acuta*	158	
101		丫灰蝶 *Amblopala avidiena*	4	
102		齿翅娆灰蝶 *Arhopala rama*	1	
103		玛灰蝶 *Mahathala ameria*	2	
104		绿灰蝶 *Artipe eryx*	1	
105		东亚燕灰蝶 *Rapala micans*	2	
106		暗翅燕灰蝶 *Rapala subpurpurea*	1	
107		蓝燕灰蝶 *Rapala caerulea*	1	

续 表

编号	科名	种名	数量	备注
108		生灰蝶 *Sinthusa chandrana*	2	
109		尼采梳灰蝶 *Ahlbergia nicevillei*	2	
110		大洒灰蝶 *Satyrium grandis*	1	
111		优秀洒灰蝶 *Satyrium eximia*	2	
112		饰洒灰蝶 *Satyrium ornata*	1	
113		杨氏洒灰蝶 *Satyrium yangi*	1	
114		红灰蝶 *Lycaena phlaeas*	5	
115		莎菲彩灰蝶 *Heliophorus saphir*	1	
116		中华锯灰蝶 *Orthomiella sinensis*	5	
117		锯灰蝶 *Orthomiella pontis*	13	
118		亮灰蝶 *Lampides boeticus*	3	
119		酢浆灰蝶 *Pseudozizeeria maha*	2	
120		蓝灰蝶 *Everes argiades*	297	
121		点玄灰蝶 *Tongeia filicaudis*	2	
122		玄灰蝶 *Tongeia fischeri*	2	
123		蓝丸灰蝶 *Pithecops fulgens*	1	
124		琉璃灰蝶 *Celastrina argiolus*	6	
125		大紫琉璃灰蝶 *Celastrina oreas*	2	
	弄蝶科 Hesperiidae			
126		无趾弄蝶 *Hasora anura*	1	
127		绿弄蝶 *Choaspes benjaminii*	2	
128		半黄绿弄蝶 *Choaspes hemixanthus*	1	
129		斑星弄蝶 *Celaenorrhinus maculosa*	1	
130		深山珠弄蝶 *Erynnis montanus*	2	
131		白弄蝶 *Abraximorpha davidii*	1	
132		黄襟弄蝶 *Pseudocoladenia dan*	1	
133		梳翅弄蝶 *Ctenoptilum vasava*	1	
134		黑弄蝶 *Daimio tethys*	2	
135		飒弄蝶 *Satarupa gopala*	1	
136		花弄蝶 *Pyrgus maculatus*	2	
137		黑锷弄蝶 *Aeromachus piceus*	1	
138		河伯锷弄蝶 *Aeromachus inachus*	1	

续 表

编号	科名	种名	数量	备注
139		腌翅弄蝶 *Astictopterus jama*	1	
140		讴弄蝶 *Onryza mag*	1	
141		黄毛陀弄蝶 *Thoressa kuata*	1	
142		黎氏刺胫弄蝶 *Baoris leechii*	1	
143		直纹稻弄蝶 *Parnara guttatus*	1	
144		曲纹稻弄蝶 *Parnara ganga*	1	
145		幺纹稻弄蝶 *Parnara bada*	1	
146		隐纹谷弄蝶 *Pelopidas mathias*	1	
147		刺纹孔弄蝶 *Polytremis zina*	1	
148		黑豹弄蝶 *Thymelicus sylvatica*	10	
149		旖弄蝶 *Isoteinon lamprospilus*	1	
150		钩形黄斑弄蝶 *Ampittia virgata*	1	
151		小黄斑弄蝶 *Ampittia nana*	1	
合计	11科	151种	4211号	

附录7

牯牛降保护区两栖动物名录

目、科、种名	学名	地理分布型	濒危保护等级
一、有尾目 Caudata			
1.隐鳃鲵科 Cryptobranchidae			
大鲵	*Andrias davidianus*	W	CR;2;I
2.蝾螈科 Salamandridae			
东方蝾螈	*Cynops orientalis*	O	NT
无斑肥螈	*Pachytriton labiatus*	O	UV
中国瘰螈	*Paramesotriton chinesis*	O	NT
二、无尾目 ANURA			
1.角蟾科 Megophryidae			
黄山角蟾	*Megophrys huangshanensis*	O	VU
2.蟾蜍科 Bufonidae			
中华蟾蜍	*Bufo gargarizans*	W	LC;#
3.雨蛙科 Hylidae			
无斑雨蛙	*Hyla immaculate*	W	LC
三港雨蛙	*Hyla Sanchiangensis*	O	LC
4.树蛙科 Rhacophoridae			
布氏泛树蛙	*Polypedates braueri*	O	LC
大树蛙	*Rhacophorus dennysi*	O	LC
5.姬蛙科 Micorhylidae			
小弧斑姬蛙	*Microhyla heymonsi*	O	LC
饰纹姬蛙	*Microhyla ornata*	O	LC
6.蛙科 Ranidae			
凹耳臭蛙	*Odorrana tormota*	O	VU
大绿臭蛙	*Odorrana graminea*	O	LC
天目臭蛙	*Odorrana tianmuii*	O	LC
小竹叶蛙	*Odorrana exiliversabilis*	O	NT
镇海林蛙	*Rana zhenhaiensis*	O	LC
福建大头蛙	*Limnonectes fujinensis*	O	NT

续 表

目、科、种名	学名	地理分布型	濒危保护等级
黑斑侧褶蛙	*Pelophylax nigromaculatus*	W	NT;#
金线侧褶蛙	*Pelophylax plancyi*	W	LC;#
虎纹蛙	*Hoplobatrachus chinensis*	O	EN;2
棘胸蛙	*Quasipaa spinosa*	O	VU;#
阔褶水蛙	*Hylarana latouchii*	O	LC
沼水蛙	*Hylarana guentheri*	O	LC
天台粗皮蛙	*Rugosa tientaiensis*	O	NT
武夷湍蛙	*Amolops wuyiensis*	O	LC
泽陆蛙	*Fejervarya multistriata*	O	LC

注:(1)地理分布型:P-古北型;O-东洋种;W-广布种。

(2)濒危等级:CR-极危;EN-濒危;VU-易危;NT-近危;LC-无危;DD-数据缺乏;NE-未被评估;1:国家Ⅰ级重点保护野生动物;2:国家Ⅱ级重点保护野生动物;Ⅰ、Ⅱ:CITES附录(2017)等级;#:安徽省重点保护动物。

附录8

牯牛降保护区爬行动物名录

目、科、种名	学名	地理分布型	濒危保护等级
一、龟鳖目 TESTUDINES			
1、平胸龟科 Platysternidae			
平胸龟	*Platysternon mega*	O	CR;#; I
2、龟科 Emydidae			
乌龟	*Chincmys reevesii*	W	EN;#
3、鳖科 Trionychidae			
中华鳖	*Pelodiscus sinensis*	W	EN
二、有鳞目 SQUAMATA			
4、壁虎科 Gekkonidae			
多疣壁虎	*Gekko japonicus*	O	LC
铅山壁虎	*Gekko hokouensis*	O	LC
5、石龙子科 Scincidae		O	LC
铜蜓蜥	*Sphenomorphus indicus*	O	LC
蓝尾石龙子	*Eumeces elegans*	O	LC
中国石龙子	*Eumeces chinesis*	O	LC
6、蜥蜴科 Lacertidae			
白条草蜥	*Takydromus wolteri*	P	LC
北草蜥	*Takydromus septentrionalis*	W	LC
7、游蛇科 Colubridae			
中国钝头蛇	*Pareas chinensis*	O	LC;#
钝尾两头蛇	*Calamaria septentrionalis*	O	LC
赤链蛇	*Dinodon rufozonatum*	W	LC
黄链蛇	*Dinodon flavozonatum*	O	LC
双斑锦蛇	*Elaphe bimaculata*	O	LC
王锦蛇	*Elaphe carinat*	O	EN;#
黑眉锦蛇	*Elaphe taeniura*	W	EN;#
灰腹绿蛇	*Rhadinophis frenatus*	O	LC
玉斑蛇	*Euprepiophis mandarinus*	W	VU

续表

目、科、种名	学名	地理分布型	濒危保护等级
红纹滞卵蛇	*Oocatochus rufodorsatus*	W	LC
颈棱蛇	*Macropisthodon rudis*	O	LC;#
乌华游蛇	*Sinonatrix percarinata*	O	VU
锈链腹链蛇	*Amphiesma craspedogaster*	O	LC;#
虎斑颈槽蛇	*Rhabdophis tigrinus*	W	LC;#
中国小头蛇	*Oligodon chinensis*	O	LC
翠青蛇	*Cyclophiops major*	O	LC
福建颈斑蛇	*Plagiopholis styani*	O	LC
纹尾斜鳞蛇	*Pseudoxenodon stejnegeri*	O	LC
滑鼠蛇	*Ptyas mucosus*	O	EN;#;Ⅱ
灰鼠蛇	*Ptyas korros*	O	VU
乌梢蛇	*Ptyas dhumnades*	W	VU;#
绞花林蛇	*Boiga kraepelini*	O	LC
中国水蛇	*Enhydris chinensis*	O	VU;#
8、眼镜蛇科 Elapidae			
银环蛇	*Bungarus multicinctus*	O	EN
中华珊瑚蛇	*Sinomicrurus macclellandi*	O	LC
舟山眼镜蛇	*Naja atra*	O	VU;#;Ⅱ
9、蝰科 Viperidae			
尖吻蝮	*Deinagkistrodon acutus*	O	EN;#
短尾蝮	*Gloydius brevicaudus*	W	NT
原矛头蝮	*Protobothrops mucrosquamatus*	O	LC
福建绿蝮	*Viridovipera stejnegeri*	O	LC

注:(1)地理分布型:P-古北型;O-东洋种;W-广布种。

(2)濒危等级:CR-极危;EN-濒危;VU-易危;NT-近危;LC-无危;DD-数据缺乏;NE-未被评估;Ⅰ、Ⅱ:CITES附录(2017)等级;#:安徽省重点保护动物。

附录9

牯牛降保护区鸟类名录

鸟类名称	目、科、种	生境				季节型	地理型	保护级别
		农田民居	山坡林灌	溪流	阔叶林			
一、鸊鷉目	PODICIPEDIFORMES							
1. 鸊鷉科	Podicipedidae							
小鸊鷉	*Trachybaptus ruficollis*			+		R	W	
凤头鸊鷉	*Podiceps cristatus*			+		W	P	
二、鹳形目	CICONIFORMES							
2. 鹭科	Ardeidae							
池鹭	*Ardeola bacchus*			+		S	O	
牛背鹭	*Bubulcus ibis*	+		+		S	O	Ⅲ
白鹭	*Egretta garzetta*	+		+		S	O	Ⅲ
黑鳽	*Dupedor flavicollis*	+				S	O	
夜鹭	*Nycticorax nycticorax*			+		S	O	
绿鹭	*Butorides striatus*			+		S	O	
苍鹭	*Ardea cinerea*			+		W	W	
大白鹭	*Egretta alba*			+		W	P	Ⅲ
三、雁形目	ANSERIFORMES							
3. 鸭科	Anatidae							
豆雁	*Anser fabalis*			+		W	P	#
花脸鸭	*Anas formosa*			+		T	P	#
绿头鸭	*Anas platyrhynchos*			+		W	P	#
斑嘴鸭	*Anas poecilorhyncha*			+		W	W	#
绿翅鸭	*Anas crecca*	+		+		T	P	Ⅲ/#
鸳鸯	*Aix galericulata*			+		R	P	二
四、隼形目	FALCONIFORMES							
4. 鹰科	Accipitridae							

续 表

鸟类名称	目、科、种	生境				季节型	地理型	保护级别
		农田民居	山坡林灌	溪流	阔叶林			
黑鸢	*Milvus migrans*	+	+		+	R	P	二/Ⅱ
赤腹鹰	*Accipiter soloensis*		+			S	O	二/Ⅱ
白尾鹞	*Circus cyaneus*				+	T	P	二/Ⅱ
雀鹰	*Accipiter nisus*		+			W	P	二/Ⅱ
普通鵟	*Buteo buteo*	+	+		+	W	P	二/Ⅱ
林雕	*Ictinaetus malayensis*				+	R	O	二/Ⅱ
黑冠鹃隼	*Aviceda leuphotes*				+	S	O	二/Ⅱ
5. 隼科	Falconidae							
红隼	*Falco tinnunculus*		+		+	R	W	二/Ⅱ
白腿小隼	*Microhierax melanoleucos*	+	+			R	O	二/Ⅱ
五、鸡形目	GALLIFORMES							
6. 雉科	Phasianidae							
鹌鹑	*Coturnix japonica*	+	+			T	P	#
灰胸竹鸡	*Bambusicola thoracica*	+	+			R	O	#
白鹇	*Lophura nycthemera*		+		+	R	O	二
勺鸡	*Pucrasia macrolopha*				+	R	O	二
环颈雉	*Phasianus colchicus*	+	+			R	W	#
白颈长尾雉	*Syrmaticus ellioti*				+	R	O	一/Ⅰ
六、鹤形目	*Ciconiiformes*							
7. 鹤科	Gruidae							
白鹤	*Grus leucogeranus*			+		T	P	一/Ⅰ
8. 秧鸡科	Rallidae							
红脚苦恶鸟	*Amaurornis akool*	+		+		R	O	
白胸苦恶鸟	*Amaurornis phoenicurus*	+		+		S	O	
黑水鸡	*Gallinula chloropus*			+		R	W	
七、鸻形目	CHARADRIIFORMES							
9. 鸻科	Charadriidae							
凤头麦鸡	*Vanellus vanellus*	+				T	P	
灰头麦鸡	*Vanellus cinereus*	+		+		T	P	

鸟类名称	目、科、种	生境				季节型	地理型	保护级别
		农田民居	山坡林灌	溪流	阔叶林			
环颈鸻	*Charadrius alexandrinus*			+		T	W	
10. 鹬科	*Scolopacidae*							
白腰草鹬	*Tringa ochropus*			+		W	P	
扇尾沙锥	*Gallinago gallinago*	+		+		W	P	
丘鹬	*Scolopax rusticola*			+		T	P	
八、鸽形目	COLUMBIFORMES							
11. 鸠鸽科	Columbidae							
山斑鸠	*Streptopelia orientalis*	+	+	+	+	R	W	
火斑鸠	*Streptopelia tranquebarica*		+			R	O	
珠颈斑鸠	*Streptopelia chinensis*		+			R	O	
九、鹃形目	CUCULIFORMES							
12. 杜鹃科	Cuculidae							
红翅凤头鹃	*Clamator coromandus*				+	S	O	#
四声杜鹃	*Cuculus micropterus*	+	+	+	+	S	O	#
大杜鹃	*Cuculus canorus*	+	+	+	+	S	W	#
鹰鹃	*Cuculus sparverioides*				+	S	O	#
噪鹃	*Eudynamys scolopacea*				+	S	O	#
小杜鹃	*Cuculus poliocephalus*				+	S	O	#
十、鸮形目	STRIGIFORMES							
13. 鸱鸮科	Stigidae							
红角鸮	*Otus scops*		+		+	R	W	二/Ⅱ
领鸺鹠	*Glaucidium brodiei*				+	R	O	二/Ⅱ
斑头鸺鹠	*Glaucidium cuculoides*	+	+	+	+	R	O	二/Ⅱ
鹰鸮	*Ninox scutulata*				+	T	O	二/Ⅱ
领角鸮	*Otus bakkamoena*				+	R	O	二/Ⅱ
雕鸮	*Bubo bubo*				+	R	P	二/Ⅱ
长耳鸮	*Asio otus*		+		+	W	P	二/Ⅱ
短耳鸮	*Asio flammeus*		+		+	W	P	二/Ⅱ
十一、夜鹰目	CAPRIMULGIFORMES							

续 表

鸟类名称	目、科、种	生境：农田民居	生境：山坡林灌	生境：溪流	生境：阔叶林	季节型	地理型	保护级别
14. 夜鹰科	Caprimulgidae							
普通夜鹰	*Caprimulgus indicus*	+			+	S	O	#
十二、雨燕目	APODIFORMES							
15. 雨燕科	Apodidae							
白喉针尾雨燕	*Hirundapus caudacutus*		+		+	S	O	
白腰雨燕	*Apus pacifucus*				+	S	O	
小白腰雨燕	*Apus nipalensis*		+		+	S	O	
十三、佛法僧目	CORACIIFORMES							
16. 翠鸟科	Alcedinidae							
普通翠鸟	*Alcedo atthis*	+		+		R	W	
冠鱼狗	*Megaceryle lugubris*	+		+		R	O	
白胸翡翠	*Halcyon smyrnensis*			+		R	O	
蓝翡翠	*Halcyon pileata*			+		S	O	
17. 蜂虎科	Meropidae							
栗头蜂虎	*Merops leschenaulti*				+	S	O	
18. 佛法僧科	Coraciidae							
三宝鸟	*Eurystomus orientalis*				+	S	O	
19. 戴胜科	Upupidae							
戴胜	*Upupa epops*	+				R	W	
十四、鴷形目	PICIFORMES							
20. 须鴷科	Capitonidae							
大拟啄木鸟	*Megalaima virens*				+	R	O	#
21. 啄木鸟科	Picidae							
斑姬啄木鸟	*Picumnus innominatus*		+		+	R	O	#
灰头啄木鸟	*Picus canus*	+			+	R	O	#
大斑啄木鸟	*Dendrocopos major*	+	+	+	+	R	O	#
星头啄木鸟	*Dendrocopos canicapillus*		+			R	P	#
十五、雀形目	PASSERIFORMES							
22. 八色鸫科	Pittidae							

鸟类名称	目、科、种	生境				季节型	地理型	保护级别
		农田民居	山坡林灌	溪流	阔叶林			
仙八色鸫	*Pitta nympha*				+	S	O	二/Ⅱ
23. 百灵科	Alaudidae							
小云雀	*Alauda gulgula*	+				R	O	
24. 燕科	Hirundinidae							
家燕	*Hirundo rustica*	+	+	+		S	O	#
金腰燕	*Hirundo daurica*	+	+	+	+	S	W	#
烟腹毛脚燕	*Delichon dasypus*	+	+			S	O	#
25. 鹡鸰科	Motacillidae							
山鹡鸰	*Dendronanthus indicus*	+				S	P	
白鹡鸰	*Motacill alba*	+		+		R	W	
灰鹡鸰	*Motacilla cinerea*			+		T	W	
水鹨	*Anthus spinoletta*			+		W	P	
黄鹡鸰	*Motacilla flava*			+		T	P	
黄腹鹨	*Anthus rubescens*	+		+		W	P	
树鹨	*Anthus hodgsoni*	+	+		+	W	P	
26. 山椒鸟科	Campephagidae							
暗灰鹃鵙	*Coracina melaschistos*				+	S	O	
小灰山椒鸟	*Pericrocotus cantonensis*	+	+			S	O	
灰喉山椒鸟	*Pericrocotus solaris*	+	+		+	R	O	
27. 鹎科	Pycnonotidae							
领雀嘴鹎	*Spizixos semitorques*	+	+	+	+	R	O	
黄臀鹎	*Pycnonotus xanthorrhous*	+	+	+	+	R	O	
绿翅短脚鹎	*Hypsipetes mcclellandii*		+		+	R	O	
黑短脚鹎	*H. madagascariensis*				+	S	O	
栗背短脚鹎	*Hemixos castanonotus*		+		+	R	O	
白头鹎	*Pycnonotus sinensis*	+	+	+	+	R	O	
28. 和平鸟科	Irenidae							
橙腹叶鹎	*Chloropsis hardwickii*				+	R	O	
29. 太平鸟科	Bombycillidae							

续 表

鸟类名称	目、科、种	生境				季节型	地理型	保护级别
		农田民居	山坡林灌	溪流	阔叶林			
太平鸟	*Bombycilla garrulus*		+			W	P	
30. 伯劳科	Laniidae							
虎纹伯劳	*Lanius tigrinus*		+			S	P	#
红尾伯劳	*Lanius cristatus*		+			S	P	#
棕背伯劳	*Lanius schach*	+	+	+	+	R	O	#
牛头伯劳	*Lanius bucephalus*		+			W	P	#
31. 黄鹂科	Oriolidae							
黑枕黄鹂	*Oriolus chinensis*	+				S	O	#
32. 卷尾科	Dicruridae							
灰卷尾	*Dicrurus leucophaeus*		+		+	S	O	
发冠卷尾	*Dicrurus hottentottus*	+	+		+	S	O	
黑卷尾	*Dicrurus macrocercus*		+			S	O	
33. 椋鸟科	Sturnidae							
灰椋鸟	*Sturnus cineraceus*	+				T	P	
丝光椋鸟	*Sturnus sericeus*	+				R	O	
八哥	*Acridotheres cristatellus*	+				R	O	
34. 鸦科	Corvidae							
松鸦	*Garrulus glandarius*		+		+	R	P	
红嘴蓝鹊	*Urocissa erythrorhyncha*	+	+	+	+	R	O	#
灰树鹊	*Dendrocitta formosae*	+	+		+	R	O	
35. 河乌科	Cinclidae							
褐河乌	*Cinclus pallasii*			+		R	O	
36. 鹟科	Muscicapidae							
红胁蓝尾鸲	*Tarsiger cyanurus*	+	+			T	P	
北红尾鸲	*Phoenicurus aroreus*	+	+	+		T	P	
鹊鸲	*Copsychus saularis*	+				R	O	
红尾水鸲	*Rhyacornis fuliginosus*	+		+		R	O	
小燕尾	*Enicutus scouleri*			+		R	O	
黑背燕尾	*Enicutus leschenaultia*	+		+		R	O	

续 表

鸟类名称	目、科、种	生境				季节型	地理型	保护级别
		农田民居	山坡林灌	溪流	阔叶林			
灰林䳭	*Saxicola ferrea*		+			R	O	
黑喉石䳭	*Saxicola torquata*	+				W	W	
紫啸鸫	*Myiophoneus caeruleus*			+		R	O	
白腹鸫	*Turdus pallidus*		+			W	P	
灰背鸫	*Turdus hortulorum*		+			W	P	
斑鸫	*Turdus naumanni*		+		+	W	P	
虎斑地鸫	*Zoothera dauma*				+	W	P	
栗腹矶鸫	*Monticola rufiventris*				+	R	O	
乌鸫	*Turdus merula*		+			R	O	
棕颈钩嘴鹛	*Pomatorhinus rufucollis*		+	+	+	R	O	
斑胸钩嘴鹛	*P. erythrogenys*		+	+	+	R	O	
红头穗鹛	*Stachyris ruficeps*				+	R	O	
黑脸噪鹛	*Garrulax perspicillatus*		+		+	R	O	
白颊噪鹛	*Garrulax sannio*				+	R	O	
灰翅噪鹛	*Garrulax cineraceus*				+	R	O	
黑领噪鹛	*Garrulax pectoralis*				+	R	O	
小黑领噪鹛	*Garrulax monileger*		+		+	R	O	
棕噪鹛	*Garrulax poecilorhynchus*		+	+	+	R	O	
画眉	*Garrulax canorus*		+	+	+	R	O	Ⅱ/#
红嘴相思鸟	*Leiothrix lutea*				+	R	O	Ⅱ/#
灰眶雀鹛	*Alcippe morrisonia*		+	+	+	R	O	
棕头鸦雀	*Paradoxornis webbianus*	+	+	+		R	O	
灰头鸦雀	*Paradoxornis gularis*				+	R	O	
短尾鸦雀	*Paradoxornis davidianus*		+			R	O	
强脚树莺	*Cettia fortipes*		+		+	R	O	
黄眉柳莺	*Phylloscopus inornatus*	+	+		+	R	P	
黄腰柳莺	*Phylloscopus proregulus*	+				W	P	
褐柳莺	*Phylloscopus fuscatus*	+	+			T	P	
冠纹柳莺	*Phylloscopus reguloides*				+	S	O	

续 表

鸟类名称	目、科、种	生境				季节型	地理型	保护级别
		农田民居	山坡林灌	溪流	阔叶林			
棕脸鹟莺	*Abroscopus albogularis*				+	R	O	
棕扇尾莺	*Cisticola juncidis*	+	+			S	O	
纯色山鹪莺	*Prinia inornata*	+				R	O	
鸲姬鹟	*Ficedula mugimaki*		+			T	P	
白腹姬鹟	*Cyanoptila cyanomelana*				+	T	P	
乌鹟	*Muscicapa sibirica*	+	+		+	T	P	
北灰鹟	*Muscicapa dauurica*				+	T	P	
白眉姬鹟	*Ficedula zanthopygia*		+			T	P	
寿带	*Terpsiphone paradise*				+	S	O	#
37. 山雀科	Paridae							
红头山雀	*Aegithalos concinnus*	+	+	+	+	R	O	
银喉山雀	*Aegithalos caudatus*		+			R	O	
大山雀	*Parus major*	+	+	+	+	R	W	
黄腹山雀	*Parus venustulus*	+	+	+	+	R	O	
煤山雀	*Parus ater*				+	R	O	
38. 鳾科	*Sittidae*							
普通鳾	*Sitta europaea*				+	R	P	
39. 绣眼鸟科	Zosteropidae							
暗绿绣眼鸟	*Zosterops japonica*	+	+	+	+	R	O	#
40. 文鸟科	Ploceidae							
麻雀	*Passer montanus*	+				R	W	
山麻雀	*Passer rutilans*	+	+			R	O	
白腰文鸟	*Loncura striata*	+	+	+		R	O	
斑文鸟	*Lnchura punctulata*	+	+			R	O	
41. 雀科	*Fringillidae*							
金翅雀	*Cardulis sinica*	+	+			R	W	
黄雀	*Carduelis spinus*	+	+			T	P	
黑尾蜡嘴雀	*Eophona migratoria*		+			T	W	
锡嘴雀	*Coccothraustes coccothraustes*				+	W	P	

续 表

鸟类名称	目、科、种	生境				季节型	地理型	保护级别
		农田民居	山坡林灌	溪流	阔叶林			
燕雀	*Fringilla montifringilla*	+	+			W	P	
黄胸鹀	*Emberiza aureola*		+			T	P	
黄喉鹀	*Emberiza elegans*		+			W	P	
黄眉鹀	*Emberiza chrysophrys*	+				W	P	
白眉鹀	*Emberiza tristrami*	+				W	P	
灰头鹀	*Emberiza spodocephala*	+				W	P	
小鹀	*Emberiza pusilla*	+				W	P	
栗鹀	*Emberiza rutila*	+				T	P	
三道眉草鹀	*Emberiza cioides*	+	+			R	P	
凤头鹀	*Melophus lathami*				+	R	P	

注:S:夏候鸟,W:冬候鸟,T:旅鸟,R:留鸟;P:古北种,O:东洋种,W:广布种;国家重点保护野生动物级别;Ⅰ、Ⅱ、Ⅲ:CITES附录等级;#:安徽省重点保护鸟类。

附录10

牯牛降保护区哺乳动物名录

目、科、种名	学名	地理分布型	濒危保护等级
一、食虫目 Insectivora			
1. 刺猬科 Erinaceidae			
刺猬	*Erinaceus europaeus*	P	
2. 鼩鼱科 Soricidae			
灰麝鼩	*Crocidura attenuate*	O	
二、翼手目 Chiroptera			
3. 蝙蝠科 Vespertilionidae			
中华鼠耳蝠	*Myotis chinensis*	O	
毛腿鼠耳蝠	*Myotis fimbriatus*	O	
西南鼠耳蝠	*Myotis altarium*	O	
大足蝠	*Rickettia pilosa*	O	
棕蝠	*Eptesicus serotinus*	O	
斑蝠	*Scotomanes ornatus*	O	
小伏翼	*Pipistrellus javanicus*	O	
折翼蝠	*Miniopterus schreibersii*	O	
4. 菊头蝠科 Rhinolophidae			
角菊头蝠	*Rhinolophus cornutus*	O	
皮氏菊头蝠	*Rhinolophus pearsoni*	O	
鲁氏菊头蝠	*Rhinolophus rouxi*	O	
5. 蹄蝠科 Hipposideridae			
普蹄蝠	*Hipposideros pratti*	O	
大蹄蝠	*Hipposideros armiger*	O	
三、鳞甲目 Pholidota			
6. 鲮鲤科 Cyprinidae			
中华穿山甲	*Manis pentadactyla*	O	二/II
四、兔形目 Lagomorpha			
7. 兔科 Leporidae			
华南兔	*Lepus sinensis*	O	

续表

目、科、种名	学名	地理分布型	濒危保护等级
五、啮齿目 Rodentia			
8. 松鼠科 Sciuridae			
赤腹松鼠	*Callosciurus erythraeus*	O	
长吻松鼠	*Dremomys pernyi*	O	
黄腹花松鼠	*Tamiops swinhoei*	O	
9. 仓鼠科 Cricetidae			
黑腹绒鼠	*Eothenomys melanogaster*	O	
10. 鼠科 Muridae			
黑线姬鼠	*Apodemus agrarius*	P	
黄胸鼠	*Rattus flavipetus*	O	
褐家鼠	*Rattus flavipectus*	P	
社鼠	*Rattus niviventer*	O	
针毛鼠	*Rattus fulvescens*	O	
大足鼠	*Rattus nitidus*	O	
青毛鼠	*Rattus bowersi*	O	
白腹巨鼠	*Rattus edwardsi*	O	
11. 豪猪科 Hystricidae			
豪猪	*Hystrix hodgsoni*	O	#
六、食肉目 Cararnivora			
12. 犬科 Canidae			
狐	*Vulpes vulpes*	P	
貉	*Nyctereutes procyonoides*	P	#
豺	*Cuon alpinus Lepturus*	P	
13. 鼬科 Mustelidae			
青鼬	*Martes flavigula*	P	
黄腹鼬	*Mustela kathiah*	O	
黄鼬	*Mustela sibirica*	P	#
鼬獾	*Melogale moschata*	O	#
狗獾	*Meles meles*	P	#
猪獾	*Arctonyx collaris*	O	#
水獭	*Lutra lutra*	O	

续表

目、科、种名	学名	地理分布型	濒危保护等级
14. 灵猫科 Viverridae			
大灵猫	*Viverra zibetha*	O	二/III
小灵猫	*Viverricula indica*	O	二/II
花面狸	*Paguma larvata*	O	#
食蟹獴	*Herpestes urva*	O	
15. 猫科 Felidae			
豹猫	*Prionailurus bengalensiss*	O	II/#
云豹	*Neofelis nebulosi*	O	一/I
豹	*Panthera pardus*	O	一/I
七、偶蹄目 Artiodactyla			
16. 猪科 Suidae			
野猪	*Sus scrofa*	P	
17. 鹿科 Cervidae			
黄麂	*Muntiacus reevesi*	O	#
黑麂	*Muntiacus crinifrons*	O	一/I
毛冠鹿	*Elaphodus cephalophus*	O	III/#
梅花鹿	*Cervus pseudaxis*	O	一
18. 牛科 Bovidae			
鬣羚	*Capricornis sumatraensis*	O	I
八、灵长目 Primates			
19. 猴科 Cercopithecidae			
猕猴	*Macaca mulatta*	O	二
黄山短尾猴	*Macaca thibetana*	O	二/II

注：(1)地理分布型：P–古北型；O–东洋种。

(2)濒危保护等级：一、二：国家重点保护野生动物级别；Ⅰ、Ⅱ、Ⅲ：CITES附录等级(2017)；#：安徽省重点保护动物。

附图 1

安徽牯牛降国家级自然保护区

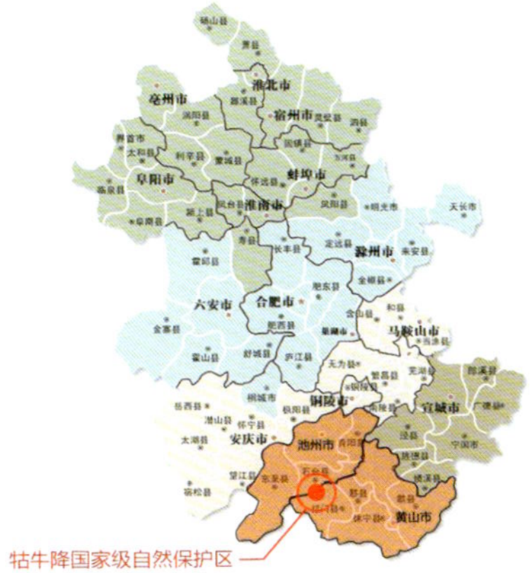

牯牛降国家级自然保护区在安徽省的位置

牯牛降国家级自然保护区在石台县与祁门县的位置

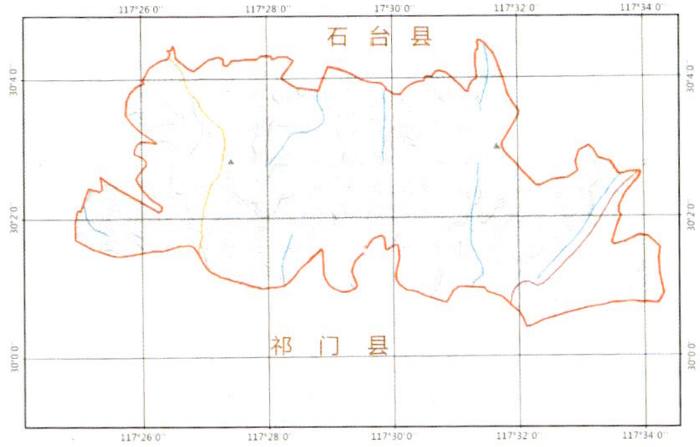

牯牛降国家级自然保护区经纬度

安徽省牯牛降国家级自然保护区（E 117°20'~117°37'；N 30°00'~30°14'）位于安徽省的西南部石台与祁门两县交界处，主峰牯牛大岗（即牯牛降）位于石台境内，距石台县城 22 千米，保护区面积逾 10 万亩。

附图 2

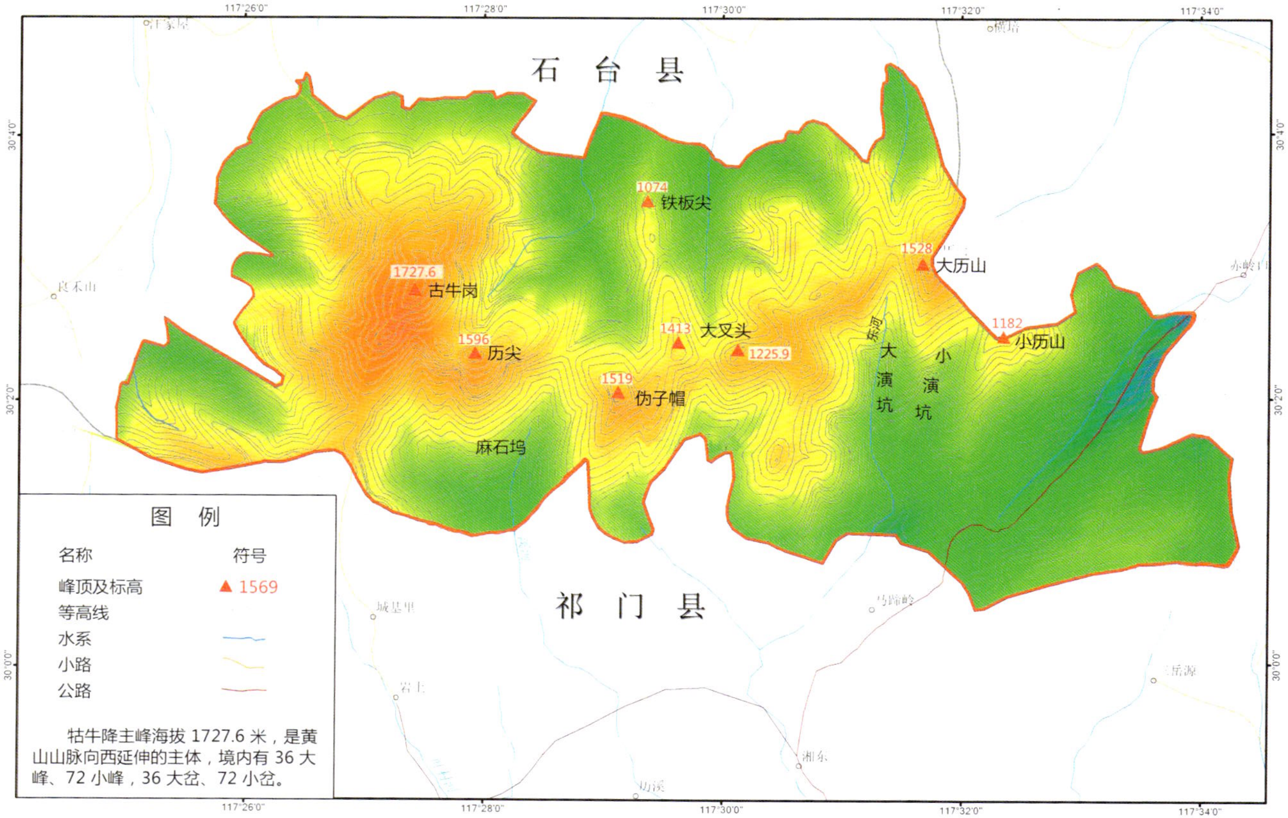

■ 牯牛降国家级自然保护区地形图

附图 3

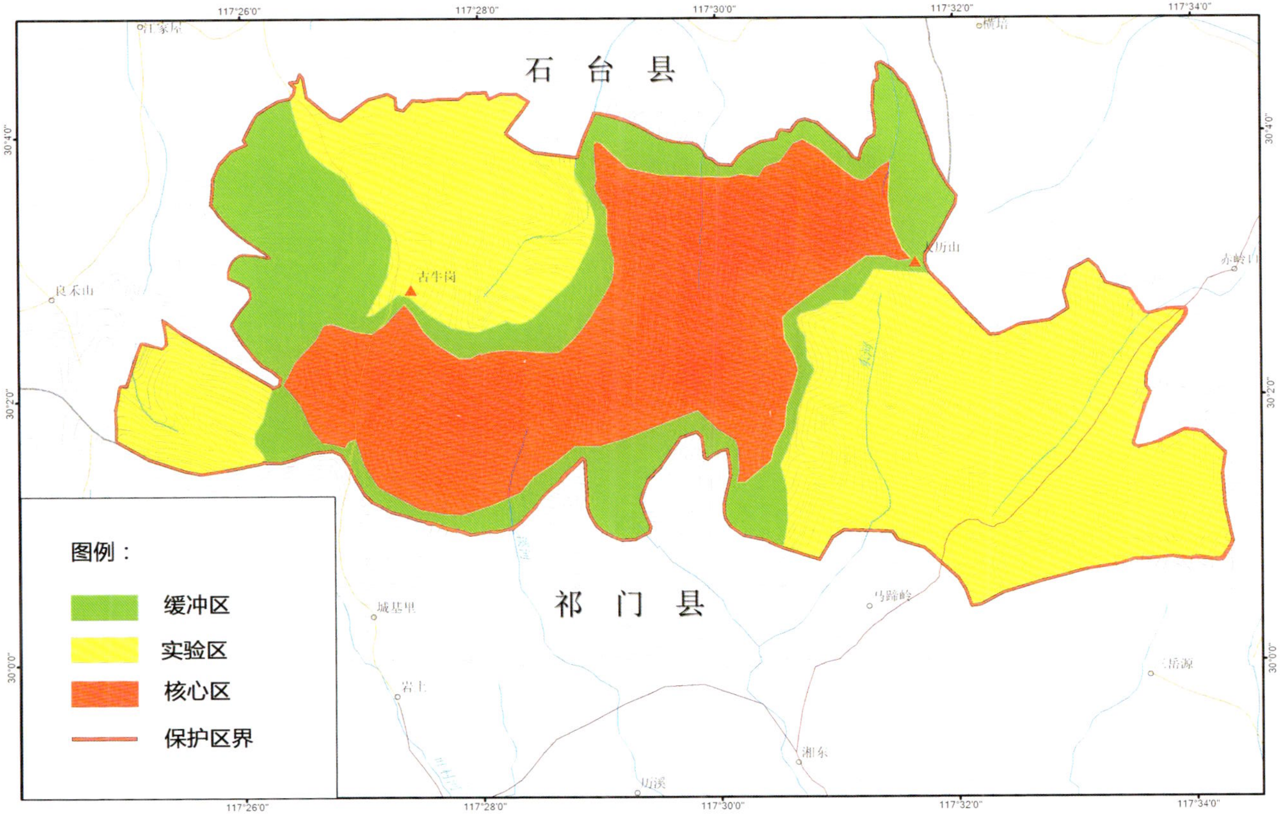

牯牛降国家级自然保护区功能区划图

附图4

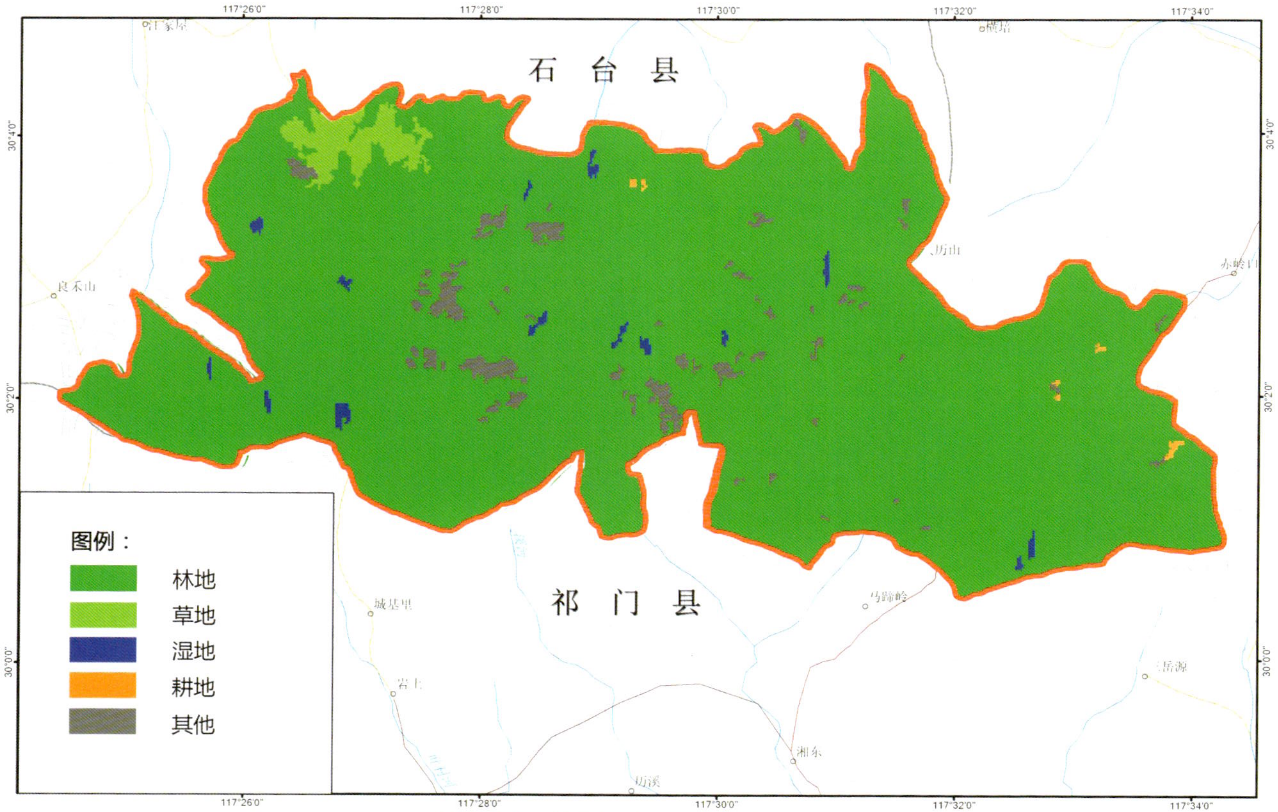

■ 牯牛降国家级自然保护区土地利用现状图（2010年）

附图 5

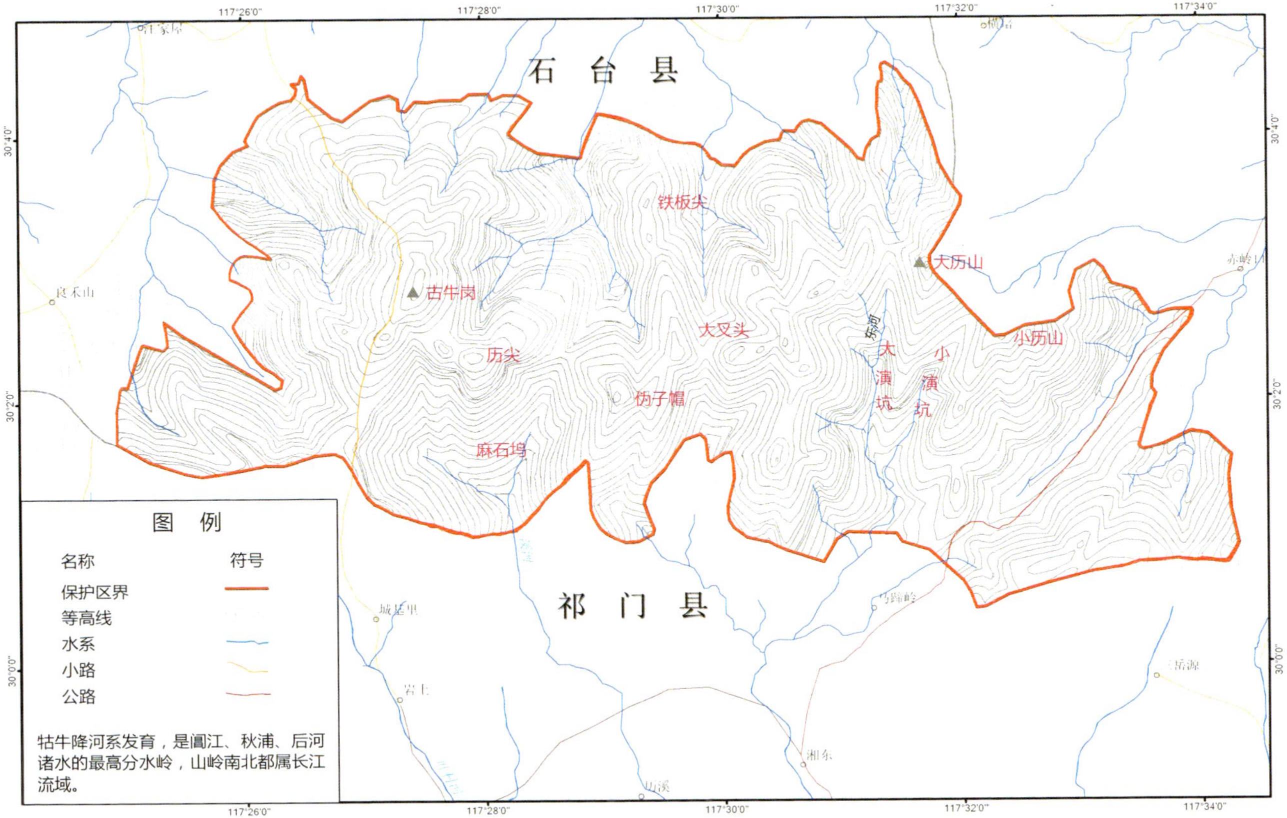

■ 牯牛降国家级自然保护区水系图

附图 6

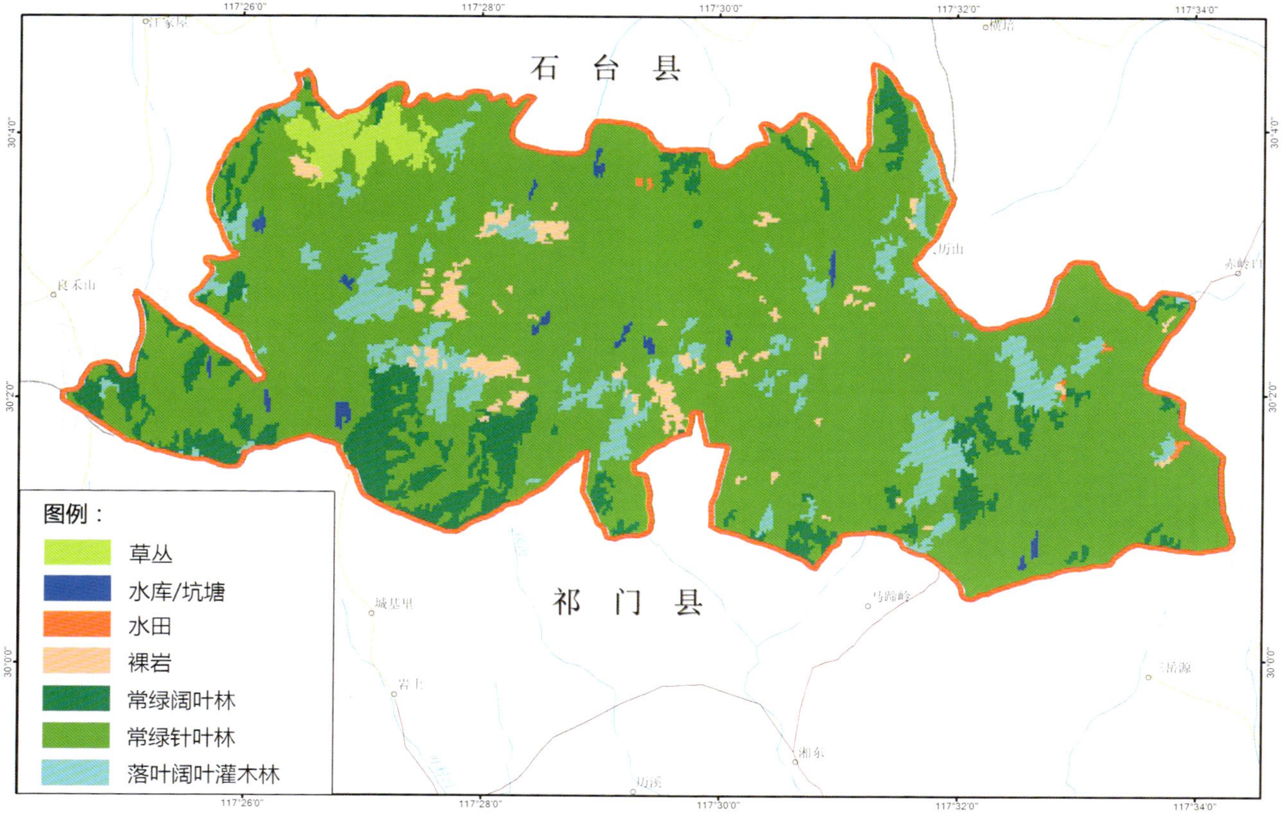

■ 牯牛降国家级自然保护区植被图(2010年)

附图 7

■ 牯牛降国家级自然保护区重点保护动物分布图

附图 8

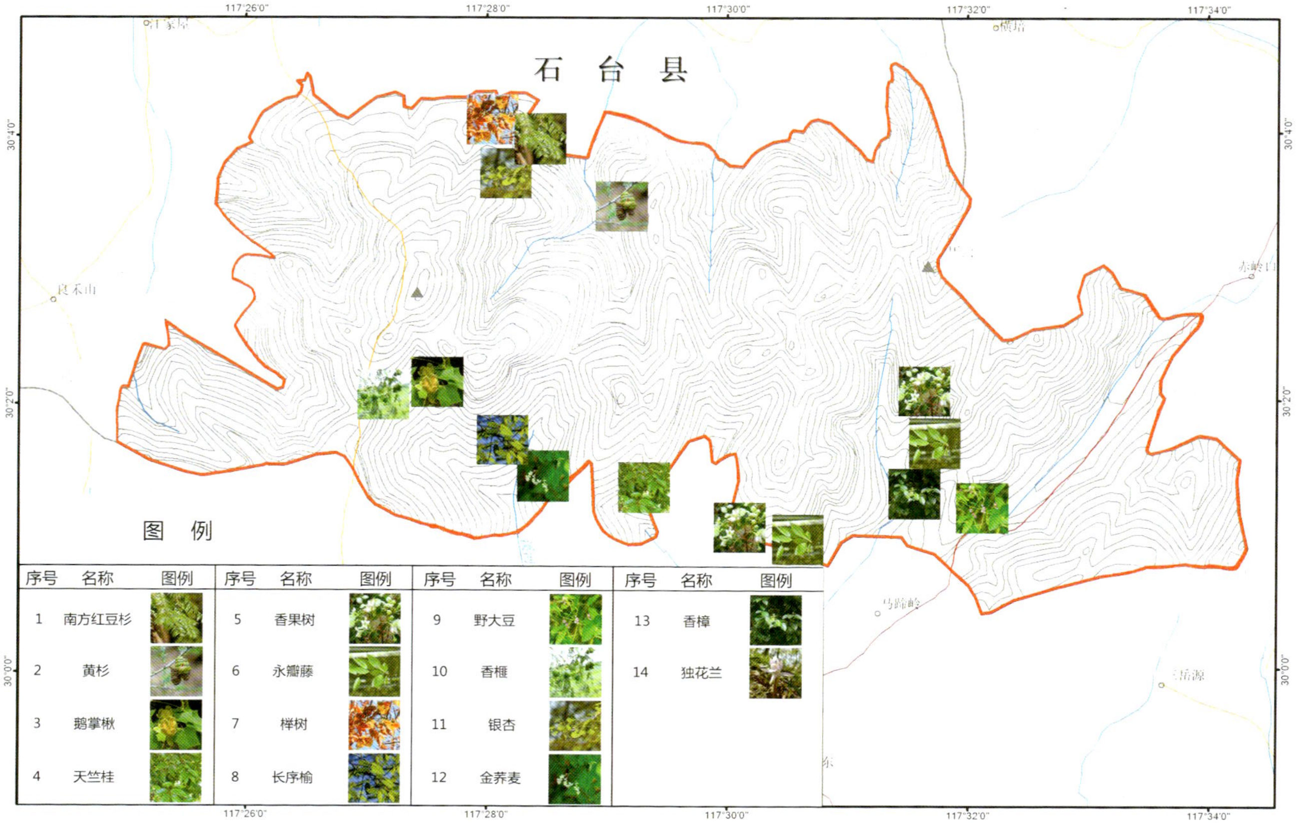

牯牛降国家级自然保护区重点保护植物分布图

附图 9

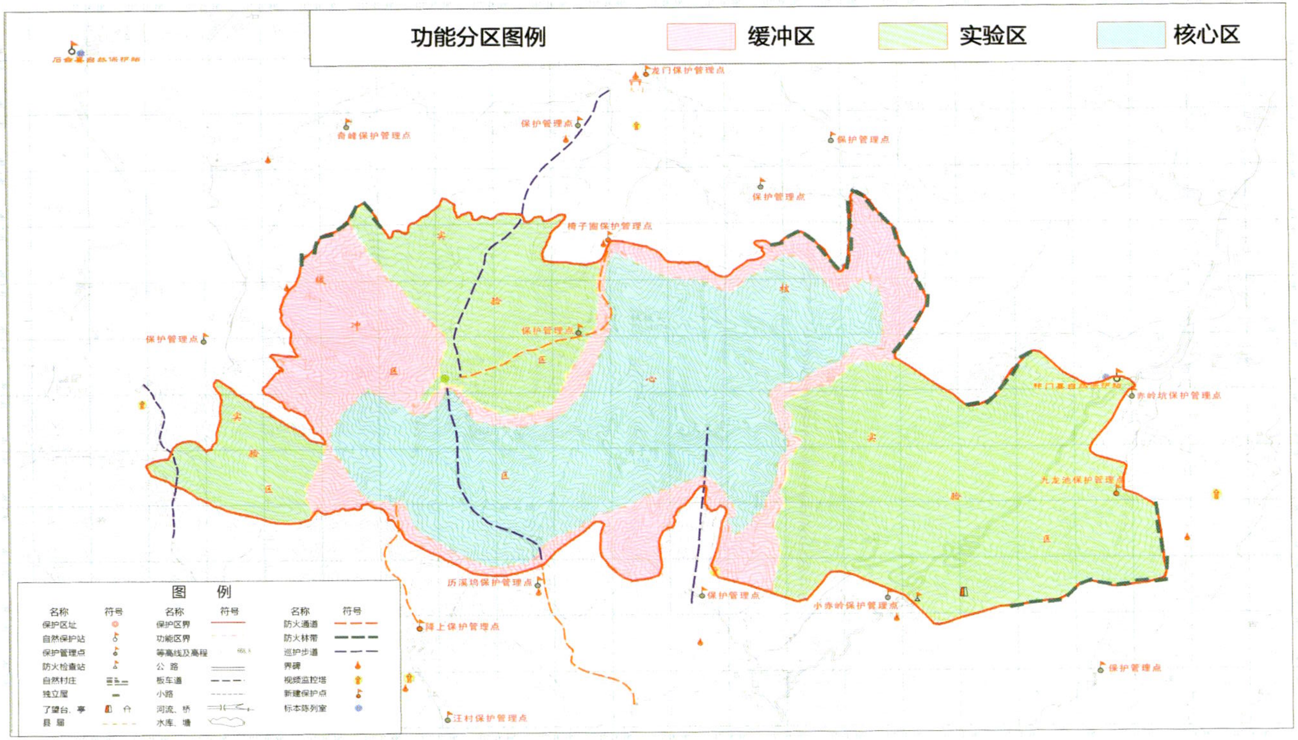

■ 牯牛降国家级自然保护区基础设施分布图

附图 10

安徽牯牛降国家级自然保护区

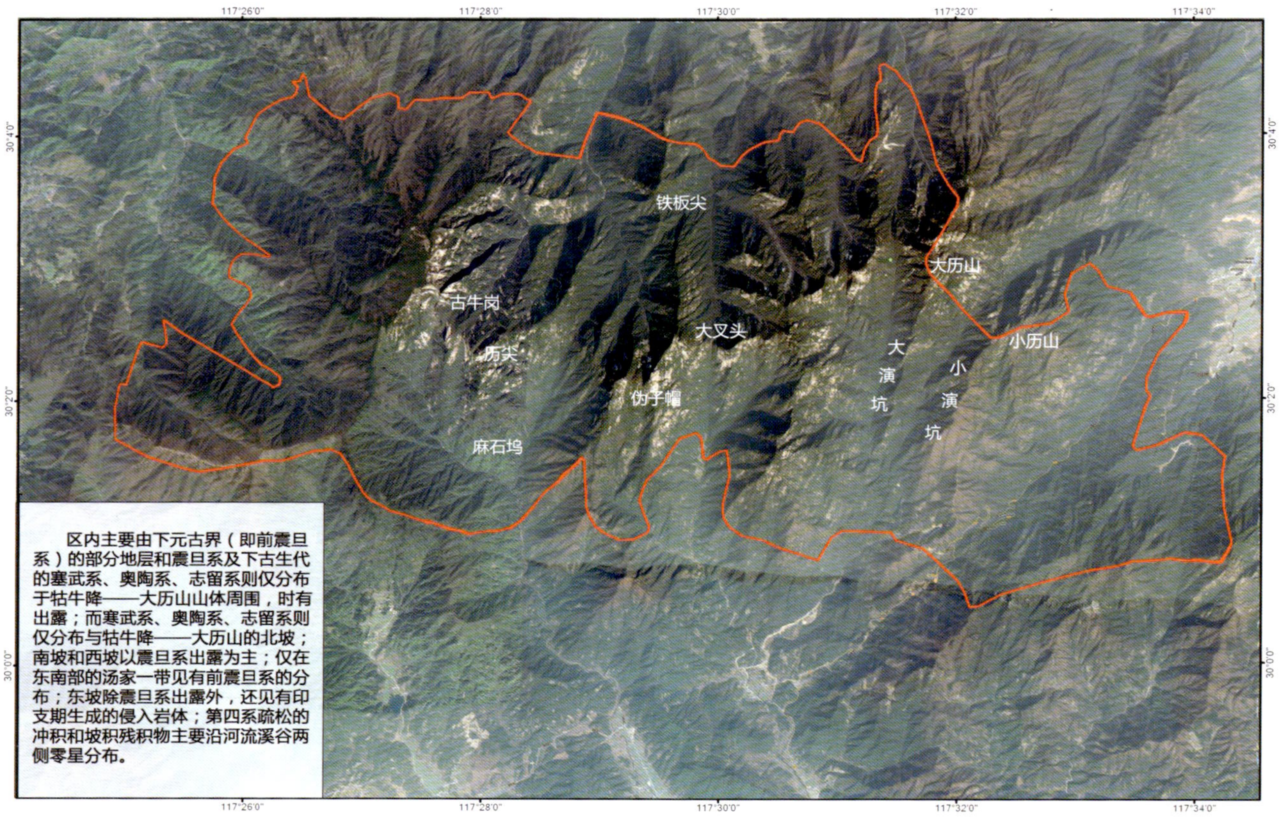

牯牛降国家级自然保护区影像图